高性能Java系统
权威指南

李家智 | 著

电子工业出版社
Publishing House of Electronics Industry
北京·BEIJING

内 容 简 介

对于程序员和架构师来说，Java 系统的性能优化是一个超常规的挑战。这是因为 Java 语言和 Java 运行平台，以及 Java 生态的复杂性决定了 Java 系统的性能优化不再是简单的升级配置或者简单的"空间换时间"的技术实现，这涉及 Java 的各种知识点，如编写高性能 Java 代码，Java 代码的编译优化，运行时刻的 JIT 优化，JVM 的内存管理优化等，还包括如何使用高性能的第三方开源工具，以及微服务和分布式系统设计需要关注的性能事项。

本书从高性能、易维护、代码增强，以及在微服务系统中编写 Java 代码的角度来描述如何实现高性能 Java 系统。书中的大部分例子都是作者从事 Java 开发 20 年来，在头部 IT 企业的高并发系统中摘录而来的，极具参考意义。

本书适合中高级程序员和架构师，以及有志从事基础技术研发、开源工具研发的极客阅读。本书涉及的知识面比较广泛，也可以作为 Java 笔试和面试的参考书。

未经许可，不得以任何方式复制或抄袭本书之部分或全部内容。
版权所有，侵权必究。

图书在版编目（CIP）数据

高性能 Java 系统权威指南 / 李家智著. —北京：电子工业出版社，2023.1
ISBN 978-7-121-44624-5

Ⅰ. ①高… Ⅱ. ①李… Ⅲ. ①JAVA 语言－程序设计－指南 Ⅳ. ①TP312.8-62

中国版本图书馆 CIP 数据核字（2022）第 228953 号

责任编辑：陈晓猛
印　　刷：北京天宇星印刷厂
装　　订：北京天宇星印刷厂
出版发行：电子工业出版社
　　　　　北京市海淀区万寿路 173 信箱　　　邮编：100036
开　　本：787×980　1/16　　印张：24.75　　字数：554.4 千字
版　　次：2023 年 1 月第 1 版
印　　次：2023 年 2 月第 2 次印刷
定　　价：118.00 元

凡所购买电子工业出版社图书有缺损问题，请向购买书店调换。若书店售缺，请与本社发行部联系，联系及邮购电话：（010）88254888，88258888。
质量投诉请发邮件至 zlts@phei.com.cn，盗版侵权举报请发邮件至 dbqq@phei.com.cn。
本书咨询联系方式：010-51260888-819，faq@phei.com.cn。

前言

每个公司都要求程序员写出性能良好、维护性强的代码，各种高端职位的任职要求也会把性能优化技能作为必选要求之一。当业务系统重构时，以及各种互联网大促前，也都期望系统的性能和吞吐量变得更好。近几年，很多企业从粗放式的系统设计和实现转成更为精细化的开发和优化系统。当我正在撰写前言的时候，特斯拉 CEO 马斯克刚收购推特，亲自与推特员工在深夜讨论分布式缓存方案，以减少网络调用，也同员工讨论如何减少渲染首页带来的后台近千次的微服务调用。在我从业的 20 多年里，遇到过多次类似提升系统性能、减少使用主机数量的挑战。在京东工作的时候，通过代码优化，电商基础交易系统某接口的性能提高了 40%，吞吐量也相应地提高了。我目前所工作的物联网企业，也通过 Java 性能优化，使得企业的微服务系统每年节省了近百万元的主机费用，并且让物联云更快地响应设备命令。更早的时候作为惠普架构师，在移动集团的大型机机房呆了 2 个月，优化了公司自研的消息系统的设计方案和代码，使得该方案的性能和可靠性接近一流消息中间件。

本书介绍了 Java 系统性能优化的方方面面，涉及高质量代码的编写、性能优化技巧、高性能第三方工具的使用，以及 Java 自身的编译优化、JIT 优化和 JVM 优化。本书的风格偏实战，读者可以下载书中的示例代码并运行测试。读者可以从任意一章开始阅读，掌握性能优化知识为公司的系统所用。

本书针对 2019 年出版的《Java 系统性能优化实战》进行了修订，调整了大约三分之一的内容，具体修订内容如下：

- 增加了"JVM 调优"一章，通俗地解释了 Java 自动内存管理，包含了 4 个内存故障例子，以及内存调优最佳实践。
- "Java 字节码"一章增加了部分内容。比如通过字节码说明字符串拼接性能差异的原因，Log 框架的 API 不推荐使用可变数组的原因。
- "JIT 优化"一章增加了 Java 编译内容，如何使用 JavaCompiler 编译源码，以及此过程中的 Java 语法糖的处理逻辑。

- "可读性代码"一章增加了 String 使用不当的案例。
- "代码审查"一章增加了缩短 UUID、任务执行中断、日志框架最佳实践等内容。
- 去掉了"Java 注释规范"一章。
- 去掉了"JSR269 编译时增强"一章,因此第 5 章的高性能对象映射工具 Selam(MapStrtus) 的实现方法将缺少补充说明。感兴趣的读者可以从本书源码中获得 JSR269 实现的类似的例子和 JSR269 说明。
- "高性能工具"一章对相关工具的最新版本的特性做了补充说明,比如,在《Java 系统性能优化实战》一书中,测试的 Fastjson 的性能低于 Jackson,但这次基于最新版本的 Fastjson,测试的 Fastjson 的性能略高于 Jackson。
- 第 1 到第 4 章增加了大量实战内容,比如介绍了高并发下 UUID 阻塞系统的解决办法,如何辨别重量级对象,如何复用重量级对象,另外补充了通过位运算提高性能的例子等。
- 把《Java 系统性能优化实战》附录中的 OQL 查询语言内容精简后放到了 JVM 调优章节中。

书中部分内容会出现交叉引用,比如在 4.18 节介绍可变数组的时候,提出了 Log 框架是基于性能考虑才并不完全使用可变数组作为参数的。

```
public void info(String format, Object arg1) {}
public void info(String format, Object arg1, Object arg2) {}
public void info(String format, Object... argArray) {}
```

在 9.2.5 节中,进一步针对这三个方法的调用做了字节码分析,说明了调用可变数组需要构造临时数组,需要更多的字节码和空间,性能较差。

```
ANEWARRAY java/lang/Object
DUP
ICONST_0
LDC "a"
AASTORE
DUP
ICONST_1
LDC "b"
AASTORE
INVOKEVIRTUAL com/ibeetl/com/ch09/HelloWorld.info
(Ljava/lang/String;[Ljava/lang/Object;)V
```

这样的交叉引用在编写本书的时候难以避免，建议读者先将结论记录下来，待阅读到引用章节的时候再回顾此知识点。

内容介绍

本书分为 5 部分，共 10 章。

第 1 部分是第 1 章到第 5 章，第 1 章通过一个不超过 10 行的代码优化示例介绍如何对 Java 系统进行优化，如何使用 JMH 验证性能优化；第 2 章和第 3 章介绍 JDK 的核心类 String、Number 和并发包；第 4 章通过 20 多个优化技巧来说明 Java 性能优化的各种方法；第 5 章介绍了常用的高性能工具，如 Caffeine、Jackson、HikariCP，并对其高性能的原因做了一定的源码解析。

第 2 部分是第 6 章，这部分强调编写易于阅读的代码，会从代码分解、面向对象、注释三方面进行讲解。容易阅读的代码是系统性能优化的前提。代码不容易被看懂，系统优化或者系统重构就非常困难。

第 3 部分是第 7 章，介绍 Java 编译和 JIT 优化。JIT 优化对 Java 系统运行有深刻的影响，本章系统介绍了 Java 编译、JIT 编译器、代码缓存、内联等知识。

第 4 部分是第 8 章，包含 30 多个具有"坏味道"的代码片段，读者可以放松身心，尝试优化代码。读者可以直接跳到这一章先尝试一下是否能改良这些具有"坏味道"的代码片段。

第 5 部分是第 9 章和第 10 章，第 9 章介绍 Java 字节码和 ASM，用于运行时增强 Java 系统；第 10 章介绍 JVM 内存管理，并提供了内存使用的建议。

本书的每一章都可以扩展成一本书，但由于写作难度极大，本人水平有限，本书只保留了我认为最重要的内容。

致谢

首先感谢我的妻子苗珺对我写书的大力支持，这是我写的第三本技术书了，每一本的写作给我的感觉无异于一次加班熬夜的项目冲刺。另外，研发工作的节奏很快，时常加班，个人的开源软件又要经常维护，导致平时身心疲倦，没有我妻子的照顾和支持，我是不可能全身心投入来完成写作的。

其次感谢电子工业出版社的编辑给予我绝对的信任和支持，编辑对本书的出版做了非常多的指导，我们配合默契，感谢你们付出的辛勤汗水。

最后要感谢的是同事和开源社区的一些朋友，他们对本书写作提供了很多帮助，分别是同事蔺瑶南、张世敏、开源社区的王伯勋、杨代全、朱洛毅、曾超、李句，他们做了部分书稿的校验工作，非常感谢他们，如果没有他们，我是不可能及时完成本书写作的。

源码和个人公众号

读者既可以扫描封底二维码获取本书的相关源码，也可以进入我的微信公众号（闲谈 Java 开发）获取源码地址。

李家智

目录

第1章 Java 代码优化 1
1.1 可优化的代码 1
1.2 性能监控 8
1.3 JMH 16
1.3.1 使用 JMH 16
1.3.2 JMH 的常用设置 22
1.3.3 注意事项 26
1.3.4 单元测试 31

第2章 字符串和数字操作 32
2.1 构造字符串 32
2.2 字符串拼接 36
2.3 字符串格式化 39
2.4 字符串查找 41
2.5 替换 42
2.6 intern 方法 45
2.7 UUID 46
2.8 StringUtils 类 48
2.9 前缀树过滤 51
2.10 数字装箱 54
2.11 BigDecimal 56

第3章 并发编程和异步编程 58
3.1 不安全的代码 58
3.2 Java 并发编程 68

- 3.2.1 volatile 68
- 3.2.2 synchronized 69
- 3.2.3 Lock 71
- 3.2.4 Condition 74
- 3.2.5 读写锁 76
- 3.2.6 Semaphore 78
- 3.2.7 栅栏 79
- 3.3 Java 并发工具 81
  - 3.3.1 原子变量 81
  - 3.3.2 Queue 86
  - 3.3.3 Future 89
  - 3.3.4 ThreadLocal 91
- 3.4 Java 线程池 93
- 3.5 异步编程 100
  - 3.5.1 创建异步任务 101
  - 3.5.2 任务完成后执行回调 102
  - 3.5.3 串行执行 104
  - 3.5.4 并行执行 105
  - 3.5.5 接收任务处理结果 110

第 4 章 代码性能优化 112

- 4.1 int 转 String 112
- 4.2 使用 Native 方法 114
- 4.3 日期格式化 115
- 4.4 switch 优化 117
- 4.5 优先使用局部变量 122
- 4.6 预处理 124
- 4.7 预分配 126
- 4.8 预编译 127
- 4.9 预先编码 131
- 4.10 谨慎使用 Exception 132
- 4.11 批处理 135
- 4.12 展开循环 136

4.13 静态方法调用	139

- 4.13 静态方法调用 139
- 4.14 高速 Map 存取 140
- 4.15 位运算 145
- 4.16 反射 146
- 4.17 压缩 151
- 4.18 可变数组 155
- 4.19 System.nanoTime() 156
- 4.20 ThreadLocalRandom 157
- 4.21 Base64 159
- 4.22 辨别重量级对象 161
- 4.23 池化技术 164
- 4.24 实现 hashCode 169
- 4.25 错误优化策略 170
  - 4.25.1 final 无法帮助内联 171
  - 4.25.2 subString 内存泄漏 171
  - 4.25.3 循环优化 171
  - 4.25.4 循环中捕捉异常 174

第 5 章 高性能工具 175

- 5.1 高速缓存 Caffeine 175
  - 5.1.1 安装 Caffeine 176
  - 5.1.2 Caffeine 的基本使用方法 176
  - 5.1.3 淘汰策略 179
  - 5.1.4 statistics 功能 182
  - 5.1.5 Caffeine 高命中率 183
  - 5.1.6 卓越的性能 187
- 5.2 映射工具 Selma 191
- 5.3 JSON 工具 Jackson 196
  - 5.3.1 Jackson 的三种使用方式 196
  - 5.3.2 Jackson 树遍历 197
  - 5.3.3 对象绑定 198
  - 5.3.4 流式操作 201
  - 5.3.5 自定义 JsonSerializer 203

5.3.6 集合的反序列化 204
5.3.7 性能提升和优化 205
5.4 HikariCP 206
5.4.1 安装 HikariCP 206
5.4.2 HikariCP 性能测试 208
5.4.3 性能优化说明 211
5.5 文本处理工具 Beetl 213
5.5.1 安装和配置 214
5.5.2 脚本引擎 215
5.5.3 Beetl 的特点 216
5.5.4 性能优化 221
5.6 MessagePack 225
5.7 ReflectASM 229

第 6 章 可读性代码 232
6.1 精简注释 232
6.2 变量 236
6.2.1 变量命名 236
6.2.2 变量的位置 237
6.2.3 中间变量 238
6.3 方法 238
6.3.1 方法签名 238
6.3.2 短方法 240
6.3.3 单一职责 241
6.4 分支 242
6.4.1 if else 242
6.4.2 switch case 243
6.5 发现对象 244
6.5.1 不要使用 String 244
6.5.2 不要使用数组、Map 246
6.6 checked 异常（可控异常） 247
6.7 其他事项 251
6.7.1 避免自动格式化 251
6.7.2 关于 null 252

第 7 章　JIT 优化 255

- 7.1　编译 Java 代码 255
- 7.2　处理语法糖 257
- 7.3　解释执行和即时编译 261
- 7.4　C1 和 C2 263
- 7.5　代码缓存 268
- 7.6　JITWatch 269
- 7.7　内联 274
- 7.8　虚方法调用 276

第 8 章　代码审查 281

- 8.1　ConcurrentHashMap 陷阱 281
- 8.2　字符串搜索 282
- 8.3　I/O 输出 283
- 8.4　字符串拼接 284
- 8.5　方法的入参和出参 285
- 8.6　RPC 调用定义的返回值 286
- 8.7　Integer 的使用 286
- 8.8　排序 288
- 8.9　判断特殊的 ID 289
- 8.10　优化 if 结构 290
- 8.11　文件复制 290
- 8.12　switch 优化 292
- 8.13　Encoder 293
- 8.14　一个 JMH 例子 294
- 8.15　注释 295
- 8.16　完善注释 295
- 8.17　方法抽取 296
- 8.18　遍历 Map 297
- 8.19　日期格式化 298
- 8.20　日志框架 299
- 8.21　持久化到数据库 301
- 8.22　某个 RPC 框架 302

- 8.23 循环调用 303
- 8.24 lock 的使用 304
- 8.25 字符集 304
- 8.26 处理枚举值 305
- 8.27 任务执行 306
- 8.28 开关判断 307
- 8.29 JDBC 操作 308
- 8.30 Controller 代码 309
- 8.31 停止任务 309
- 8.32 缩短 UUID 311

第 9 章 Java 字节码 314

- 9.1 Java 字节码 314
  - 9.1.1 基础知识 314
  - 9.1.2 .class 文件的格式 315
- 9.2 Java 方法的执行 318
  - 9.2.1 方法在内存中的表示 319
  - 9.2.2 方法在.class 文件中的表示 319
  - 9.2.3 指令的分类 321
  - 9.2.4 HelloWorld 字节码分析 325
  - 9.2.5 字符串拼接字节码分析 326
- 9.3 字节码 IDE 插件 328
- 9.4 ASM 入门 330
  - 9.4.1 生成类名和构造函数 331
  - 9.4.2 生成 main 方法 332
  - 9.4.3 调用生成的代码 333
- 9.5 ASM 增强代码 334
  - 9.5.1 使用反射实现 334
  - 9.5.2 使用 ASM 生成辅助类 335
  - 9.5.3 switch 语句的分类 336
  - 9.5.4 获取 Bean 中的 property 336
  - 9.5.5 switch 语句的实现 337
  - 9.5.6 性能对比 338

第 10 章 JVM 调优 341

10.1 JVM 内存管理 341
10.1.1 JVM 内存区域 342
10.1.2 堆内存区域 344

10.2 垃圾回收：自动内存管理 345
10.2.1 垃圾自动回收 346
10.2.2 Serial GC 349
10.2.3 Parallel GC 350
10.2.4 CMS GC 351
10.2.5 G1 GC 354

10.3 JVM 参数设置 355
10.3.1 从 GC Log 入手 355
10.3.2 堆大小设置建议 359
10.3.3 其他参数的设置 362

10.4 内存分析工具 364
10.4.1 jstat 命令 364
10.4.2 jmap 命令 365
10.4.3 GCeasy 366
10.4.4 JMC 366
10.4.5 MAT 369
10.4.6 OQL 371

10.5 内存故障案例分析 373
10.5.1 一个简单例子 373
10.5.2 线程池优化导致内存泄漏 376
10.5.3 finalize 引发的严重事故 377
10.5.4 C++动态库导致的内存泄漏 378

第 1 章
Java 代码优化

架构师在优化 Java 系统性能的过程中，可以做出很多重要决策以全面提升系统的性能。例如使用更高版本的 JDK，引入 Redis 或 Redis+JVM 缓存，甚至考虑将 JVM 缓存分成多级，比如热点缓存+普通数据缓存等。

在数据上可以考虑数据库分库分表或一主多从，考虑引入中间件提供表的路由。引入分布式事务管理器或状态机来保证事务一致。对于大数据的查询，可以考虑用 Elasticsearch 或 Hive 大数据系统建立统一的数据查询接口。架构师需要考虑如何把数据库的数据同步到大数据系统，以及 Redis 缓存中。

系统交互上使用消息中间件实现异步通信，也可以使用 RPC 进行远程调用。架构师还可以把单体系统改成微服务系统，这种架构的改变"牵一发而动全身"。

一个千人研发团队，通常只有十几位架构师，因而架构级别的调整掌握在少数架构师手里。千人研发团队就有千位普通程序员，作为一个普通程序员，很少有机会参与系统架构级别的优化，甚至暂时不能理解架构上的调整。在开发新功能或审查组内的代码时，优化系统的方式主要是优化自己或他人写的代码。代码是系统的基石，没有良好的代码，系统架构就不牢固。

本章通过一个代码片段来说明代码的优化过程，为后续各章提供系统优化指南。

1.1 可优化的代码

笔者在优化过程中曾优化过一段不超过 10 行的代码，优化前的代码如下：

```
public Map buildArea(List<Area> areas){
  if(areas.isEmpty()){
```

```
    return new HashMap();
  }
  Map<String,Area> map = new HashMap<>();
  for(Area area:areas){
    String key = area.getProvinceId()+"#"+area.getCityId();
    map.put(key,area);
  }
  return map;
}
```

当判断这段代码几乎每次请求都会被调用时，说明有必要对这段代码进行优化。

方法返回值是个 Map，非常不容易阅读，因为当其他代码阅读者看到方法签名时并不清楚 Key 和 Value 的类型，必须阅读完代码才知道。因此将方法签名改成如下内容：

```
public Map<String,Area> buildArea(List<Area> areas)
```

Map 中的 Key 是字符串类型，使用者必须了解方法的实现才知道如何使用 Key，这里有两种改善方法。

一是在方法的 Javadoc 注释中说明 Key 的格式：

```
/**
 * 构建一个地址 Map
 * @param areas  初始化地址列表
 * @return  Key 的格式是省编号+"#"+市编号
 */
public Map<String,Area> buildArea(List<Area> areas)
```

二是在使用 buildArea 方法时通过一个有意义的名称来描述，例如：

```
Map<String,Area> provinceCityMap = buildArea(areas);
```

这两种方法能帮助代码阅读者明白 buildArea 返回值的含义，但仍然有一定的阅读负担，使用者不得不通过再次阅读注释来了解 Map 的含义。注释很少跟随代码改动而改动，而重构往往又遗漏了注释。如果 Key 值的构成发生了改变，比如包含城镇编号：

```
String key = area.getProvinceId()+"#"+area.getCityId()+"#"+area.getTownId();
```

以 String 来描述对象，这个改动对于项目来说是一个巨大的"灾难"。所有使用 buildArea 的地方都必须改动，如果忘记了，则会造成损失。笔者遇到的一个类似的改动就造成了线上的巨大损失，半小时服务不可用。

这段代码从可读性和性能上来说，最大的问题是 Key 值的类型是 String。从可读性上来说，字符串让人难以理解其构成，即使方法签名从返回 Map 变成返回 Map<String,Area>，仍然难以理解。如果想用字符串表达一个对象，那么还不如直接使用一个对象。我们可以创建一个新的对象来描述"需求"：

```java
public class CityKey{
  private Integer provinceId;
  private Integer cityId;
  //省略 getter、setter 方法，以及省略 equals 和 hashCode
}
```

这样，代码可以改成如下内容：

```java
public Map<CityKey,Area> buildArea(List<Area> areas){
  if(areas.isEmpty()){
    return new HashMap();
  }
  Map<CityKey,Area> map = new HashMap<>();
  for(Area area:areas){
    CityKey key = new CityKey(area.getProvinceId(),area.getCityId());
    map.put(key,area);
  }
}
```

修改后的代码更容易阅读，还可以改进的地方是 CityKey 的构成通过 Area 来生成，可以为 Area 添加一个 buildKey 方法：

```java
public class Area {
    ...
    public CityKey buildKey(){
        return new CityKey(provinceId,cityId);
    }
}
```

这样，CityKey 专门由 Area 来维护，任何 CityKey 含义的变更、重构，都不会影响使用了它的代码。

在讨论完代码易用性后，读者也许会疑惑，构造一个新的 CityKey 对象会不会使性能降低呢？其实恰恰相反，之前使用 String 来构造一个 Key 的代价相当昂贵，这也是接下来要讨论的内容。

在编译期遇到字符串相加时，都会使用 StringBuilder 来完成字符串拼接功能，对于如下代码：

```
area.getProvinceId()+"#"+area.getCityId()
```

在编译后，实际的代码如下：

```
StringBuilder sb = new StringBuilder();
sb.append(area.getProvinceId());
sb.append("#");
sb.append(area.getCityId());
```

可以通过 JDK 自带的 javap 命令来反编译 class，了解编译后的代码，比如，javap -c AreaService.class。有些 IDE 具备反编译功能，但在反编译成源码的时候，还原成用 "+" 来拼接字符串。

这段代码的性能问题主要在于整型值转化为字符串时调用了 StringBuilder.append(int)，StringBuilder 最终会调用 Integer.toString 方法：

```
public static String toString(int i) {
    if (i == Integer.MIN_VALUE)
        return "-2147483648";
    int size = (i < 0) ? stringSize(-i) + 1 : stringSize(i);
    char[] buf = new char[size];
    getChars(i, size, buf);
    return new String(buf, true);
}
```

为了将数字转为字符串，首先需要确定字符串的长度，可以通过 Integer.stringSize 方法获取字符串的长度：

```java
final static int [] sizeTable = { 9, 99, 999, 9999, 99999, 999999, 9999999,
                    99999999, 999999999, Integer.MAX_VALUE };
//Requires positive x
static int stringSize(int x) {
    for (int i=0; ; i++)
        if (x <= sizeTable[i])
            return i+1;
}
```

比如数字 139 需要的是长度为 3 的字符串数组，通过循环 3 次，在 i=0 和 i=1 的时候（x<=sizeTable[i]）条件不满足，继续循环；当 i=2 的时候，条件满足，返回 i+1，从而确立数字 139 需要创建一个长度为 3 的字符串数组。

在获取字符串长度后，需要从内存中分配一个 buf 数组，getChars 用于真正转化 int 类型到字符串，并赋值给 buf 数组。getChars 需要 30 行代码来完成，由于篇幅关系，在此就不贴出来了。

StringBuilder 类获取 int 对应的字符串后，是否后面就没有什么代码能影响性能了？实际上还有一系列操作才能真正完成字符串拼接，实现用字符串来表达 Key 的功能。

```java
public AbstractStringBuilder append(String str) {
    if (str == null)
        return appendNull();
    int len = str.length();
    ensureCapacityInternal(count + len);
    str.getChars(0, len, value, count);
    count += len;
    return this;
}
```

ensureCapacityInternal 方法用于保证 StringBuilder 的 buf 足够长，以容纳 str 字符串。如果 buf 不够长，则需要扩容。扩容意味着需要新建一份较大的内存块，然后将原有内容复制到这份内存块中，这也是一个消耗资源的地方。

str.getChars 方法也会做一次内存复制，将 str 的内容复制到新扩容的 buf 中，至此，一个字符串拼接的操作才算真正完成。

当我们需要将一个 String 对象作为 Key 的时候，会调用 StringBuilder.toString 方法，代码如下：

```java
public String toString() {
    //Create a copy, don't share the array
    return new String(value, 0, count);
}
```

正如 JDK 文档的注释"// Create a copy, don't share the array"所描述的，实际上这也是一个消耗资源的操作，内部会开辟一块空间，并把 StringBuilder 的 char 数组内容复制到 String 中：

```
//String 构造函数
public String(char value[], int offset, int count) {
    this.value = Arrays.copyOfRange(value, offset, offset+count);
}
```

通过 StringBuilder.append() 方法可以发现执行代码还是非常长的，我们可以通过 PerformaceAreaTest 验证一下用对象表示 Key 和用字符串表示 Key 两种方式的性能。前者的吞吐量是后者的 5 倍，如果只比计较 Key 的生成，则对象 Key 生成的吞吐量是字符串 Key 生成的吞吐量的 50 倍。

读者可以自行统计为了生成字符 Key 创建了多少个对象，创建多少次数组，数组复制的次数，以及循环的次数。

打开本书附带的示例 PerformaceAreaTest.java，这个代码包含两个方法，testStringKey 使用字符串拼接 Key，testObjectKey 使用一个对象表示 Key：

```
public static void testStringKey(int max, List<Area> data){
    for(int i=0;i<max;i++){
        areaService.buildArea(data);
    }
}

public static void testObjectKey(int max, List<Area> data){
    for(int i=0;i<max;i++){
        perferAreaService.buildArea(data);
    }
}
```

在 main 方法中循环 10 万次，以验证性能：

```
//PerformaceAreaTest.java
public static void main(String[] args){
    int max = 100000;
    //任意创建 20 个 Area 对象
    List<Area> data = buildData(20);
```

```
Long start = System.nanoTime();
//测试一
testStringKey(max,data);
Long end = System.nanoTime();
//测试二
testObjectKey(max,data);
Long end1 = System.nanoTime();
//打印
print(start,end,end1);
}
```

System.nanoTime()用纳秒计时，System.currentTimeMillis 用毫秒计时，前者比后者更精确，执行时对系统影响更小。nanoTime 方法会在第 4 章介绍。

使用 print 方法打印两种生成 Key 的执行时间：

```
static void print(long start,long end,long end1){
    long  elapsedTime = TimeUnit.NANOSECONDS.toMillis(end - start);
    long  perferElapsedTime = TimeUnit.NANOSECONDS.toMillis(end1 - end);
    System.out.println("elapsedTime="+elapsedTime+",perferElapsedTime="+perferElapsedTime);
}
```

直接运行 PerformaceAreaTest，可以看到 testObjectKey 远快于 testStringKey，输出结果如下：

elapsedTime=500,perferElapsedTime=87

运行 10 万次，testStringKey 耗时 500 毫秒，而 testObjectKey 耗时 87 毫秒。

1.3 节将介绍 JMH（JDK 自带的性能基准测试工具），一种真正用于性能压测和比较的工具。在 1.3 节中也会说明为什么上述性能测试方式存在问题。

buildArea 除了 Key 优化，性能上还有可以提升的地方。首先判断输入为空后，不必每次创建一个空的 HashMap，可以返回一个初始化好的 HashMap 实例：

```
if(areas.isEmpty()){
    return CommonUtil.EMPTY_MAP;
}
```

EMPTY_MAP 是一个已经定义好的 Map：

```
public static final Map EMPTY_MAP = Collections.emptyMap();
```

这一段关于 Map 的优化需要谨慎考虑，Collections.emptyMap 返回的是一个内部类 EmptyMap，EmptyMap 提供了 Map 读接口实现，写操作都会抛出 UnsupportedOperationException。因此，如果不确定 buildArea 返回的 Map 有什么用（可能会有写操作），那么最好避免这一步的优化。况且，在微服务框架中，有些序列化工具未必能识别和成功序列化 EmptyMap。因此，我们选择不优化。在 JDK 8 下，创建一个空的 HashMap 的代价非常小。

在构造 Map 时，如果知道其长度，则可以指定一个长度，这样可以避免不必要的 Map 扩容，也能获得较好的性能。代码改成如下内容：

```
Map<String,Area> map = new HashMap<>(areas.size());
```

最后的优化结果为以下代码片段，当然，buildArea 方法去掉了无意义的 Javadoc：

```
public Map<CityKey,Area> buildArea(List<Area> areas){
  if(areas.isEmpty()){
    return new HashMap();
  }
  Map<CityKey,Area> map = new HashMap<>(areas.size());
  for(Area area:areas){
    CityKey key = area.buildKey();
    map.put(key,area);
  }
  return map;
}
```

1.2　性能监控

虚拟机提供了 JvisualVM 用于了解应用运行时虚拟机内部的情况，通过 JvisualVM，可以连接本地或远程虚拟机，监控以下数据：

- 每个线程的运行情况，例如状态是运行、休眠，还是等待、监视，线程当时运行的代码位置和线程栈。
- 通过抽样器可以获取内存的使用情况，内存中有多少对象，关心的类占据了多少内存，可以保存一份快照，供事后通过 OQL 或商业可视化工具进一步分析内存。
- 通过抽样器可以获取每个类的每个方法执行的总时间，分为自身执行时间，以及调用其他方法的时间，可以保存一份快照，供事后进行性能分析，找到可能的性能改善点。

- JvisualVM 还提供了 Profiler 功能，可以实时统计每个方法的运行时间。Profiler 只能在本地应用中使用，它的机制是在虚拟机加载应用时，为每个方法增加埋点，统计执行时间。此功能本身对应用的性能影响很大，一般很少使用 Profiler 来了解系统性能。

在 1.1 节中，我们通过运行 PerformaceAreaTest 证明了使用 String 构造一个 Key 的性能较差，本节用抽样器来印证这一点。

打开 IDEA/Eclipse，导入本章提供的示例 Maven 工程。打开 PerformaceAreaTest2，与 1.1 节中的代码的区别是本例增加了一个循环，比较对象 Key 和字符串 Key，使得程序一直运行。我们可以通过 JvisualVM 来进行性能监控：

```java
//PerformaceAreaTest2.java
public static void main(String[] args){
    while(true){
        int max = 100000;
        List<Area> data = buildData(20);
        Long start = System.nanoTime();

        testStringKey(max,data);
        Long end = System.nanoTime();
        testObjectKey(max,data);
        Long end1 = System.nanoTime();
        print(start,end,end1);
    }
}
```

testStringKey 方法调用了 AreaService，而 testObjectKey 调用了 PreferAreaService。

先运行该工程，可以发现 AreaService 的性能较差，PreferAreaService 的性能很好：

```
elapsedTime=590,perferElapsedTime=155
elapsedTime=539,perferElapsedTime=140
elapsedTime=552,perferElapsedTime=73
elapsedTime=397,perferElapsedTime=66
elapsedTime=271,perferElapsedTime=51
elapsedTime=225,perferElapsedTime=63
elapsedTime=231,perferElapsedTime=49
```

elapsedTime 表示执行 10 万次字符串 Key 需要的时间，perferElapsedTime 表示通过对象构造 Key 需要的时间。

读者也许注意到了刚开始循环时的 elapsedTime 和 perferElapsedTime 的值较大，随着循环次数增加，elapsedTime 和 perferElapsedTime 逐渐变小并趋于稳定。这是因为 Java 会在运行时做优化，关于这种优化，将在第 7 章说明。

这时进入 Java 主目录，找到 bin 下的 JvisualVM，双击运行该文件，如下图所示（建议按照本书的讲解来运行程序和 JvisualVM）。

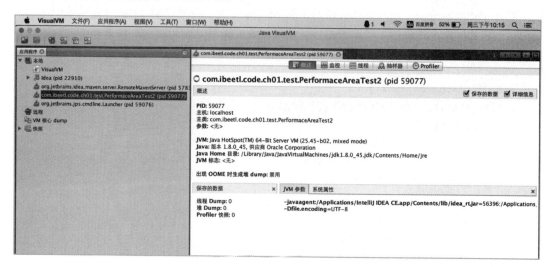

JvisualVM 分为左右两个窗口，左边包含一个进程列表，双击 com.ibeetl.code.ch01.test.PerformaceAreaTest2 进程，可以看到右边弹出一个标签页，标签页首页是关于此进程的汇总信息。直接进入抽样器，点击包含 CPU 字样的按钮，进行 CPU 抽样，如下图所示。

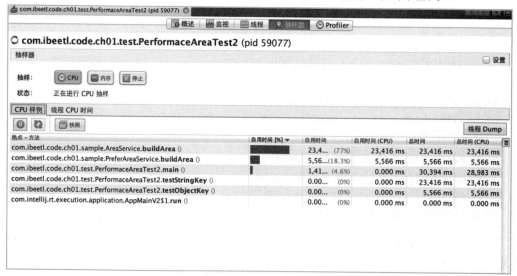

内存抽样有助于分析内存的使用情况，解决内存溢出的虚拟机故障，解决因创建过多对象导致系统性能降低的问题。

每个字段的含义如下：

- 热点方法：表示虚拟机运行过程中被采样的每个方法。如果关注的方法并未出现在此列表中，则表示此方法不是性能热点，或者此方法被调用的次数太少。
- 自用时间：表示方法本身执行消耗的时间，分别以百分比和消耗时间进行统计。方法执行时间包含方法调用其他方法的时间和自身的执行时间。如下代码，for 循环消耗的时间为自用时间，加上 tasks[i].execute 的执行时间计为总的时间。

```
for(int i=0;i<tasks.length;i++){
  tasks[i].execute();
}
```

通过观察百分比也可以知道是否需要优化方法本身，比如上图中 main 方法的自用时间就很少，而 buildArea 的自用时间很多。

- 自用时间（CPU）：表示方法本身消耗的 CPU 时间，不包含休眠、I/O 等待时间。如果看到热点方法的自用时间多，但自用时间（CPU）小，则有可能是该方法包含 I/O、线程调度。以下就是一个自用时间长、自用时间（CPU）很小的方法：

```
Thread.sleep(1000);
```

如果自用时间（CPU）小，但自用时间长，则调优方向可以转为优化线程和 I/O 相关。关于多线程并发编程，可以阅读本书第 3 章的内容。

- 总时间：执行该方法所消耗的总时间，包含调用其他方法所消耗的时间。
- 总时间（CPU）：同总时间，但只包含 CPU 时间，不包含休眠、I/O 等待时间。

在采样过程中，可以点击快照按钮，标签页会多出一个标签，表示当时的采样情况。点击保存按钮先保存下来，供以后分析。在性能调优过程中，这是我们调优的重要依据。每次优化后，都可以保存多个快照，以做优化对比。

点击快照面板最下方的工具栏的热点按钮进入热点面板，可以看到应用的运行情况，对自用时间列进行排序，可以看到如下图所示的统计信息。

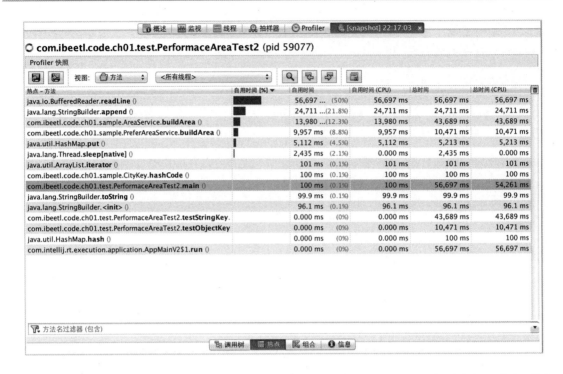

第 1 行 java.io.BufferedReader.readLine()的自用时间最长，这是 IDEA 相关代码，我们不用关心。第 2 行占用的 CPU 也很明显，这便是我们在 1.1 节得出的结论，通过字符串构造 Key 会占用较多 CPU。第 3 行是 AreaService.buildArea，执行总时间为 43689 毫秒，自用时间为 13980 毫秒，buildArea 通过循环来构造一个 Map，因此自用时间较高也属于正常现象。同时，它的执行总时间远大于自用时间，说明构造 Map 和通过 StringBuilder 构造 Key 的性能消耗非常高。

再看第 4 行 PerferAreaService.buildArea，自用时间是 9957 毫秒，因为同样是通过循环构造的，唯一的区别是总时间较少，仅 10471 毫秒，证明了通过创建对象来构造 Key 相当高效。

再看第 9 行，程序入口 PerformaceAreaTest2.main，因为是程序入口，所以总时间最长，为 56697，总时间（CPU）是 54261 毫秒，这是因为 main 方法每次循环后都会休眠，这部分时间也会计入总时间，但不计入 CPU 时间。main 方法的自用时间较少，因为 main 方法主要是调用其他测试方法，无性能损耗。

通过抽样器，已经分析出 StringBuilder 是比较耗时的。我们还可以进一步分析此调用的调用栈，以确认此处耗时在代码的哪一处。我们可以选中这一行，点击鼠标右键，会出现两个选择：

- 在调用树中查找，这个选项会打开所选方法的整个调用栈，可以看到自下向上所选方法到根方法的每一个方法的调用情况，通常使用这种方式查看。可以向下钻取此方法下的每一个方法的调用情况。

- 反向跟踪，同上，但是自上向下显示。

选中第 2 行 StringBuilder.append，点击鼠标右键，在调用树中查找，弹出如下图所示的面板。

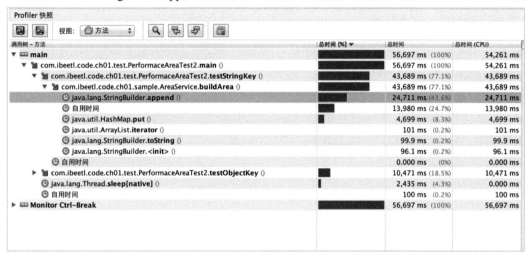

可以看到 StringBuilder.append 在 AreaService.buildArea 中占用的时间最长，其次是自用时间，最后是 HashMap.put 时间。

我们回到热点面板，选中第 4 行 PreferAreaService.buildArea()——我们的优化版本，点击鼠标右键，选中调用树查找，可以看到面板如下图所示。

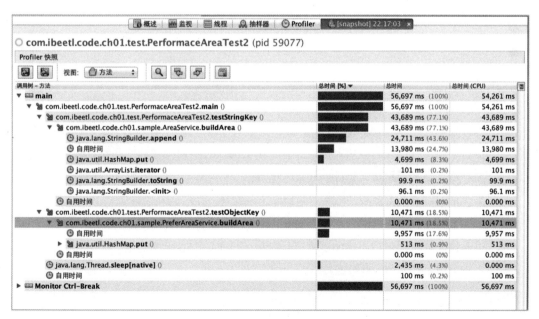

我们看到 PreferAreaService.buildArea()表现得很优秀,其中 HashMap.put 的时间占比非常低,这是因为避免了 Map 扩容,在 PreferAreaService.buildArea()中预先初始化了 Map 容量的缘故。

```
Map<CityKey,Area> map = new HashMap<>(areas.size());
```

在调用树中,我们期望能深入 HashMap,看看到底发生了什么,使得 AreaService.buildArea 方法中的 Map.put 占用时间较长。我们需要修改默认采样策略,回到抽样器标签,在面板右上角有一个"设置"复选框,在停止抽样后,可以看到一些抽样设置,如下图所示。

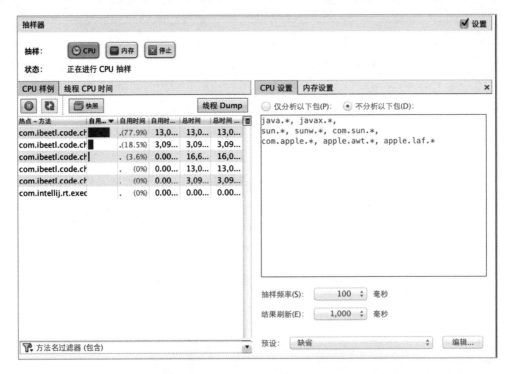

- **抽样频率**:默认是 100 毫秒,这种抽样频率对 JVM 性能本身的影响较小,能获得一个接近实际运行情况的数值。可以设定更小的值,以方便抽样到一些执行较快的方法。通常情况下不需要这么做,如果抽样时间足够长,那么总能得到一个真实运行的数值。
- **结果刷新**:刷新到面板的频率,1 秒刷新一次是一个较为合理的值。
- **分析的包名**,默认情况下会分析除了 java、javax、sun 等开头的包名,我们可以自己设定需要分析的包名。比如,本节只分析 com.ibeetl.code 的包名,同时作为例子,我们也分析 java.util 开头的包名。

```
com.ibeetl.code.*,java.util.*,java.lang.Integer
```

再次进行抽样，会发现抽样结果只包含 com.ibeetl.code.*、java.util.*、java.lang.Integer，相关代码运行一段时间后，我们点击快照，对此快照进行分析。

选中 StringBuilder.append，依据 HashMap.put，看看到底是怎么占用了多长时间，如下图所示。

调用树 - 方法	总时间 [%] ▼	总时间	总时间 (CPU)
▼ com.ibeetl.code.ch01.test.PerformaceAreaTest2.**main** ()		51,899 ms (100%)	49,717 ms
▼ com.ibeetl.code.ch01.test.PerformaceAreaTest2.**testStringKey** ()		40,331 ms (77.7%)	40,331 ms
▼ com.ibeetl.code.ch01.sample.AreaService.**buildArea** ()		40,331 ms (77.7%)	40,331 ms
▼ java.lang.StringBuilder.**append** ()		20,318 ms (39.2%)	20,318 ms
▼ java.lang.String.**valueOf** ()		20,318 ms (39.2%)	20,318 ms
▼ java.lang.Integer.**toString** ()		20,318 ms (39.2%)	20,318 ms
▼ java.lang.Integer.**toString** ()		20,318 ms (39.2%)	20,318 ms
java.lang.Integer.**getChars** ()		20,318 ms (39.2%)	20,318 ms
自用时间		0.000 ms (0%)	0.000 ms
自用时间		0.000 ms (0%)	0.000 ms
自用时间		0.000 ms (0%)	0.000 ms
自用时间		14,314 ms (27.6%)	14,314 ms
▼ java.util.HashMap.**put** ()		5,299 ms (10.2%)	5,299 ms
▼ java.util.HashMap.**putVal** ()		5,299 ms (10.2%)	5,299 ms
java.util.HashMap.**resize** ()		2,907 ms (5.6%)	2,907 ms
自用时间		2,392 ms (4.6%)	2,392 ms
自用时间		0.000 ms (0%)	0.000 ms
java.lang.StringBuilder.**<init>** ()		198 ms (0.4%)	198 ms
java.lang.StringBuilder.**toString** ()		99.9 ms (0.2%)	99.9 ms

可以看到 StringBuilder.append 很耗时，主要是因为 Integer.getChars 方法耗时，而 HashMap.put 耗时，主要是因为 resize 方法耗时，也就是扩容耗时，这印证了我们 1.1 节对源码的分析。

尽管对于大多数有经验的程序员来说，Integer 转字符串和 HashMap 扩容都是耗时操作，这是一个理论上的常识，但本节还是通过性能监控观察到了这一点。

在很多情况下，必须将 Integer 转为字符串，第 4 章会介绍一个性能优化技巧。

JvisualVM 工具支持远程采样，需要在远程虚拟机中增加如下参数：

-Dcom.sun.management.jmxremote.port=1099 -Dcom.sun.management.jmxremote.ssl=false -Dcom.sun.management.jmxremote.authenticate=false

1099 指明了管理端口，如果本机有多个 IP 地址，那么还需要配置 IP 地址，确保本地可以通过 IP 地址和端口访问，而不会被防火墙拒绝。

-Djava.rmi.server.hostname=192.168.1.54

输入 IP 地址和端口后，可以打开 JvisualVM，双击左边面板里的"远程"节点，弹出如下图所示的面板。

在主机名输入框里输入 IP 地址，端口采用 1099 即可，保存后，即可开启对远程虚拟机的监控。

1.3 JMH

1.3.1 使用 JMH

在 1.2 节，我们通过性能监控，找到了两个性能优化点，一是通过用 CityKey 对象代替字符串 Key，既符合面向对象编程的要求，又避免了字符串拼接带来的消耗，二是在设置容器 Map 初始大小后去掉了 HashMap.resize 方法调用，通过 PerformaceAreaTest 验证了代码优化可以使性能得到提升。

PerformaceAreaTest 包含三部分代码，第一部分是要进行测试的目标方法，包含 testStringKey 和 testObjectKey 方法。第二部分是 main 方法，会循环运行多次要测试的目标方法，并调用统计方法，计算哪一个方法运行得最快，将测试结果输出到控制台。第三部分是统计测试结果，PerformaceAreaTest.print 方法仅仅简单地打印了各自的执行时间。

手工编写一个性能压测程序有较多的问题：

- 需要进行性能比较的不同方法放到一个虚拟机里调用，有可能会互相影响。最好的办法是分成两个独立的进程运行，确保两个对比方法不相互影响。
- PerformaceAreaTest 启动后直接运行，缺少预热过程。虚拟机在执行代码过程中，会加载类，解释执行，以及有可能的优化编译。需要确保虚拟机进行了一定的预热，以保证测试的公平性，在运行 PerformaceAreaTest2 时，能看到第一次循环的执行时间总是

- 较长。可以参考第 7 章进一步了解 JIT 对代码的优化。
- 为了避免环境造成对结果统计不准,我们需要运行多次,取出平均成绩。
- 需要从多个维度统计方法的性能,统计冷启动需要消耗的时间,统计吞吐量、每次消耗时间、TP99 等。

JMH 使用 OPS(Operation Per Second)来表示吞吐量,OPS 是衡量性能的重要指标,指的是每秒操作量。数值越大,性能越好。类似的概念还有 TPS,表示每秒的事务完成量。对每次执行时间进行升序排序,取出总数中 99%的最大执行时间作为 TP99 的值(Top Percentile),TP99 通常是衡量系统性能的重要指标,表示 99%的请求的响应时间不超过某个值。比 TP99 更严格的是 TP999,要求 99.9%的请求不超过某个值。

有什么工具能帮助我们统计性能优化后的效果,比如更方便地统计 OPS、TP99 等呢?同时,我们为了做调优,不必每次都自己写一个测试程序。

JMH,即 Java Microbenchmark Harness,是专门用于代码微基准测试的工具套件。主要是基于方法层面的基准测试,精度可以达到纳秒级。当定位到热点方法,希望进一步优化方法性能的时候,就可以使用 JMH 对优化的结果进行量化分析。

使用 JMH 时,可以在工程中添加对 JMH 的依赖,内容如下:

```xml
<dependency>
    <groupId>org.openjdk.jmh</groupId>
    <artifactId>jmh-core</artifactId>
    <version>${jmh.version}</version>
</dependency>
<dependency>
    <groupId>org.openjdk.jmh</groupId>
    <artifactId>jmh-generator-annprocess</artifactId>
    <version>${jmh.version}</version>
    <scope>provided</scope>
</dependency>
```

${jmh.version}为 JMH 最新的 1.35 版本。

编写一个 JMH 测试类:

```
@BenchmarkMode(Mode.Throughput)
@Warmup(iterations = 3)
@Measurement(iterations = 3, time = 5, timeUnit = TimeUnit.SECONDS)
@Threads(1)
@Fork(1)
```

```java
@OutputTimeUnit(TimeUnit.SECONDS)
public class MyBenchmark {
    @Benchmark
    public static void  testStringKey(){
        //优化前的代码
    }
    @Benchmark
    public static void  testObjectKey(){
        //要测试的优化后的代码
    }
    public static void main(String[] args) throws RunnerException {
        Options opt = new OptionsBuilder()
                .include(MyBenchmark.class.getSimpleName())
                .build();
        new Runner(opt).run();
    }
}
```

MyBenchmark 有两个需要比较的方法，都用@Benchmark 注解标识，MyBenchmark 使用了一系列注解，解释如下：

- BenchmarkMode 为使用模式，默认是 Mode.Throughput，表示吞吐量。其他参数还有 AverageTime，表示每次执行时间。SampleTime 表示采样时间，采样会输出 TP50、TP99 等统计数据。SingleShotTime 表示只运行一次，用于测试冷启动消耗时间。All 表示统计前面所有的指标。本书使用 Throughput 和 AverageTime 较多。
- Warmup 为配置预热次数，默认是每次运行 1 秒，运行 10 次，本例是运行 3 次。
- Measurement 为配置执行次数，本例是一次运行 5 秒，总共运行 3 次。在性能对比时，采用默认 1 秒即可。如果用 JvisualVM 做性能监控，则可以指定一个较长的运行时间。
- Threads 为配置同时执行多少个线程，默认值是 Runtime.getRuntime().availableProcessors()，本例启动 1 个线程同时执行。
- Fork 代表启动多个单独的进程分别测试每个方法，这里指定为每个方法启动一个进程。
- OutputTimeUnit 为统计结果的时间单元，本例是 TimeUnit.SECONDS，运行后会看到输出结果是统计的每秒的吞吐量。

在 MyBenchmark 中添加需要的测试方法：

```java
static AreaService areaService = new AreaService();
static PreferAreaService perferAreaService = new PreferAreaService();
```

```java
static List<Area> data = buildData(20);

@Benchmark
public static void  testStringKey(){
    areaService.buildArea(data);
}
@Benchmark
public static void  testObjectKey(){
    perferAreaService.buildArea(data);
}

private static List<Area> buildData(int count){
    List<Area>  list = new ArrayList<>(count);
    for(int i=0;i<count;i++){
        Area area = new Area(i,i*10);
        list.add(area);
    }
    return list;
}
```

因为 MyBenchmark 包含一个 main 方法，所以可以直接在 IDE 中运行这个方法，输出如下：

```
# Warmup: 3 iterations, 1 s each
# Measurement: 3 iterations, 5 s each
# Threads: 1 threads, will synchronize iterations
# Benchmark mode: Throughput, ops/time
```

以上输出来自我们的配置，第一行表示预热 3 次，每次执行 1 秒。第二行表示运行 3 次，每次运行 5 秒，这部分的运行结果计入统计。第三行表示 1 个线程执行。第四行统计的性能数据维度是 Throughput（吞吐量）。

紧接着运行 testObjectKey 方法，输出如下：

```
# Benchmark: com.ibeetl.code.ch01.test.MyBenchmark.testObjectKey

# Run progress: 0.00% complete, ETA 00:00:36
# Fork: 1 of 1
objc[68658]: Class JavaLaunchHelper is implemented in both /Library/Java/
```

```
JavaVirtualMachines/jdk1.8.0_45.jdk/Contents/Home/jre/bin/java and /Library/Java/
JavaVirtualMachines/jdk1.8.0_45.jdk/Contents/Home/jre/lib/libinstrument.dylib. One
of the two will be used. Which one is undefined.
    # Warmup Iteration    1: 1288302.671 ops/s
    # Warmup Iteration    2: 3061587.202 ops/s
    # Warmup Iteration    3: 1094970.828 ops/s
    Iteration    1: 2491836.097 ops/s
    Iteration    2: 2780362.118 ops/s
    Iteration    3: 3621313.883 ops/s
```

这里的 Fork 表示子进程，我们只配置了一个，因此只有一个进程的执行结果，该进程包含预热 3 次、每次 1 秒，以及运行 3 次、每次运行 5 秒。执行完 testObjectKey 方法后，会自动打印一个汇总信息：

```
Result: 939996.216 ±(99.9%) 2012646.237 ops/s [Average]
    Statistics: (min, avg, max) = (813154.364, 939996.216, 1013607.616), stdev =
110319.932
    Confidence interval (99.9%): [-1072650.021, 2952642.453]
```

统计结果给出了多次测试后的最小值、最大值和均值，以及标准差（stdev）、置信区间（Confidence interval）。

标准差反映了数值相对于平均值的离散程度，置信区间是指由样本统计量所构造的总体参数的估计区间。在统计学中，一个概率样本的置信区间是对这个样本的某个总体参数的区间估计。

testStringKey 的输出与上面类似，这两个比较方法执行完毕，会自动打印出一个性能对比的数据表格（下面用代码形式表示）：

```
Benchmark                              Mode  Samples      Score   Score error  Units
c.i.c.c.t.MyBenchmark.testObjectKey    thrpt       3  1976766.072   408421.217  ops/s
c.i.c.c.t.MyBenchmark.testStringKey    thrpt       3   423788.869   222139.136  ops/s
```

Benchmark 列表示这次测试对比的方法，Mode 列是结果的统计维度，thrpt 指的是统计吞吐量，与我们配置的 @BenchmarkMode(Mode.Throughput) 是一致的。Samples 列表示采样次数，Samples=Fork×Iteration。Score 是对这次评测的打分，对于 testObjectKey，意味着它的 OPS 为每秒 1976766，大约 4 倍于 testStringKey 方法。Units 表示输出数据单位，ops/s 表示每秒的吞吐量。

Score Error 表示性能统计上的误差，比如当测试的时候有其他应用占用了 CPU，会导致 error 过大。我们不需要关心这个数据，主要查看 Score。

可以修改统计维度，比如修改为 Mode.SampleTime，时间按照纳秒统计：

```
@BenchmarkMode(Mode.SampleTime)
@OutputTimeUnit(TimeUnit.NANOSECONDS)
...
public class MyBenchmark {}
```

可以看到有如下一组统计数据：

```
p( 0.0000) =    1992.000 ns/op
p(50.0000) =    2084.000 ns/op
p(90.0000) =    2464.000 ns/op
p(95.0000) =    3472.000 ns/op
p(99.0000) =    4272.000 ns/op
p(99.9000) =   17481.920 ns/op
p(99.9900) =   80659.840 ns/op
p(99.9990) =  562593.690 ns/op
p(99.9999) =  745472.000 ns/op
```

可以看到 90% 的调用是在 2464 纳秒内完成的，99% 的调用是在 4272 纳秒内完成的。

修改统计维度为 Mode.AverageTime，并且修改 OutputTimeUnit 为 TimeUnit.NANOSECONDS，统计每次操作用的纳秒数：

```
@BenchmarkMode(Mode.AverageTime)
...
@OutputTimeUnit(TimeUnit.NANOSECONDS)
public class MyBenchmark {
}
```

结果如下，testObjectKey 方法每次调用消耗仅为 360 纳秒。

Benchmark	Mode	Score	Units
c.i.c.c.t.MyBenchmark.testObjectKey	avgt	360.540	ns/op
c.i.c.c.t.MyBenchmark.testStringKey	avgt	2184.248	ns/op

注意：本书的所有例子在 JMH 输出时都省略了采样和误差两栏数据，主要是为了方便排版。

1.3.2　JMH 的常用设置

在 1.3.1 节的例子中，我们性能测试所依赖的对象 areaService、perferAreaService 恰好是线程安全的，大多数情况下性能测试方法都会引用一些外部实例对象。考虑到多线程测试访问这些实例对象，JMH 要求必须将这些变量声明在 Thread 或整个 Beanchmark 内。如果是前者，则 JMH 会为每个线程构建一个新的实例；如果是后者，则所有测试都共享这个变量。JMH 用@State 注解来说明对象的生命周期，@State 注解作用在类上，比如，在 MyBenchmark 例子中，我们可以改成如下例子：

```java
@State(Scope.Benchmark)
public static class SharedPara{
    AreaService areaService = new AreaService();
    PreferAreaService perferAreaService = new PreferAreaService();
    List<Area> data = buildData(20);

    private List<Area> buildData(int count){
        //忽略其他代码
    }

}

@Benchmark
public void testStringKey(SharedPara para){
    para.areaService.buildArea(para.data);
}
@Benchmark
public void testObjectKey(SharedPara para){
    para.perferAreaService.buildArea(para.data);
}
```

必须声明一个公共静态内部类，该类包含我们需要使用的实例对象，用@State 注解表明这个对象是在 Thread 范围内还是在 BeanchMark 范围内使用。在这个例子中，因为配置为 Scope.Benchmark，所以 JMH 在整个性能测试过程中，只构造了一个 SharedPara 实例，SharedPara 可以作为参数传入每个待测试的方法，JMH 能自动识别。

最常见的方式不是使用内部类，而是直接使用性能测试的类，在类上使用@State 注解：

```java
@State(Scope.Benchmark)
```

```java
public class MyBenchmarkStateSimple {
  AreaService areaService = new AreaService();
  PreferAreaService perferAreaService = new PreferAreaService();
  List<Area> data = buildData(20);
  //忽略其他代码
}
```

@Setup 和@TearDown 是一对注解，作用于方法上，前者用于测试前的初始化工作，后者用于回收某些资源，比如压测前需要准备一些数据。

```java
@State(Scope.Benchmark)
public class ScriptEngineBeanchmrk {
  String script = null;
  @Benchmark
  public void nashornTest(){
    //测试方法
  }

  @Setup
  public void loadScriptFromFile(){
    //加载一个测试脚本
  }

}
```

Level 配合@Setup 使用，用于控制@Setup、@TearDown 的调用时机，有以下含义。

- Level.Trial：运行每个性能测试的时候执行，推荐的方式，相当于只运行一次。
- Level.Iteration：每次迭代的时候执行。
- Level.Invocation：每次调用方法的时候执行，这个选项需要谨慎使用。

JMH 提供了能运行 Benchmark 类的 Runner 类：

```java
public static void main(String[] args) throws RunnerException {
  Options opt = new OptionsBuilder()
    .include(MyBenchmark.class.getSimpleName())
    .build();
  new Runner(opt).run();
}
```

include 接收一个字符串表达式，表示需要测试的类和方法，例如上例中测试所有方法 MyBenchmark。以下例子则只测试方法名字包含 testObjectKey 的方法：

```
include(MyBenchmark.class.getSimpleName()+".*testObjectKey*")
```

OptionsBuilder 包含多个方法用于配置性能测试，可以指定循环次数、预热次数等，以下例子会用 4 个子进程做性能测试，每个进程预热 1 次，执行 5 次迭代操作：

```
public static void main(String[] args) throws RunnerException {
    Options opt = new OptionsBuilder()
        .include(MyBenchmark.class.getSimpleName())
        .forks(4)
        .warmupIterations(1)
        .measurementIterations(5)
        .build();
    new Runner(opt).run();
}
```

到目前为止，JMH 都是通过一个 main 方法在 IDE 中执行的，通常情况下，JMH 推荐使用单独的一个 Maven 工程来执行性能测试，而不是放到业务工程中。可以通过 maven archetype:generate 命令来生成一个新的 JMH Maven 工程。

```
mvn archetype:generate \
    -DinteractiveMode=false \
    -DarchetypeGroupId=org.openjdk.jmh \
    -DarchetypeArtifactId=jmh-java-benchmark-archetype \
    -DarchetypeVersion=1.35 \
    -DgroupId=code.ibeetl.com \
    -DartifactId=first-benchmark \
    -Dversion=1.0
```

为了阅读方便，把以上命令分成了几行，实际上，以上命令行应该放到一行中执行，执行完毕后，生成一个 Maven 工程，Maven 工程仅包含一个 MyBenchmark 例子。

```
package org.sample;

import org.openjdk.jmh.annotations.Benchmark;
```

```java
public class MyBenchmark {

    @Benchmark
    public void testMethod() {
        //性能测试代码写在这里
    }
}
```

我们可以修改 MyBenchmark，添加需要测试的代码。现在可以创建一个性能测试的 jar 文件，运行以下 Maven 命令：

mvn clean install

该命令会在 target 目录下生成一个 benchmarks.jar，包含运行性能测试所需的任何文件。在命令行中运行以下命令：

java -jar target/benchmarks.jar MyBenchmark

JMH 将启动，默认情况下运行 MyBenchmark 类中的所有被@Benchmark 标注的方法。

可以通过命令行调整 JMH 参数：

- -wi 5：预热 5 次。
- -i 5 -r 3s：运行 5 次，每次 3 秒。
- -f：进程数。
- 运行特定的测试，可以是具体类名，也可以是 .*Benchmark.*这样的正则表达式，比如 .*Benchmark.*，运行所有类名或方法名带有"Benchmark"的方法。
- -t：线程数。
- -bm：测试模式，如 thrpt、avgt、sample、all。

$ java -jar target/microbenchmarks.jar -f 1 -wi 5 -i 5 -r 3s .*Benchmark.*

更多的参数可以查看 org.openjdk.jmh.runner.options.CommandLineOptions 构造函数。

有些性能测试需要了解不同输入参数的性能，比如在模板引擎的性能测试中，需要考虑字节流输出和字符流输出：

```java
@Param({"1","2","3"})
```

```
int  outputType;
@Benchmark
public String benchmark() throws TemplateException, IOException {
  if(outputType==3){
    return doStream();
  }else if(outputType==2) {
    return doCharStream()
  }else{
    return  doString();
  }
}
```

在运行时，JMH 在分别赋值 outpuType 为 1、2、3 后，再各自测试一次。在输出中会增加一列来表示参数值，输出如下：

Benchmark	(outputType)	Score	Units
Beetl.benchmark	1	44977.421	ops/s
Beetl.benchmark	2	34931.724	ops/s
Beetl.benchmark	3	59175.106	ops/s

1.3.3　注意事项

编写 JHM 代码需要考虑虚拟机的优化，避免性能测试结果不准，以下 measureWrong 代码就是所谓的 Dead-Code 代码：

```
@State(Scope.Thread)
@BenchmarkMode(Mode.AverageTime)
@OutputTimeUnit(TimeUnit.NANOSECONDS)
public class JMHSample_08_DeadCode {
  private double x = Math.PI;

  @Benchmark
  public void baseline() {
    //基准
  }

  @Benchmark
  public void measureWrong() {
```

```
    //虚拟机会优化掉这部分，性能同 baseline
    Math.log(x);
}

@Benchmark
public double measureRight() {
    //真正的性能测试
    return Math.log(x);
}
}
```

测试结果如下：

```
Benchmark                                              Mode    Score   Units
c.i.c.c.i.c.c.j.JMHSample_08_DeadCode.baseline         avgt    0.358   ns/op
c.i.c.c.i.c.c.j.JMHSample_08_DeadCode.measureRight     avgt   24.605   ns/op
c.i.c.c.i.c.c.j.JMHSample_08_DeadCode.measureWrong     avgt    0.366   ns/op
```

在测试 measureWrong 方法时，JIT 能推测出方法体可以被优化掉而不影响系统。measureRight 因为定义了返回值，因此 JIT 不会优化掉。因此 JMH 测试最好总是提供一个返回值，以避免 JIT 优化掉这部分代码而导致失真。

如果不确定代码是否会被优化掉，则可以考虑增加一个基准测试，如例子中的 baseline() 方法，如果测试结果与 baseline 方法结果接近，则说明被优化掉了。在第 4 章中提到了一种错误优化原则："在嵌套循环中，嵌套循环应该遵循外小内大的原则，这样性能才会高。"通过基准测试方法识别，这种优化原则是错误的。嵌套循环被 JIT 认为是 Dead-Code 而优化掉了，并不能反映出实际运行结果。

以下代码表示的是常量折叠，JIT 认为被测试方法总是返回常量，从而在优化时直接返回常量给调用者而不再调用方法：

```
//JMHSample_10_ConstantFold
private double x = Math.PI;
private final double wrongX = Math.PI;

@Benchmark
public double baseline() {
    //基准测试
```

```java
    return Math.PI;
}

@Benchmark
public double measureWrong_1() {
  //JIT认为是常量
  return Math.log(Math.PI);
}

@Benchmark
public double measureWrong_2() {
  //JIT认为方法调用结果是常量
  return Math.log(wrongX);
}

@Benchmark
public double measureRight() {
  //正确的测试
  return Math.log(x);
}
```

测试结果如下:

```
Benchmark                                                    Mode    Score    Units
c.i.c.c.c.i.c.c.j.JMHSample_10_ConstantFold.baseline         avgt    1.175    ns/op
c.i.c.c.c.i.c.c.j.JMHSample_10_ConstantFold.measureRight     avgt   25.805    ns/op
c.i.c.c.c.i.c.c.j.JMHSample_10_ConstantFold.measureWrong_1   avgt    1.116    ns/op
c.i.c.c.c.i.c.c.j.JMHSample_10_ConstantFold.measureWrong_2   avgt    1.031    ns/op
```

考虑到Inline对性能影响很大,JMH支持使用@CompilerControl来控制是否允许内联:

```java
//Inline.java
public class Inline {
  int x=0,y=0;
  @Benchmark
  @CompilerControl(CompilerControl.Mode.DONT_INLINE)
  public  int  add(){
    return dataAdd(x,y);
```

```
    }

    @Benchmark
    public  int  addInline(){
        return dataAdd(x,y);
    }

    private int  dataAdd(int x,int y){
        return x+y;
    }
    @Setup
    public void init() {
        x = 1;
        y = 2;
    }
}
```

add 和 addInline 方法都会调用 dataAdd 方法，前者使用 CompilerControl 类，可以用在方法或类上来提供编译选项：

- DONT_INLINE，调用方法不内联。
- INLINE，调用方法内联。
- BREAK，插入一个调试断点。
- PRINT，打印方法被 JIT 编译后的机器码信息。

通过测试发现，addInline 的性能是 add 方法的 3 倍，可以看到内联对 Java 系统性能的影响。

开发人员可能觉得上面的测试中 add 方法太简单，会习惯性地在 add 方法中放一个循环，以减少 JMH 调用 add 方法的成本。JMH 不建议这么做，因为 JIT 会对这种循环做优化，以消除循环调用成本。通过以下例子可以看到循环测试结果不准确：

```
//JMHSample_11_Loops.java
int x = 1;
int y = 2;

/** 正确测试
 */
@Benchmark
public int measureRight() {
```

```java
    return (x + y);
}

private int reps(int reps) {
    int s = 0;
    for (int i = 0; i < reps; i++) {
        s += (x + y);
    }
    return s;
}

@Benchmark
@OperationsPerInvocation(1)
public int measureWrong_1() {
    return reps(1);
}

@Benchmark
@OperationsPerInvocation(10)
public int measureWrong_10() {
    return reps(10);
}

@Benchmark
@OperationsPerInvocation(100)
public int measureWrong_100() {
    return reps(100);
}

@Benchmark
@OperationsPerInvocation(1000)
public int measureWrong_1000() {
    return reps(1000);
}
```

注解@OperationsPerInvocation 告诉 JMH 统计性能的时候需要做修正，比如@Operations-PerInvocation(10)调用了 10 次。性能测试结果如下：

Benchmark	Mode	Score	Units
c.i.c.c.c.i.c.c.j.JMHSample_11_Loops.measureRight	avgt	1.053	ns/op
c.i.c.c.c.i.c.c.j.JMHSample_11_Loops.measureWrong_1	avgt	1.024	ns/op
c.i.c.c.c.i.c.c.j.JMHSample_11_Loops.measureWrong_10	avgt	0.157	ns/op
c.i.c.c.c.i.c.c.j.JMHSample_11_Loops.measureWrong_100	avgt	0.019	ns/op
c.i.c.c.c.i.c.c.j.JMHSample_11_Loops.measureWrong_1000	avgt	0.044	ns/op
c.i.c.c.c.i.c.c.j.JMHSample_11_Loops.measureWrong_10000	avgt	0.026	ns/op
c.i.c.c.c.i.c.c.j.JMHSample_11_Loops.measureWrong_100000	avgt	0.025	ns/op

可以看到,在测试方法中使用循环会促使 JIT 进行优化,参考第 7 章,了解对循环的优化。

1.3.4　单元测试

无论编写 JMH,还是其他性能测试程序,一个好的习惯是先编写单元测试用例,以确保性能测试方法的准确性。对于 1.3.3 节中的 Inline 类,可以先编写一个单元测试用例,确保 add 和 addInline 返回正确结果:

```java
public class InLineTestJunit {
  @Test
  public void test(){
    Inline inline = new Inline();
    inline.init();
    //期望结果
    int expectd = inline.x+inline.y;
    //需要测试的两个方法
    int ret = inline.add();
    int ret2 = inline.addInline();
    Assert.assertEquals(expectd,ret);
    Assert.assertEquals(expectd,ret2);
  }
}
```

在 JMH 工程中调用 maven install 生成测试代码的时候,会进行单元测试,从而保证测试结果的准确性。

第 2 章
字符串和数字操作

字符串（String）和数字（Number）是 Java 常用的对象，本章探讨这些对象的基本用法，并给出使用效率较高的办法。

本章将深入研究字符串构造、拼接、格式化、搜索、替换等的最佳办法，String 类的功能如此强大，因此经常会被滥用（我们在第 1 章讨论过字符串被滥用成对象的问题，在第 6 章会继续讨论）。

本章还研究了数字装箱和拆箱的性能，以及精度计算的性能，提出了一些解决办法。

2.1 构造字符串

字符串在 Java 中是不可变的，无论构造，还是截取，得到的总是一个新字符串。下面看一下构造一个字符串（String）的源码：

```
private final char value[];
public String(String original) {
  this.value = original.value;
  this.hash = original.hash;
}
```

原有的字符串的 value 数组直接通过引用赋值给新的字符串的 value 数组，也就是两个字符串共享一个 char[]，因此这种构造方法有着最快的构造速度。Java 中的 String 对象被设计为不可变，是指一旦程序获得字符串对象引用，则不必担心这个字符串在别的地方被修改，因为修改总意味着获得一个新的字符串，不可变意味着线程安全，不必担心并发修改。

在 2.5 节中，对字符串进行修改会得到一个新的字符串。

更多时候是通过一个 char[]，或者在某些分布式框架反序列化对象时使用 byte[] 来构造字符串的，这种情况下性能会非常低。以下是通过 char[] 构造一个新的字符串的源码：

```java
public String(char value[]) {
    this.value = Arrays.copyOf(value, value.length);
}
```

Arrays.copyOf 会重新复制一份新的数组，方法如下：

```java
//Arrays.copyOf
public static char[] copyOf(char[] original, int newLength) {
    char[] copy = new char[newLength];
    System.arraycopy(original, 0, copy, 0,
                     Math.min(original.length, newLength));
    return copy;
}
```

可以看到通过 char[] 构造字符串，实际上会创建一个新的字符串数组。如果不这样，还是直接引用 char[]，那么一旦外部更改 char 数组，则这个新的字符串就被改变了。

```java
char[] cs = new char[]{'a','b'};
String str = new String(cs);
cs[0] ='!'
```

上面的代码最后一行修改了 cs 数组，但不会影响 str。因为 str 实际上是由新的字符串数组构成的。

通过 char[] 构造新的字符串是最常用的方法，后面会看到几乎每个修改的 API，都会调用这个方法构造新的字符串，比如 subString、concat、replace 等。以下代码验证了通过字符串构造新的字符串，以及使用 char[] 构造字符串的性能比较：

```java
String str= "你好, String";
char[] chars = str.toCharArray();

@Benchmark
public String string(){
```

```java
    return new String(str);
}

@Benchmark
public String stringByCharArray(){
    return new String(chars);
}
```

结果按照 ns/op 来输出，即每次调用所用的纳秒数。可以看到通过 char[]构造字符串还是相当耗时的，如果数组特别长，那么更加耗时：

```
Benchmark                                    Mode    Score    Units
c.i.c.c.NewStringTest.string                 avgt    4.235    ns/op
c.i.c.c.NewStringTest.stringByCharArray      avgt    11.704   ns/op
```

通过 byte[]构造字符串是一种常见的情况，随着分布式和微服务的流行，字符串在客户端序列化成 byte[]，并发送给服务器端。服务器端会有一个反序列化操作，通过 byte 构造字符串。

使用 byte[]构造字符串的性能测试：

```java
byte[] bs = "你好, String".getBytes("UTF-8");

@Benchmark
public String stringByByteArray() throws Exception{
    return new String(bs,"UTF-8");
}
```

通过测试结果可以看到 byte[]构造字符串太耗时了，尤其是要构造的字符串非常长的时候：

```
Benchmark                                    Mode    Score    Units
c.i.c.c.NewStringTest.string                 avgt    4.649    ns/op
c.i.c.c.NewStringTest.stringByByteArray      avgt    82.166   ns/op
c.i.c.c.NewStringTest.stringByCharArray      avgt    12.138   ns/op
```

通过字节数组构造字符串主要涉及转码过程，内部会调用 StringCoding.decode 进行转码：

```
this.value = StringCoding.decode(charsetName, bytes, offset, length);
```

charsetName 表示字符集，bytes 是字节数组，offset 和 length 表示字节的起始位置和长度。

实际负责转码的是 charset 子类，比如 sun.nio.cs.UTF_8 的 decode 方法负责实现字节转码。如果深入了解这个类，会发现你看到的是"冰上一角"，"冰"下面的是一个相当消耗 CPU 计算资源的工作，属于无法优化的部分。

Unicode 是字符集，为每一个字符分配一个编号，UTF-8 是一种将字符转为二进制编码的规则。UTF-8 一种变长字节编码方式，对于某一个字符的 UTF-8 编码，如果只有一个字节，则其最高二进制位为 0；如果是多字节，则其第一个字节从最高位开始，连续的二进制位值为 1 的个数决定了其编码的位数，其余各字节均以 10 开头。UTF-8 最多可用到 6 个字节，Unicode 在转为 UTF-8 时需要用到下面的模板：

Unicode	UTF-8
0000 - 007F	0xxxxxxx
0080 - 07FF	110xxxxx 10xxxxxx
0800 - FFFF	1110xxxx 10xxxxxx 10xxxxxx

比如"汉"字的 Unicode 码是 6C49，二进制编码是 0110_1100_0100_1001。如果编码成 UTF-8，则需要用到三字节模板，即表格中的最后一行：1110xxxx 10xxxxxx 10xxxxxx。将 6C49 按照三字节模板的分段方法分为 0110_110001_001001，依次代替模板中的 x，得到 1110-0110 10-110001 10-001001，即 E6 B1 89，这就是其 UTF-8 的编码。

在多次的系统性能优化过程中，会发现通过字节数组构造字符串总是排在消耗 CPU 比较靠前的位置，转码消耗的系统性能相当于**上百行的业务代码**。因此在设计分布式系统时，需要仔细设计传输的字段，尽量避免用 String，比如时间可以用 long 类型来表示，业务状态可以用 int 类型来表示。需要序列化的对象如下：

```
public class OrderResponse{
    //订单日期, 格式为 yyyy-MM-dd
    private String createDate;
    //订单状态, 0 表示正常
    private String status;
    private String payStatus;
}
```

可以改进成更好的定义，以减小序列化和反序列化的负担：

```
public class OrderResponse{
    //订单日期
    private long  createDate;
```

```java
//订单状态，0表示正常
private int status;
private int payStatus;
}
```

有的系统为了高效地存储和传输 OrderResponse 对象，甚至会把 status 和 payStatus 合成一个 int 类型的值，高位表示 status，低位表示 payStatus。关于这一部分内容，可以参考 4.17 节。

序列化和反序列化对象是分布式系统的重要内容，会在第 4 章和第 5 章中介绍。

2.2 字符串拼接

JDK 会自动将使用 "+" 号做的字符串拼接转化为 StringBuilder，代码如下：

```java
String a="hello";
String b ="world "
String str=a+b;
```

虚拟机会编译成如下代码：

```java
String str = new StringBuilder().append(a).append(b).toString();
```

因此，在实际性能测试的时候，两者性能是一样的，但如下拼接字符串的方式，性能会下降很多：

```java
StringBuilder sb = new StringBuilder();
sb.append(a);
sb.append(b);
```

运行 StringConcatTest 类，代码如下：

```java
//StringConcatTest.java
String a = "select u.id,u.name from user  u";
String b=" where u.id=? "  ;
@Benchmark
public String concat(){
  String c = a+b;
  return c ;

}
```

```java
@Benchmark
public String concatbyOptimizeBuilder(){
  String c = new StringBuilder().append(a).append(b).toString();
  return c;
}

@Benchmark
public String concatbyBuilder(){

  StringBuilder sb = new StringBuilder();
  sb.append(a);
  sb.append(b);
  return sb.toString();
}
```

结果如下:

```
Benchmark                                              Mode    Score    Units
c.i.c.c.StringConcatTest.concat                        avgt    25.747   ns/op
c.i.c.c.StringConcatTest.concatbyBuilder               avgt    90.548   ns/op
c.i.c.c.StringConcatTest.concatbyOptimizeBuilder       avgt    21.904   ns/op
```

可以看到 concatbyBuilder 是最慢的，concat 和 concatbyOptimizeBuilder 的性能几乎一样。如果读者熟悉字节码，那么会发现 concatbyOptimizeBuilder 的字节码比 concatbyBuilder 少 4 个指令（可以阅读 9.2.5 节的内容了解这两个方法字节码的不同之处）。

同 StringBuilder 类似的还有 StringBuffer，主要功能都继承自 AbstractStringBuilder，提供了线程安全方法，比如 append 方法，使用了 synchronized 关键字。

```java
@Override
public synchronized StringBuffer append(String str) {
  //忽略其他代码
  super.append(str);
  return this;
}
```

几乎所有场景下的字符串拼接都不涉及线程同步，因此 StringBuffer 已经很少使用了，上面的字符串拼接的例子使用了 StringBuffer：

```java
@Benchmark
public String concatbyBuffer(){
  StringBuffer sb = new StringBuffer();
  sb.append(a);
  sb.append(b);
  return sb.toString();
}
```

输出如下：

```
Benchmark                                   Mode    Score    Units
c.i.c.c.StringConcatTest.concatbyBuffer     avgt    111.417  ns/op
c.i.c.c.StringConcatTest.concatbyBuilder    avgt    94.758   ns/op
```

可以看到，StringBuffer 跟 StringBuilder 相比拼接性能并不差，这得益于虚拟机的"逃逸分析"，也就是 JIT 在打开逃逸分析及锁消除的情况下，有可能消除该对象上使用 synchronized 限定的锁。

> 虚拟机相关参数：逃逸分析-XX:+DoEscapeAnalysis 和锁消除-XX:+EliminateLocks。

以下是一个锁消除的例子，对象 obj 只在方法内部使用，因此可以消除 synchronized：

```java
void foo() {
  //创建一个对象
  Object obj = new Object();
  synchronized (obj) {
    doSomething();
  }
}
```

程序不应该依赖 JIT 的优化，尽管打开了逃逸分析和锁消除，但不能保证所有代码都会被优化，因为锁消除是在 JIT 的 C2 阶段优化的，作为程序员，应该在无关线程安全情况下，使用 StringBuilder。

使用 StringBuilder 拼接其他类型，尤其是数字类型时，性能会明显下降，这是因为数字类型转字符串时，在 JDK 内部需要做很多工作。一个简单的 int 类型转为字符串，至少需要 50 行代码来完成。在第 1 章已经讲解过了，这里不再详细说明。用 StringBuilder 拼接字符串、拼接数字的时候，需要思考是否需要一个这样的字符串。

2.3 字符串格式化

很多场景下需要格式化字符串，可以通过 String.format 进行格式化，代码如下：

```
String formatString = "hello %s, nice to meet you";
String value =  String.format(formatString,para);
```

String.format 方法会调用 java.util.Formatter 进行格式化输出，String.format 调用如下：

```
public static String format(String format, Object... args) {
    return new Formatter().format(format, args).toString();
}
```

Formatter 有很强大的功能，但是每次都需要对输入类型为字符串的 format 参数进行一次预编译操作，预编译成某个中间格式，再进行输出，效率非常低。

```
String para = "java";
String formatString = "hello %s, nice to meet you";
String messageFormat = "hello {0}, nice to meet you";

@Benchmark
public String stringFormat(){
  String value =  String.format(formatString,para);
  return value;
}

@Benchmark
public String messageFormat(){
  String value = MessageFormat.format(messageFormat, para);
  return value;
}

@Benchmark
public String stringAppend(){
  StringBuilder sb = new StringBuilder();
  sb.append("ello ");
  sb.append(para);
```

```
        sb.append(", nice to meet you") ;
        return sb.toString();
}
```

测试后,JMII 输出如下:

```
Benchmark                                    Mode    Score     Units
c.i.c.c.StringFormatTest.format              avgt    872.548   ns/op
c.i.c.c.StringFormatTest.messageFormat       avgt    488.244   ns/op
c.i.c.c.StringFormatTest.stringAppend        avgt     66.410   ns/op
```

性能最好的还是字符串直接拼接。MessageFormat 类比 Formatter 性能略好,但两者实际上都会根据模板"编译成"中间格式,每次运行都会重复这个过程。

在日志框架中广泛使用格式化消息,如下是一个 Log4J 的使用方式:

```
logger.debug("订单 id "+ id +" 用户 "+name+" 订单状态 "+status);
```

通常考虑到字符串拼接性能,会有如下改善(仅在允许 Debug 的情况下,才会进行字符串拼接):

```
if(logger.isDebugEnable()){
    logger.debug("订单 id "+ id +" 用户 "+name+" 订单状态 "+status);
}
```

流行的日志 API 框架 SLF4J 采用了类似 messsageFormat 的使用方式:

```
logger.debug("订单 id {} 用户 {} 订单状态 {}",id,name,status);
```

这种方式的问题是消息格式化后性能较差,类似于 String.format 或 MessageFormat.format,这也是一些开源框架不使用 SLF4J 来作为日志输出的原因。

SLF4J 影响性能的另外一个地方在于当输入参数是 3 个以上时,会使用可变数组,构造数组完毕后才会调用 debug 方法,性能也略有降低,可以参考第 4 章代码优化技巧来了解可变数组对性能的影响。

这三种方法中性能最好的是字符串直接拼接。但这种办法的缺点是缺少可读性,代码维护者需要看完所有代码才知道输出可能是什么。另外,如果格式变化,则需要重新修改代码。

第 5 章介绍了模板技术,这是一种性能更高的办法,兼顾了高性能,同时提高了字符串格式化功能的可维护性。

2.4 字符串查找

String 提供了按照字符串搜索的方法：

- startsWith(String str)，判断字符串是否以指定的字符串开头，比如"abc".startWith("ab")返回 true。
- endsWith(String str)，判断字符串是否以 str 结尾，比如"abc".endsWith("ab")返回 false。
- indexOf(String str)，返回第一次出现的指定子字符串在此字符串中的索引，比如"abc".indexOf("b")返回 1。
- contains(CharSequence str)，判断字符串是否包含 str，比如"abc".contains("be")返回 false。

如果是查找单个字符，那么建议使用相应的接收 char 为参数的 API，而不是使用 String 为参数的 API，比如 String.indexOf('t')性能就好于 String.indexOf("t")。

String 类也封装了正则表达式的查找方法：

```
boolean match = "abcd".matches(".*ab.*");
```

match 调用了 Pattern.match 方法：

```
public boolean matches(String regex) {
  return Pattern.matches(regex, this);
}
```

如果考虑正则表达式的预编译过程，则可以先保留对正则表达式的预编译结果，这样比直接调用 String.match 的性能要好。

```
Pattern pattern = Pattern.compile(".*ab.*");
public boolean compileSearch(String str){
  return pattern.matcher(str).matches();
}
```

可以运行 StringSearch 比较字符串搜索性能：

```
//StringSearch.java
String str = "你好, java";
String reg = ".*java.*";
String key = "java";
```

```
Pattern pattern = Pattern.compile(reg);
@Benchmark
public boolean search() {
  return str.matches(reg);
}

@Benchmark
public boolean compileSearch() {
  return pattern.matcher(str).matches();
}

@Benchmark
public boolean contain() {
  return str.contains(key);
}
```

性能最快的是 StringSearch.contains 方法，最慢的是 StringSearch.search 方法。

```
Benchmark                              Mode    Score     Units
c.i.c.c.StringSearch.compileSearch     avgt    122.229   ns/op
c.i.c.c.StringSearch.contain           avgt      5.918   ns/op
c.i.c.c.StringSearch.search            avgt    371.119   ns/op
```

2.5 替换

String 提供了两类方法实现字符串替换功能，一个是仅替换字符，有着最高的性能，源码如下：

```
public String replace(char oldChar, char newChar) {
  if (oldChar != newChar) {
    int len = value.length;
    int i = -1;
    char[] val = value;

    while (++i < len) {
      if (val[i] == oldChar) {
        break;
```

```
      }
    }
    if (i < len) {
      char buf[] = new char[len];
      for (int j = 0; j < i; j++) {
        buf[j] = val[j];
      }
      while (i < len) {
        char c = val[i];
        buf[i] = (c == oldChar) ? newChar : c;
        i++;
      }
      return new String(buf, true);
    }
  }
  return this;
}
```

这段代码会遍历类型为 char[] 的 value 数组，如果找到匹配字符，则会生成一个新的 char[] buf，然后替换，这段代码有 5 处写得非常精妙地方。

- 方法第一行判断新旧字符是否一致，如果新旧字符一样，则不必替换，直接退出。
- 代码 int len = value.length 会先获取字符数组长度，避免后面代码多次获取 value 长度。
- char[] val = value 声明了一个局部变量随后使用，这是因为访问局部变量比访问类变量快。局部变量保存在方法栈中，而类变量保存在 Heap 区中，理论上来说，访问局部变量会更快。第 4 章会说明局部变量对性能的提升。
- 在进行字符替换之前，方法并没有一开始就构造一个新的字符数组，而是先检测是否有需要替换的字符数组。如果需要，那么再构造新的字符数组。
- 在替换完毕后，调用 return new String(buf, true)。这是一个受保护的构造函数，定义如下：

```
String(char[] value, boolean share) {
  //assert share : "unshared not supported";
  this.value = value;
}
```

我们在 1.1 节介绍过，通过 char[] 构造字符串的代价很高，需要复制，以避免外部 char[] 的改动导致 String 变化,这个构造函数并没有复制,因为 value 数组是由 replace 方法内部构造的,所以不必担心违背 String 的不可变特性。JDK 内部还有很多类使用这个受保护的构造函数,比如 Integer.toString、Long.toString 方法。

如果要对字符串进行替换而不是单个字符,可以调用 replace 方法:

```
String str="aab".replace("aa","a");
```

输出结果是 aa 被替换成 a,str 值为 ab。

如果要通过正则表达式替换,则可以调用 replaceFirst()或 replaceAll(),两者都接收第一个参数为正则表达式,替换为目标字符串。由于通过正则表达式替换时每次都要编译正则表达式到一个中间结构,因此有较慢的替换性能。以下是一个简单替换:

```
//StringReplaceTest.java
String str = "为了保证服务质量,系统采用收费模式,限定人数,6月30号以前为优惠价,150元/年,7月以后为299元/年,微信扫描二维码,成为会员。";

@Benchmark
public String replace(){
  String str =  this.str.replace("150","199");
  return str;
}

@Benchmark
public String replaceByRegex(){
  String str =  this.str.replaceAll("150","199");
  return str;
}
```

JMH 输出如下:

```
Benchmark                                     Mode   Score     Units
c.i.c.c.StringReplaceTest.replace             avgt   714.453   ns/op
c.i.c.c.StringReplaceTest.replaceByRegex      avgt   755.706   ns/op
```

可以看到,正则表达式并不慢,主要原因是替换需要生成一个新的字符串。我们在 1.1 节中说过,构造字符串的代价是影响了性能。可以提取正则表达式到外部,预先编译后再使用,这样能提高一些性能：

```
Pattern pattern = Pattern.compile("150");
@Benchmark
public String replaceByCompileRegex(){
  String str = pattern.matcher(this.str).replaceAll("199");
  return str;
}
```

这样可以获得最好的性能：

```
c.i.c.c.StringReplaceTest.replaceByCompileRegex    avgt    600.535    ns/op
```

2.6　intern 方法

字符串是应用最重要的一部分，也是占用内存最多的一部分。虚拟机提供了字符串池，用于存放公共的字符串，可以调用 String.intern 方法，返回一个字符串池中同样内容的字符串。这种机制保证了虚拟机包含较少的字符串，不过这种调用是耗时的：

```
String status = "1";
@Benchmark
public String replace(){
String str = status.intern();
return str;
}
```

可以看到调用还是很耗时的，输出如下：

```
Benchmark                           Mode    Score    Units
c.i.c.c.StringPoolTest.intern       avgt    183.148  ns/op
```

建议系统尽量不要使用 intern 方法，虚拟机提供了一个新的特性，可以自动合并重复的字符串，在虚拟机中添加如下启动参数开启消除重复字符串的功能：

```
-XX:+UseG1GC -XX:+UseStringDeduplication
```

JVM 将尝试在垃圾收集过程中消除重复的字符串。在垃圾收集过程中，JVM 会检查内存中所有的对象，它会识别重复字符串并尝试消除它。UseStringDeduplication 不会消除重复的字符串对象本身,它只替换了底层的 char []。

2.7　UUID

很多系统都采用 UUID 来获取一个唯一的字符串,UUID 比那些使用数据库序列或者 Key 生成服务器来获取不重复字符串的方式的效率高得多。不幸的是,JDK 自带的 UUID 算法 UUID.randomUUID 存在高并发情况下性能变慢的情况。如下代码解释了这个原因:

```java
public static UUID randomUUID() {
    SecureRandom ng = Holder.numberGenerator;

    byte[] randomBytes = new byte[16];
    ng.nextBytes(randomBytes);
    randomBytes[6]  &= 0x0f;  /* clear version        */
    randomBytes[6]  |= 0x40;  /* set to version 4     */
    randomBytes[8]  &= 0x3f;  /* clear variant        */
    randomBytes[8]  |= 0x80;  /* set to IETF variant  */
    return new UUID(randomBytes);
}
```

SecureRandom.nextBytes 在高并发下存在问题,这是因为为了获得安全随机数,操作系统会根据主机环境,如温度、网络数据包、磁盘读取、鼠标移动等预先生成一部分随机数,存放在 /dev/random 文件中。如果并发量大,则会导致随机数不足。如果系统通过 JVM 的 CPU 采样,发现 UUID.randomUUID 中的总耗时远大于 CPU 耗时,则说明遇到了随机数不足,nextBytes 方法调用将被阻塞。这个结论根据 JDK 版本和供应商,以及运行的操作系统的不同而不同,比如 Open JDK 8 以上的版本默认使用了 /dev/random 文件和 NativePRNG 算法(其他算法还有 NativePRNGNonBlocking、SHA1PRNG)计算随机数。可以参考 jre/lib/security/java.security 文件了解当前 JDK 的随机数文件的路径和使用的算法。

一种替代办法是使用非阻塞的种子文件配置系统属性,随机数使用 uradom:

```
"-Djava.security.egd=file:/dev/./urandom"
```

另一种替代办法是使用其他 UUID 生成工具库,比如开源库 uuid-creator,使用当前时间+机器编号生成 UUID。如下是 UUID 生成性能测试代码:

```java
import com.github.f4b6a3.uuid.UuidCreator;
...
@BenchmarkMode(Mode.AverageTime)
```

```java
@Warmup(iterations = 2)
@Measurement(iterations = 2, time = 5, timeUnit = TimeUnit.SECONDS)
@OutputTimeUnit(TimeUnit.NANOSECONDS)
@State(Scope.Benchmark)
@Threads(100)
@Fork(1)
public class UUIDTest {

  @Benchmark
  public UUID uuidDefault(){
    return UUID.randomUUID();
  }


  @Benchmark
  //采用 urandom，但算法是 NativePRNG
  @Fork(value=1,jvmArgsAppend="-Djava.security.egd=file:/dev/urandom")
  public UUID uuidNonblockRandom(){
    return UUID.randomUUID();
  }


  @Benchmark
  //采用 random，算法是 SHA1PRNG
  @Fork(value=1,jvmArgsAppend="-Djava.security.egd=file:/dev/random")
  public UUID uuidBlockRandom(){
    return UUID.randomUUID();
  }



  @Benchmark
  //采用 urandom，但算法是 SHA1PRNG
  @Fork(value=1,jvmArgsAppend="-Djava.security.egd=file:/dev/./urandom")
  public UUID uuidNonblockRandom_2(){
    return UUID.randomUUID();
  }


  @Benchmark
  @Fork(value=1)
  public UUID timeBasedUUID(){
```

```
        return UuidCreator.getTimeBased();
    }

    @Setup(Level.Iteration)
    public void print(){
      //输出默认的算法
      SecureRandom secureRandom = new SecureRandom();
      System.out.println(secureRandom.getAlgorithm());
    }
}
```

在一个 8C（这里的 C 代表 CPU 的逻辑个数）的服务器上，200 个线程并发的情况下，性能测试结果如下：

Benchmark	Mode	Cnt	Score	Units
TestPerUUID.timeBasedUUID	avgt	2	12121.222	ns/op
TestPerUUID.uuidBlockRandom	avgt	2	171027.253	ns/op
TestPerUUID.uuidDefault	avgt	2	186085.858	ns/op
TestPerUUID.uuidNonblockRandom	avgt	2	238918.598	ns/op
TestPerUUID.uuidNonblockRandom_2	avgt	2	60984.722	ns/op

2.8　StringUtils 类

Apache Common 是一个优秀的扩展工具包，提供了工具类和 JDK 扩展功能。Apache Common Lang 是对 java.lang 的扩展，本书写作时的版本是 3.9。

```
<dependency>
  <groupId>org.apache.commons</groupId>
  <artifactId>commons-lang3</artifactId>
  <version>${version}</version>
</dependency>
```

org.apache.commons.lang.StringUtils 实现了 String 常用的一些扩展方法，尤其是考虑了入参为 null 的情况，下面列举一些常用的方法。

例 1：判断字符串是否为空白（blank）。

- StringUtils.isBlank(null)返回 true。

- StringUtils.isBlank("")返回 true。
- StringUtils.isBlank(" ")返回 true。

与 blank 方法类似，isNotBlank 判断是否不为空。

例 2：判断字符串是否为空（empty）。

- StringUtils.isEmpty(null)返回 true。
- StringUtils.isEmpty("")返回 true。
- StringUtils.isEmpty(" ")返回 false。

与 isEmpty 方法类似，isNotEmpty 判断是否不为空（empty）。

例 3：比较字符串是否相等，两个字符串都允许为空。

- StringUtils.equals("abc","abc")返回 true。
- StringUtils.equals(null,"abc")返回 false。
- StringUtils.equals(null,null)返回 true。

例 4：判断字符串是否只包含字母。

- StringUtils.isAlpha("abc")返回 true。
- StringUtils.isAlpha("abc12")返回 false。

例 5：判断字符串是否只包含数字。

- StringUtils.isNumeric("ab")返回 false。
- StringUtils.isNumeric("12")返回 true。
- StringUtils.isNumeric("12ab")返回 false。

例 6：trim，去除字符串两端控制符（其字符 char 值小于 32）。

- StringUtils.trim(null)返回 null。
- StringUtils.trim(" ")返回""。
- StringUtils.trim(" \n\tss \b")返回"ss"。

例 7：trimToNull，同 trim 方法，如果变为 null 或""，则返回 null。

- StringUtils.trimToNull(null)返回 null。

- StringUtils.trim(" ")返回 null。
- StringUtils.trimToNull(" \b \t \n \f \r ")返回 null。
- StringUtils.trimToNull(" \n\tss \b")返回"ss"。

例 8：strip，去掉两端空白字符。

- StringUtils.strip(" ")返回""。
- StringUtils.strip(" abc ")返回 abc。

例 9：把字符串拆分成一个字符串数组，用空白符（whitespace）作为分隔符。

- StringUtils.split(null)返回 null。
- StringUtils.split("")返回""。
- StringUtils.split("as df yy"))返回数组{"as","df","yy"}。
- StringUtils.split(" as df yy "))返回数组{"as","df","yy"}。
- StringUtils.split("as\ndf\ryy"))返回数组{"as","df","yy"}。

StringUtils.split(String str, String separatorChars)方法与 String 支持的 split 不同，String split 使用正则表达式，StringUtils.split 根据字符串 separatorChars 拆分，而不是根据正则表达式拆分。

- StringUtils.split("11234.789.abc",".")，返回{"1234","789","abc"}。

例 10：repeat(repeatString,count)得到将 repeatString 重复 count 次后的字符串。

- StringUtils.repeat(null, "*")返回 null。
- StringUtils.repeat("", *)返回""。
- StringUtils.repeat("a", 3)返回"aaa"。
- StringUtils.repeat("ab", 2)返回"abab"。

例 11：join 方法，join(Object[] array, String separator)。

- StringUtils.join(new String[]{"as","df","gh","jk"},"."))返回"as.df.gh.jk"。
- StringUtils.join(new int[]{1,2,3},,"."))返回"1.2.3"。

例 12：contains(String str, String searchStr)，判断字符串是否包含 searchStr，如果 str 为 null 或 searchStr 为 null，则返回 false；如果 str 为""，并且 searchStr 为""，则返回 true。

- StringUtils.contains("dfg", "d")返回 true。
- StringUtils.contains("dfg", "gz")返回 false。

2.9 前缀树过滤

有时我们需要对用户输入的内容进行过滤，例如以下 str 变量，期望对其过滤，将关键字用"***"代替：

```
String str = "你好, 小狗, 小猫, 今天天气真的很好";
List<String> keys = Arrays.asList("猪狗","小狗","小猫","小鹅","垃圾");
```

替换结果应该如下：

你好，***，***，今天天气真的很好

我们在 2.5 节介绍了 replace 用于替换字符串，可以使用 replace 方法进行过滤：

```
for(String key:keys){
    str = str.replace(key,"***");
}
return str;
```

这种 replace 方法最简单，但效率非常低。通常一个 Web 系统有上万个关键字，循环过滤上万次是不可接受的。

可以使用前缀树（Trie 树）进行关键字查找和过滤，比如将以上关键字列表构造成一个如下图所示的树结构。

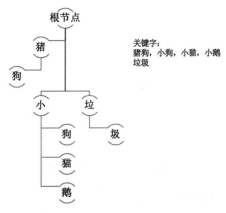

先构造一个 Node 对象，用于构造前缀树：

```java
public class Node {
  //子节点
  private Map<Character, Node> nextNodes = new HashMap<>();

  public void addNextNode(Character key, Node node){
    nextNodes.put(key,node);
  }

  public Node getNextNode(Character key){
    return nextNodes.get(key);
  }

  public boolean isLastCharacter(){
    return nextNodes.isEmpty();
  }
}
```

以上关键字通过前缀树形成了如下的结构：

```
{
    "猪": {
        "狗": {}
    },
     小: {
        "狗": {},
        "猫": {},
        "鹅": {}
    },
    "垃": {
        "圾": {},
    },
}
```

KeywordSearch 的 add 方法用于添加关键字，最终形成上述树结构：

```java
public class KeywordSearch {
```

```java
Node root = new Node();
//关键字替换符号
String sensitiveWords = "***";

public void addWord(String word) {
    Node tempNode = root;
    for (int i = 0; i < word.length(); i++) {
        Character c = word.charAt(i);
        Node node = tempNode.getNextNode(c);
        if (node == null) {
            node = new Node();
            tempNode.addNextNode(c, node);
        }
        //移动到下一个字
        tempNode = node;
    }
}
```

fitler 方法用于过滤关键字，先设置 begin 和 position 两个变量，begin 记录开始比较的位置，postion 指向的是匹配的关键字的位置：

```java
public String filter(String text) {
  StringBuilder result = new StringBuilder(text.length());
  Node tempNode = root;
  int begin = 0;
  int position = 0;
  while (position < text.length()) {

    Character c = text.charAt(position);
    tempNode = tempNode.getNextNode(c);
    if (tempNode == null) {
      //如果匹配失败，则合法
      result.append(text.charAt(begin));
      //begin 移到下一个词
      begin = begin + 1;
```

```
            position = begin;
            tempNode = root;
            continue;
        } else if (tempNode.isLastCharacter()) {
            //匹配结束,替换敏感词
            result.append(sensitiveWords);
            position++;
            begin = position;
            tempNode = root;
        } else {
            //如果匹配上,则 position 移动到下一个词
            position++;
        }

    }
    //添加剩下的内容
    result.append(text.substring(begin));
    return result.toString();
}
```

在仅有较短文本和少量关键字的情况下,通过性能测试结果可以看出,前缀树的效率明显很高,随着被过滤的内容增长,以及关键字增加到数以万计,前缀树的性能提高非常明显。

Benchmark	Mode	Score	Units
c.i.c.c.KeywordsFilterTest.replace	avgt	1093.517	ns/op
c.i.c.c.KeywordsFilterTest.tree	avgt	200.042	ns/op

2.10　数字装箱

在 Java 中,将原始数字类型转换为对应的 Number 对象的机制叫作装箱。将 Number 对象转换为对应的原始类型的机制叫作拆箱。在 Java 中,装箱和拆箱是自动完成的,例如:

```
List<Integer> list = new ArrayList<>();
for(int i=0;i<10 ;i++){
  //自动装箱 Integer.valueOf(i)
  list.add(i);
}
```

int 被装箱成 Integer，在性能方面是要付出些许代价的，装箱的本质就是将原始类型包裹起来，并保存在堆里。因此装箱后的值需要更多的内存，其对象需要从堆中获取，进而再获得原始值，有一定性能消耗。

int 等原始类型的变量会放到栈中，由专有的字节码操纵，性能较高，这一点可以参考第 9 章了解堆和栈操作。

JDK 为了避免每次 int 类型装箱需要创建一个新的 Integer 对象，内部使用了缓存，保存了一定范围的 int 装箱对象，代码如下：

```java
public static Integer valueOf(int i) {
    if (i >= IntegerCache.low && i <= IntegerCache.high)
        return IntegerCache.cache[i + (-IntegerCache.low)];
    return new Integer(i);
}
```

IntegerCache 的 cache 是一个 Integer 数组，默认保存了 int 值从-128 到 127 的所有 Integer 对象：

```java
private static class IntegerCache {
    static final int low = -128;
    static final int high;
    static final Integer cache[];
}
```

high 的值默认是 127，可以通过-XX:AutoBoxCacheMax=来调整。

装箱对性能的影响并不是很大，但创建过多的对象会加大垃圾回收的负担。有很多开源工具提供了避免自动装箱的 int 专有集合类，比如著名的开源工具 Jodd，提供了 IntHashMap 类、IntArrayList 类。

JDK 提供了 IntStream，用于 int 操作，提供了通常的 int 求和、平均值、排序等操作。

```java
//返回 6
int sum = IntStream.of(1, 2, 3).sum();
//返回 3
int sum1 = IntStream.builder().add(1).add(2).build().sum();
//创建一个 1 到 5（不包含 5）的 int 序列，返回 10
int sum2 = IntStream.range(1, 5).sum();
```

2.11 BigDecimal

浮点型变量在进行计算的时候会出现丢失精度的问题。例如下面一段代码：

```
System.out.println(0.05 + 0.01);
System.out.println(1.0 - 0.42);
```

输出：0.060000000000000005
　　　0.5800000000000001

可以看到在 Java 中进行浮点数运算的时候，会出现丢失精度的问题。在进行商品价格计算的时候，就会出现问题。很有可能造成我们手中有 0.06 元，却无法购买一个 0.05 元和一个 0.01 元的商品。如上所示，它们两个的总和为 0.060000000000000005。这无疑是一个很严重的问题，尤其是当电商网站的访问量很大时，出现的问题将是巨大的，可能导致无法下单，或者对账出现问题。

通常有两个方法来解决这种问题，一是用 long 来表示账户余额（以分为单位），这是效率最高的；二是使用 BigDecimal 来解决这类问题。

```
BigDecimal a = new BigDecimal("0.05");
BigDecimal b = new BigDecimal("0.01");
BigDecimal ret = a.add(b);
System.out.println(ret.toString());
```

通过字符串来构造 BigDecimal，才能保证精度不丢失。如果使用 new BigDecimal(0.05)，则因为 0.05 本身精度丢失，使得构造出来的 BigDecimal 也丢失精度。

BigDecimal 能保证精度，但计算会有一定的性能影响。以下代码是测试余额计算的性能，用 long 表示分、用 BigDecimal 表示元的性能对比：

```
BigDecimal a = new BigDecimal("0.05");
BigDecimal b = new BigDecimal("0.01");
long c = 5;
long d = 1;

@Benchmark
@CompilerControl(CompilerControl.Mode.DONT_INLINE)
public long addByLong() {
    return (c + d);
```

```
}
@Benchmark
@CompilerControl(CompilerControl.Mode.DONT_INLINE)
public BigDecimal addByBigDecimal() {
  return a.add(b);
}
```

通过 JMH，测试结果如下：

```
Benchmark                                Mode   Score   Units
c.i.c.c.BigDecimalTest.addByBigDecimal   avgt   8.373   ns/op
c.i.c.c.BigDecimalTest.addByLong         avgt   2.984   ns/op
```

所以在项目中，如果涉及精度结算，则不要使用 double，可以考虑用 BigDecimal，也可以使用 long 来完成精度计算。在分布式或微服务的场景中，考虑到序列化和反序列化，long 也是能被所有序列化框架识别的。

第 3 章
并发编程和异步编程

并发编程发挥了多处理器系统的处理能力,允许多个任务同时执行,或者允许将任务拆分成多个任务执行。异步编程可以解耦生产者和消费者,隔离故障,削峰填谷。并发编程和异步编程并非没有代价,实现起来更为复杂,比串行执行更容易出现错误,也可能消耗更多的系统资源。本章从效率的角度来说明如何在 Java 系统中实现高效的并发编程和异步编程。

3.1 不安全的代码

我们在使用 JDK 提供的类的时候,通常会考虑对象是否是线程安全的(Thread-Safe),线程安全意味着可以在多线程下任意使用。

一个典型的线程不安全类是 java.text.SimpleDateFormat,其是用于格式化日期的工具类,如下定义一个 CommonUtil,封装了 SimpleDateFormat 调用:

```
public class CommonUtil {
  //错误使用,SimpleDateFormat 非线程安全
  static SimpleDateFormat sdf = new SimpleDateFormat("yyyy-MM-dd");
  public static String format(Date d){
    //日期格式化成字符串
    return sdf.format(d);
  }
  public static Date parse(String str){
    try{
      //字符串解析为日期
```

```java
      return sdf.parse(str);
    }catch(Exception ex){
      throw new IllegalArgumentException(str);
    }
  }
}
```

为了验证 CommonUtil 的问题，编写一个线程类 FormatTaskThread：

```java
public class FormatTaskThread extends Thread{
  private Date date = null;
  private String expected = null;
  public FormatTaskThread(Date date){
    this.date = date;
    //期望的日期格式化字符串
    this.expected = CommonUtil.format(date);
  }
  public void run(){
    while(true){
      //多线程调用
      String str = CommonUtil.format(date);
      if(!str.equals(expected)){
        System.out.println("return "+str+ "expected "+expected);
      }
    }
  }
}
```

FormatTaskThread 接收 Date 类型参数，并计算出期望的日期格式化字符串。现在创建多个 FormatTaskThread，并发调用 CommonUtil.format，将返回值与期望值进行比较。如果是线程安全的，那么比较结果应该是相等的。

```java
FormatTaskThread[] ts = new FormatTaskThread[2];
for(int i=0;i<ts.length;i++){
  String expetected ="2011-2-"+i+"1" ;
  ts[i] = new FormatTaskThread(CommonUtil.parse(expetected));
}
//并发
```

```
for(int i=0;i<ts.length;i++){
  ts[i].start();
}
```

系统启动了两个线程，并发调用 CommonUtil.format(date)，会看到控制台打印如下内容：

```
thread-0 expected 2011-02-01 return 2011-02-11
thread-1 expected 2011-02-11 return 2011-02-01
thread-1 expected 2011-02-11 return 2011-02-01
thread-1 expected 2011-02-11 return 2011-02-01
thread-0 expected 2011-02-01 return 2011-02-11
thread-1 expected 2011-02-11 return 2011-02-01
```

控制台的第一行信息显示 thread-0 接收的日期值是 2011-02-01，但格式化输出的却是 2011-02-11，这是来自另外一个线程 thread-1 的日期。

在单线程下使用 SimpleDateFormat 并没有任何问题，然而在多线程下使用 SimpleDateFormat 却得不到期望结果，其原因是 SimpleDateFormat 有一个类变量 Calendar，在格式化日期时，Calendar 变量会首先被设置为用户输入的 date 变量：

```
protected Calendar calendar;
private StringBuffer format(Date date, StringBuffer toAppendTo,
                            FieldDelegate delegate) {

  //Convert input date to time field list
  calendar.setTime(date);
}
```

如果两个线程同时调用 format，就会出问题，由下表可以看到 calendar 并发赋值出现的问题。

时间	线程 A	线程 B
T1	calendar.setTime(date1);	
T2		calendar.setTime(data2);
T3	格式化 calendar，获得 data2 的结果，错误	
T4		格式化 calendar，获得 data2 结果，正确

这种线程非安全类会使得该线程能看到其他线程的数据，后续的业务操作也引用了其他请求的数据，导致系统出现验证的错误。例如，如果购物车类不是线程安全的，那么用户的购物

车里可能会多了其他用户的物品，或者用户购物车里的清单会莫名其妙地被清空。

要在 CommonUtil 中安全地使用 SimpleDateFormat，只需要在 CommonUtil.format 方法体中定义 SimpleDateFormat 实例即可，这是一个在线程栈中的变量，只能在当前线程中访问。

```java
public static String format(Date d){
    SimpleDateFormat sdf = new SimpleDateFormat("yyyy-MM-dd");
    return sdf.format(d);
}
```

另外一种方法是使用 ThreadLocal，也能设置只有当前线程可以访问的变量，将在 3.3.4 节中介绍。

我们再看一下并发不安全的代码，比如一个序列生成器，期望调用 next 方法，获取依次递增的序列：

```java
public class IDSeqHelper {
    int a = 0;
    public int next(){
        a++;
        return a;
    }
}
```

对于单线程来说，调用 IDSeqHelper.next 方法，会依次返回 1、2、3、4、5…，但对于多线程调用 next 来说，可能线程会得到重复的 id。这是因为递增操作看上去是一个独立操作，实际上包含三个独立操作，读取变量 a，将 a 加 1，将计算结果写回到变量 a。在如下表所示的情况下，会产生重复的 ID。

时间	线程 A	线程 B
T1	a=5	
T2		a=5
T3	读取 a，然后加 1	
T4		读取 a，然后加 1
T5	写回结果 a=6	
T6		写回结果 a=6

在多线程下，线程 A 和线程 B 都有可能获取大小为 5 的变量值，并进行自增后赋值给变量

a，因此可能得到的序列值都是 6，这不符合我们的期望。解决办法是使用 synchronized 关键字保证串行执行：

```
public synchronized  static int add(){
  a++;
  return a;
}
```

synchronized 关键字保证串行执行，从而得到正确的执行结果，如下表所示。

时间	线程 A	线程 B
T1	synchronized{	
T2	读取 a 为 5，然后加 1	
T3	写回结果 6	
T4	}	
T5		synchronized{
T6		读取 a 为 6，然后加 1
T7		写回结果 a=7
T8		}

使用原子变量 AtomicInteger 用于自增，性能会更好。synchronized 将在 3.2.2 节中介绍，AtomicInteger 将在 3.3.1 节中介绍。

再举一个线程不安全的代码的例子，在单例模式中，允许一些重量级对象延迟创建，比如数据库连接池，或者微服务中的服务列表的加载。这些对象只有在第一次访问的时候创建，代码如下：

```
public class Instance {
  static Instance ins = null;
  private Instance(){}

  public static Instance instance(){
    if(ins==null){
      ins = new Instance();
      ins.init();
    }
    return ins;
  }

  private void init(){
```

```
    //Instance 对象初始化
  }
}
```

当调用 instance 方法时,首先会检测 ins 是否已经创建,如果没有创建,则会创建 ins 实例,并且调用 init 方法。这部分代码在单线程下运行良好,但多线程下,会有各种问题。

第一个问题是在多线程访问下,有可能获取还未被正确初始化完毕的示例对象。在 T4 时刻,线程 B 得到一个没有初始化完毕的对象,如下表所示。

时间	线程 A	线程 B
T1	if(ins==null)	
T2	ins = new Instance();	
T3		if(ins==null),此时 ins 在 T2 时间被线程 A 构造,所以直接返回
T4		线程 B 获取一个还未被初始化的 Instance 对象(未调用 init 方法),错误
T5	ins.init()	

还有一种情况,Instance 对象可能被构造多次,T2 时刻调用构造函数,对于虚拟机来说,实际上分为三个指令:

```
memory = allocate(); //指令 1:分配对象的内存空间
ctorInstance(memory); //指令 2:初始化对象
ins = memory; //指令 3:设置 Instance 指向刚分配的内存地址
```

因此在构造 ins 的时候,对于线程 B 来说,仍然可能检测为空,从而再次创建了一个新的实例,如下表 T3 时刻所示,线程 B 会重复创建对象。

时间	线程 A	线程 B
T1	if(ins==null)//返回 true	
T2	memory = allocate();	
T3	ctorInstance(memory);	if(ins==null)//返回 true
T4	ins = memory;	memory = allocate();
T5		ctorInstance(memory);
		ins = memory; //重复创建

在现代系统中,为了提高系统性能,有可能对指令进行重排序,例如以上构造对象的 3 个指令,有可能对 2 和 3 指令进行重排序。

CPU 访问寄存器的时间不到 1 纳秒,访问 CPU 缓存的时间大约为 10 纳秒,访问内存的时间大约为 100 纳秒。由于寄存器不像缓存和内存那样容量较大,只能存放少量变量,因此 CPU

会对指令进行重排序，尽可能多地使用寄存器，从而极大地提高性能。指令重排序发生在编译或运行时期，如果系统判断指令进行重排序，则不影响程序结果，为了最大限度地利用 CPU，重排序就有可能发生。

重排序可能会使线程 B 得到另外一个结果，一个还未被构造完毕的 Instance 对象，从而产生类似第一个问题。在 T6 时刻，线程 B 使用了一个未初始化完毕的对象，如下表所示。

时间	线程 A	线程 B
T1	if(ins==null)	
T2	memory = allocate();	
T3	ins = memory; //重排序	
T4		if(ins==null)
T5		不为空，线程 A 在 T3 时创建，但还未初始化完毕
T6		错误地使用了未初始化实例
T7	ctorInstance(memory);//初始化完成	

为了了解重排序，ResortTest 重现了重排序的场景，ResortTest 有变量 x、y 和 a、b，在 run 方法里分别启动两个线程，线程 A 修改 a，然后修改 x，线程 B 修改 b，然后修改 y。如果 CPU 没有重排序，那么 x 和 y 不可能都为 0，可能的结果如下：

- （0,1）的执行顺序为 a=1→x=b(0)→b=1→y=a(1)。
- （1,1）的执行顺序为 b=1→a=1→y=a(1)→x=b(1)。
- （1,0）的执行顺序是 b=1→y=a(0)→a=1→x=b(1)。

```
//ResortTest.java
int index = 0; //记录运行次数
public ResortTest(int index){
  this.index = index;
}
public static void main(String[] args) throws Exception{
  //多次运行，可能复现重排序场景
  for(int i=0;i<100_00_00;i++){
    new ResortTest(i).run();
  }
}

int x=0,y=0;
int a=0,b=0;
```

```java
public void run() throws Exception{
  Thread threadA = new Thread(){
    public void run(){
      a=1;
      x=b;
    }
  };
  Thread threadB = new Thread(){
    public void run(){
      b=1;
      y=a;
    }
  };
  threadA.start();
  threadB.start();
  threadA.join();
  threadB.join();
  if(x==0&&y==0){
    //关键：如果 x==0，y==0，则打印出来
    System.out.println(index+"="+x+""+y);
  }
}
```

ResortTest 的 main 方法运行 ResortTest.run 百万次，因为 CPU 重排序发生依赖于特定的运行环境，通过运行百万次来创造重排序的条件。在笔者的 Mac 机器上，运行 ResortTest，有可能打印出如下内容，这里的 699749 是指运行这么多次后出现了重排序（在笔者的机器上，平均运行 60 万次会出现重排序结果）。

```
699749=00
```

这是因为 CPU 做顺序重排时把 a=1;x=b 的顺序改为 x=b;a=1，所以整个计算过程如下：

- (0,0) x=b(0)→b=1→y=a(0)→a=1。

除了重排序，并发编程还需要考虑内存可见性、多核系统，每个线程对变量的修改是在工作缓存（工作缓存是指每个 CPU 的寄存器及 CPU 缓存）中操作的，并没有刷新到内存，因此其他线程对变量的读取不一定是修改后的。

如下图所示，线程 A 对变量的修改只在工作内存中进行，线程 B 看不到 a 的最新值。这里的主内存和工作内存是抽象概念，对应于 Java 来说，主内存指的是堆内存，工作内存指的是

CPU 的寄存器或高速缓存。

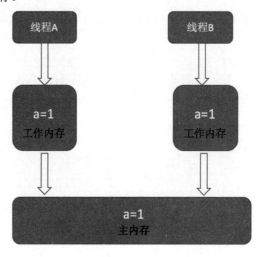

例如以下这段程序，期望当主线程 A 设置 stop 变量为 true 的时候，线程 B 退出循环。但实际上线程 B 看不到更新后的值，从而一直循环下去。

```java
public class CPUCacheTest {
  private static boolean stop = false;
  public static void main(String[] args){
    Thread a = new Thread("B"){
      public void run(){
        while (!stop) {
          int a = 1;
        }
        System.out.println("exit");
      }
    };
    a.start();
    pause(100);
    //停止标记，但未能停止线程 B
    stop = true;

  }
  public static void pause(int time){
    try {
      TimeUnit.MILLISECONDS.sleep(time);
```

```
    }catch(Exception ex){
    }
  }
}
```

当主线程 A 修改 stop 为 true 后，变量 stop 仅在工作内存中做了修改，线程 B 引用的 stop 变量有可能一直在 CPU 的缓存中读取，并没有从主内存读取。有多种办法来迫使线程读取主内存中的变量。Java 提供了关键字 volatile 来保证读取的是最后修改的变量：

```
private static volatile boolean stop = false;
```

另外一种办法是通过线程上下文切换，使得线程 B 在上下文切换后，也能读取最新的变量，比如在线程 B 的循环逻辑代码中调用 pause 方法：

```
while (!stop) {
  pause(1);
  int a = 1;
}
```

pause 方法会导致当前线程休眠，线程唤醒后，读取的是主内存中的变量。

调用 synchronized 方法也会引起上下文切换：

```
while (!stop) {
  System.out.println(stop);
  int a = 1;
}
```

以上代码首先调用 out.println，接着调用了 PrintStream 类的 write 方法，如下定义包含了一个 synchronized 的代码块：

```
private void write(String s) {
  synchronized (this) {
    ...
  }
}
```

在之前的一个项目中，笔者觉得某线程中的一个 System.out.println() 语句多余就顺手删除了，导致程序多线程控制出了问题。所以不要认为删除一个 System.out.println() 不会影响程序运行。

3.2　Java 并发编程

3.1 节介绍了多线程下不安全的代码。本节开始介绍 Java 的并发编程，使用 Java 语言提供的多线程相关关键字 volatile 和 synchronized 来完善多线程不安全代码，并介绍 Java 并发包提供的各种高效工具类来实现并发编程。

3.2.1　volatile

关键字 volatile 实现了多线程的可见性，禁止重排序。如果用 volatile 声明一个变量，那么多线程读取的一定是最新的变量，而不是工作缓存中的值。反之，如果变量没有使用 volatile 声明，那么线程不一定能读取到其他线程修改的变量。

为了实现多线程的可见性和禁止重排序，Java 定义了一个内存模型 JMM，并在各个计算平台上有相应的实现，内存模型保证了多线程下的可见性和禁止重排序。

在 3.1.2 节的 CPUCacheTest 例子中，线程会读取 stop 变量以判断是否应该停止，我们使用 volatile 修饰这个 stop 变量可以保证读取的是最新值。

```
public class CPUCacheTest {
  private static volatile  boolean stop = false;
  ...
}
```

当主线程设置 stop=true 后，线程 B 就能立刻停止，如果不使用 volatile，则线程 B 会永远循环。

在 3.1.2 节的 ResortTest 例子中，可以使用 volatile 关键字来避免重排序，不会产生（0,0）的结果。

```
public class ResortTest {
  volatile int x=0,y=0;
  volatile int a=0,b=0;
  ...
}
```

Java 的 final 关键字修饰变量时，与 volatile 一样，也具备并发下的多线程可见和禁止重排序功能。

3.2.2　synchronized

synchronized 是 Java 的关键字，使用 synchronized 修饰的方法或代码块只能由一个线程执行，其他线程试图进入代码块只能等待进入代码线程执行完毕后。synchronized 关键字不仅意味着串行执行，也意味着内存可见性和禁止重排序。

synchronized 实现串行操作是通过锁完成的，synchronized 接收一个对象，当线程进入 synchronized 作用域后，会先获取对象的锁，如果获取到，则进入代码块，执行代码块完毕后释放锁。如果锁没有获取到其他线程，则等待有线程释放锁后，再次尝试获取锁。

当 synchronized 作用在方法上时，提供锁的对象是此方法所在的实例，以下两个方法是等价的：

```
public synchronized void addTask(Task task){
}
//等价
public  void addTask(Task task){
  synchronized(this){
  }
}
```

如果是静态方法，则提供锁的对象是当前类。以下两个方法是等价的：

```
public static synchronized void addTask(Task task){
}
//等价
public  void addTask(Task task){
  synchronized(TaskPool.class){
  }
}
```

无论同步代码块，还是同步方法，synchronized 都是基于进入和退出 Monitor 对象实现的。对于同步代码块，monitorenter 指令插入同步代码块的开始位置。monitorexit 指令插入同步代码块结束的位置。JVM 需要保证每一个 monitorenter 都有一个 monitorexit 与之对应。以上代码片段对应的虚拟机字节码大概如下：

```
ALOAD 1 //这里的 1 是指 lock 对象
MONITOREXIT
```

```
ALOAD 1
MONITOREXIT
```

实际上生成代码块的虚拟机指令较为复杂，包含 try finally 结构，这样即使代码块抛出异常，也能释放锁。

使用 synchronized 关键字修饰方法，在 JVM 字节码层面并没有任何特别的指令，而是在 Class 文件的方法表中将该方法的 access_flags 字段中的 synchronized 标志位置 1，表示该方法是同步方法，并将调用该方法的对象或该方法所属的 Class 在 JVM 的内部对象作为锁对象。

synchronized 在实际应用中应该尽量减少同步代码块的范围以提升性能，方法如下：

```
Object lock = new Object();
public  void queryStatus(){
  synchronized(lock){
    //100 行代码
  }
}
```

可以减小同步代码块的范围以提升性能，改写成如下内容：

```
Object lock = new Object();
public  void queryStatus(){
  synchronized(lock){
        //10 行真正需要同步的代码
  }
  //其他代码
}
```

synchronized 是 Java 内置的锁，使用时有如下缺点：

- 线程获取锁的时候可能无限期等待，不能设置超时。
- 使用 synchronized 的代码块不能中断。
- 无法获取在等待锁的信息，比如等待锁的数量、等待的是哪些线程、各自等待了多长时间。

3.2.3 节会介绍 java.util.concurrent.locks.Lock 对象，我们任何情况下都应该优先使用 Lock 对象代替 synchronized 关键字。

3.2.3 Lock

Java 5 以后提供了 Lock 接口及实现类 ReentrantLock，提供了 synchronized 相同的串行访问、内存可见性、禁止重排序等功能。Lock 接口提供的基本方法如下：

```java
public interface Lock {
    void lock();
    void lockInterruptibly() throws InterruptedException;
    boolean tryLock();
    boolean tryLock(long time, TimeUnit unit) throws InterruptedException;
    void unlock();
    Condition newCondition();
}
```

lock() 方法是使用得较多的一个方法，用来获取锁。如果锁已被其他线程获取，则等待。所有 lock 使用时都必须显式地获取锁和释放锁，采用如下代码模板：

```java
Lock lock = new ReentrantLock();
public void foo(){
  lock.lock();
  try{
    //需要同步的代码
  }finally {
    lock.unlock();
  }
}
```

lock 操作获取锁后返回，如果没有获取到，则一直等待。

lockInterruptibly 方法允许被打断，比如线程 A 调用 lockInterruptibly 获取锁，在等待锁的过程中，线程 B 可以调用线程 A 的 interrupt 方法进行中断，采用如下代码模板：

```java
try{
  lock.lockInterruptibly();

}catch(InterruptedException ie){

}finally {
  lock.unlock();
}
```

tryLock 方法会立即返回，true 表示获得锁，采用如下模板：

```
if(lock.tryLock()){
  try{

  }finally {
    lock.unlock();
  }
}
```

tryLock 方法可以提供一个时间参数，用来表示等待时间，以下代码表示最多等待一秒：

```
if(lock.tryLock(1, TimeUnit.SECONDS)){
}
```

如果当前线程没有获取到锁，则进入休眠状态，有以下三种唤醒方式。
- 指定时间内获取到锁。
- 休眠时间结束。
- 当前线程被中断，因此实际上还需要处理被中断的情况，使用如下模板。

```
try{
  if(lock.tryLock(1, TimeUnit.SECONDS)){
    try{

    }finally {
      lock.unlock();
    }
  }
}catch(InterruptedException ie){

}
```

构造 ReentrantLock 时，可选传入一个 fair 参数：

```
public ReentrantLock(boolean fair)
```

当 fair 为 true 的时候，会创建一个公平锁，所谓公平，是指多个线程在等待获取锁的时候，等待最长的那个线程将优先得到锁。听着是很公平，但锁释放的时候，如果恰好该线程未到运行时间，处于休眠状态，则 ReentrantLock 不得不等待该线程恢复，这样 ReentrantLock 在锁获取上的性能就降低很多。有测试表明，公平性使得性能降低两个数量级。在吞吐量大的请求调用时，不建议使用公平锁。

高性能的日志框架 Logback 曾在较早的 1.x 版本中使用了公平锁，导致高并发情况下使用 log 输出日志，性能急剧下降。

测试公平锁和非公平锁的性能的代码如下：

```
@BenchmarkMode(Mode.Throughput)
@Warmup(iterations = 3)
@Measurement(iterations = 5, time = 1, timeUnit = TimeUnit.MILLISECONDS)
@Threads(5)
@Fork(1)
@OutputTimeUnit(TimeUnit.MILLISECONDS)
@State(Scope.Benchmark)
public class ReentrantFairLock {
  static ReentrantLock fairLock = new ReentrantLock(true);
  static ReentrantLock unfairLock = new ReentrantLock(false);
  static AtomicInteger aiForFair = new AtomicInteger();
  static AtomicInteger aiForUnFair = new AtomicInteger();

  @Benchmark
  public int  fairLock(){
    fairLock.lock();
    try{
      return aiForFair.incrementAndGet();
    }finally {
      fairLock.unlock();
    }

  }
  @Benchmark
  public int unFairLock() {
    unfairLock.lock();
    try{
      return aiForUnFair.incrementAndGet();
    }finally {
```

```
      unfairLock.unlock();
    }
  }
}
```

在 5 个线程并发的情况下，结果如下：

```
Benchmark                               Mode    Score       Units
c.i.c.c.ReentrantFairLock.fairLock      thrpt   230.134     ops/ms
c.i.c.c.ReentrantFairLock.unFairLock    thrpt   31663.855   ops/ms
```

ReentrantLock 还提供了一些方法用于监控锁的状态，通常用于监控管理或程序调试。

- isHeldByCurrentThread：判断当前线程是否获得了锁。

```
ReentrantLock myLock = new ReentrantLock();
public void runTask(){
  if(!myLock.isHeldByCurrentThread()){
    throw new IllegalStateException("未获得锁不能直接调用此方法");
  }
  ...
}
```

- isLocked，返回 true 表示锁被某个线程获得，false 表示没有线程获得锁。
- getOwner，返回持有锁的线程，返回空表示没有线程持有锁。
- getQueueLength，获取等待该锁的线程队列的长度。
- hasQueuedThreads，是否有线程正在等待锁。
- hasQueuedThread(Thread thread)，线程 thread 是否在等待获取该锁。
- getQueuedThreads，返回 Collection，获取所有等待该锁的线程。

3.2.4 Condition

Condition 用来替代传统的 Object 的 wait()、notify()实现线程间的协作，相比使用 Object 的 wait()、notify()，使用 Condition 的 await()、signal()这种方式实现线程间协作更加安全和高效。Condition 的作用是使得某些线程通过调用 Condition.await()方法放弃 Lock，当其他线程调用 signal，或者 signalAll 方法被调用时，这些等待线程才会被唤醒，从而重新争夺锁。

以下是一个使用数组实现的队列，提供 take 方法用于获取最新一条数据，put 方法用于向数组添加数据，如果数组满了，则需要等待其他线程调用 take 方法取走数据。同样，调用 take 的时候，如果数组中没有数据，则等待。

```java
class BoundedBuffer {
    final Lock lock = new ReentrantLock();
    //buffer 满
    final Condition notFull  = lock.newCondition();
    //buffer 空
    final Condition notEmpty = lock.newCondition();

    final Object[] items = new Object[100];
    //put 操作中的对象存放在 items 中的位置
    int putptr=0;
    //take 操作从 items 中取出的元素的位置
    int takeptr=0;
    //items 数组中对象的总数
    int count=0;

}
```

BoundedBuffer 定义了 items 数组，包含 100 个元素，并设定 count 表示数组中的可用元素，如果 count 为 0，则表示 buffer 为空，如果 count 为数组长度，则表示 buffer 满。

可以使用 lock 构造任意多的 Condition，对于 BoundedBuffer 来说，构造了 notFull 和 notEmpty。

- notFull：在 put 操作中，如果 buffer 满，则调用 notFull.wait，线程进入等待状态，除非 take 方法取出元素后通知。
- notEmpty：在 take 操作中，如果 buffer 为空，则调用 notEmpty.wait 方法，take 线程进入等待状态，除非 put 方法添加元素后通知。

take 方法从 BoundedBuffer 中取出元素，当 buffer 为空时，需要调用 notEmpty.await，线程放弃锁进入等待状态。如果其他线程调用 put 方法，则会调用 notEmpty.signal，take 线程会被唤醒并获得锁，take 线程会成功取出下一个元素。

```java
public Object take() throws InterruptedException {
  lock.lock();
  try {
    while (count == 0){
```

```
      notEmpty.await();
    }
    Object x = items[takeptr];
    if (++takeptr == items.length){
      takeptr = 0;
    }
    --count;
    notFull.signal();
    return x;
  } finally {
    lock.unlock();
  }
}
```

put 方法添加元素到 BoundedBuffer 中, 在 buffer 满的时候, 调用 notFull.await(), 线程放弃锁并进入等待状态。如果其他线程调用 take 方法, 则在成功调用后, take 方法会调用 notFull.signal(), 此时 put 线程被唤醒并得到锁。

```
public void put(Object x) throws InterruptedException {
  lock.lock();
  try {
    while (count == items.length){
      notFull.await();
    }
    items[putptr] = x;
    if (++putptr == items.length){
      putptr = 0;
    }
    ++count;
    notEmpty.signal();
  } finally {
    lock.unlock();
  }
}
```

3.2.5 读写锁

ReadWriteLock 与 Lock 一样也是一个接口, 提供了 readLock 和 writeLock 两种锁的操作机

制,一个是只读的锁,另一个是写锁。

读锁可以在没有写锁的时候被多个线程同时持有;写锁是独占的,每次只能有一个写线程,但是可以有多个读线程并发地读数据。读写锁保证了内存可见性。

理论上,读写锁比在 3.2.3 节中提到的 ReentrantLock 互斥锁允许对共享数据更大程度的并发,适用于大量并发读取及偶尔并发修改的场景。读写锁的定义如下:

```java
public interface ReadWriteLock {
  /**
   * Returns the lock used for reading.
   */
  Lock readLock();

  /**
   * Returns the lock used for writing.
   */
  Lock writeLock();
}
```

读写锁通常应用在读多写少的场景,以下是一个简单的缓存实现:

```java
class Cache<T> {
  private final Map<String, T> m = new HashMap<String, T>();
  private final ReentrantReadWriteLock rwl = new ReentrantReadWriteLock();
  private final Lock r = rwl.readLock();
  private final Lock w = rwl.writeLock();

  public T get(String key) {
    r.lock();
    try { return m.get(key); }
    finally { r.unlock(); }
  }

  public T put(String key, T value) {
    w.lock();
    try { return m.put(key, value); }
    finally { w.unlock(); }
```

```
    }
    public void clear() {
      w.lock();
      try { m.clear(); }
      finally { w.unlock(); }
    }
}
```

ReentrantReadWriteLock 支持锁降级，就是在获得写锁的情况下，可以降级为读锁操作。这需要在释放写锁前先获得读锁，以下 rwl 表示一个 ReentrantReadWriteLock 实例：

```
rwl.writeLock().lock();
try {
  //一些写操作
  //当前线程降级为读线程
  rwl.readLock().lock();
} finally {
  //释放写锁，但当前线程仍然持有读锁
  rwl.writeLock().unlock();
}
//读操作
```

关于缓存，会在第 5 章介绍 Caffeine，这是一个性能卓越的缓存实现，可以实现高效的读写，同时具备缓存中热点数据高命中率的特点。

3.2.6　Semaphore

在 Java 中，使用 synchronized 关键字和 Lock 锁实现了资源的并发访问控制，除了读锁可以同时访问资源，在同一时间只允许唯一线程进入临界区访问资源。在有些场景下，资源可以提供多个访问许可，获得访问许可的线程能对资源进行操作，信号量 Semaphore 能实现这种访问许可。

Semaphore 内部维护了一个计数器，其值为可以访问的许可数。一个线程要访问共享资源，首先要获得信号量。如果信号量的计数器值大于 1，则意味着可以访问，其计数器值减去 1，再访问共享资源。

如果计数器值为 0，则线程进入休眠。当某个线程使用完共享资源后，释放信号量，并将信号量内部的计数器值加 1，之前进入休眠的线程将被唤醒并再次试图获得信号量。

就好比某些奢侈品店，为了保证购物体验，会限制入店顾客数量，比如限制为 20 人，其他人想要进店则必须在店外等候，顾客出来一个，才能进去一个。

使用 Semaphore 时需要先构建一个参数来指定许可数量，Semaphore 构造完成后调用 acquired 方法获取访问共享资源许可，共享资源使用完毕后调用 release 方法释放许可。

```
Semaphore semaphore = new Semaphore(20);
```

Semaphore 也支持公平模式：

```
Semaphore semaphore = new Semaphore(20,true);
```

下面的代码就是模拟控制商场专卖店的并发访问许可：

```
public class ResourceManage {
  private final Semaphore semaphore ;
  private boolean resourceArray[];
  private final ReentrantLock lock;
  public ResourceManage() {
    //控制 20 个访问许可，使用先进先出的公平模式
    this.semaphore = new Semaphore(20,true);
  }
  public void visit(int userId){
    //获取许可才进入，否则等待
    semaphore.acquire();
    try{
      //购物
    }catch (InterruptedException e){
      e.printStackTrace();
    }finally {
      semaphore.release();//释放信号量，计数器值加 1
    }
  }
}
```

3.2.7 栅栏

CountDownLatch 是一个同步工具类，它允许一个或多个线程一直等待，直到其他线程执行

完后再执行。例如，应用程序的主线程会启动一系列线程完成任务后进入等待状态，主线程希望在这些线程都完成任务后再继续处理。

CountDownLatch 是通过一个计数器来实现的，计数器的初始化值为线程的数量。每当一个线程完成了自己的任务后，计数器值就相应地减 1。当计数器值达到 0 时，表示所有的线程都已完成任务，在闭锁上等待的线程就可以恢复执行任务。

CountDownLatch 的构造函数传入一个 int 类型的值，代表需要等待的线程个数。提供 wait 方法，使得调用线程进入等待状态。每当线程调用 countDown 方法后，则计数器值减 1，直到为 0 后，调用 wait 的线程将被唤醒。

在下面这个微服务系统中，启动成功前检测系统相关的其他微服务都可以用，这些服务列表是一个 URL 数组。如果串行检测，则降低了启动速度，因此改成并行检测。

```java
public class Server {
    //微服务的状态
    enum Status{NOMARL,ERROR}
    ConcurrentHashMap<String,Status> status = new ConcurrentHashMap<>();
    CountDownLatch latch;

    public static void main(String[] args) throws Exception{
        Server server = new Server();
        server.start();

    }
    public void start() throws Exception{
        String[] urls = new String[]{"192.168.1.13","192.168.1.14"};
        check(urls);

    }
    public void check(String[] urls) throws Exception{
        //设置栅栏
        latch = new CountDownLatch(urls.length);
        for(String url:urls){
            //启动线程检测每个服务地址是否可用
            Thread t = new Thread(new ServiceCheck(this,url),"check-"+url);
            t.start();
        }
        //设置栅栏，等待所有线程检测完毕才通过
        latch.await();
```

```java
    System.out.println(status);
  }
}
```

ServiceCheck 实现了 Runnable 接口,用于检测目标地址是否可用:

```java
class ServiceCheck implements Runnable{

  String url = null;
  Server server;
  public ServiceCheck(Server server,String url){
    this.server = server;
    this.url = url;
  }

  @Override
  public void run() {
    check();
    //完成后计数器值减 1
    server.latch.countDown();
  }
  private void check(){
  ...
  }
}
```

3.3 Java 并发工具

本节介绍 Java 并发包里提供的常用的工具类,包含原子变量、Queue、Future 及 ThreadLocal。

3.3.1 原子变量

java.util.concurrent.atomic 支持在单个变量上的线程安全编程,比如一个简单的访问统计:

```java
public class AccessSynchronizedCount {
    int count = 0;
    public  synchronized int add(){
        count++;
```

```
        return count;
    }
    public synchronized int getTotal(){
        return count;
    }
}
```

add 方法之所以用 synchronized 修饰,是因为 count 自增是线程非安全的操作(参考 3.1 节)。可以使用 AtomicInteger 来代替 synchronized:

```
public class AccessAtomicCount {
  AtomicInteger count = new AtomicInteger();
  public  int add(){
    return count.incrementAndGet();
  }
  public int getTotal(){
    return count.get();
  }
}
```

AtomicInteger 继承了 Number,提供了一个高性能的线程安全类型的 int 操作,比如自增、自减,或者通过传入 IntBinaryOperator 实现自定义的运算操作,所有这些操作是线程安全和高效的。

AtomicInteger 可用于自增,使用 Synchronized 关键字也可以实现自增,采用 JMH 对两种方式进行性能比较:

```
@BenchmarkMode(Mode.Throughput)
@Warmup(iterations = 10)
@Measurement(iterations = 10, time = 1, timeUnit = TimeUnit.MILLISECONDS)
@Threads(40)
@Fork(1)
@OutputTimeUnit(TimeUnit.MILLISECONDS)
@State(Scope.Benchmark)
public class CountBenchmark {
  AccessAtomicCount atomticCount = new AccessAtomicCount();
  AccessSynchronizedCount count = new AccessSynchronizedCount();
```

```
@Benchmark
public int    atomicAdd(){
  return atomticCount.add();
}
@Benchmark
public int  synchronizedAdd() {
  return count.add();


}
}
```

以上 JMH 模拟了一个 40 个线程的并发操作，统计的是吞吐量，以毫秒作为计算单位，测试结果如下：

```
Benchmark                                Mode    Score       Units
c.i.c.c.CountBenchmark.atomicAdd         thrpt   69305.693   ops/ms
c.i.c.c.CountBenchmark.synchronizedAdd   thrpt   24102.988   ops/ms
```

AtomicInteger 还提供了其他操作：

- incrementAndGet，相当于++i。
- getAndIncrement，相当于 i++。
- decrementAndGet，相当--i。
- getAndDecrement，类似 i--。
- set(y)，相当于 x=y。
- get，返回当前值。

lazySet 方法同样用于设置值，lazySet 的执行效率较高，但写后的结果在几纳秒后才会被其他线程看到。

JDK8 提供了 getAndUpdate 和 updateAndGet 方法用于原子操作，接收一个任意的 Lambda 表达式进行运算。比如每次自增 2：

```
AtomicInteger atomicInteger = new AtomicInteger(0);
int newValue = atomicInteger.updateAndGet(n -> n + 2);
```

AtomicInteger 提供原子操作 compareAndSet，这个方法用于比较 AtomicInteger 实例的当前值是否是期望值。如果相等，则给 AtomicInteger 实例设置一个新的值，例子如下：

```java
int version = 23
AtomicInteger atomicInteger = new AtomicInteger(version);
int expectedVersion = 23;
int newVersion = 24;
//返回成功
boolean sueccess = atomicInteger.compareAndSet(expectedVersion, newVersion);
```

AtomicInteger 提供了 weakCompareAndSet 方法，理论上有较高的执行效率，但有可能其他线程看不到更新结果。

与 AtomicInteger 类似的还有 AtomicBoolean 和 AtomicLong。

java.util.concurrent.atomic 还支持 Integer 和 Long 数组操作，提供了 AtomicIntegerArray 和 AtomicLongArray。

```java
//创建 10 个元素数组
AtomicIntegerArray array = new AtomicIntegerArray(10);
//使用一个已有的 int 数组创建
int[] ints = new int[10];
ints[1] = 123;
AtomicIntegerArray array = new AtomicIntegerArray(ints);
```

其他方法与 AtomicInteger 类似，第一个参数是数组的索引：

```java
int value = array.get(1);
array.set(1, 124);
boolean success = array.compareAndSet(1, 123, 124);
int newValue = array.incrementAndGet(1);
```

AtomicReference 提供了任意对象的原子操作，在 compareAndSet 方法中比较对象是否相等，如果是同一个对象，则设置成功。

```java
String str = "str1";
//构造一个 AtomicReference
AtomicReference<String> atomicStringReference =
    new AtomicReference<String>(str);
String newStr = "str2";
//返回 true
boolean success = atomicStringReference.compareAndSet(str, newStr);
```

```
//返回false，上一步设置成功
success = atomicStringReference.compareAndSet(str, newStr);
```

AtomicStampedReference 在能提供对象原子操作时，还要求提供一个版本号。这有点类似数据库的乐观锁操作，如果版本号不对，则导致更新失败。

```
String initialRef   = "initial value";
int    initialStamp = 0;

AtomicStampedReference<String> atomicStringReference =
  new AtomicStampedReference<String>(
  initialRef, initialStamp
      );

String newRef    = "new value";
int    newStamp = initialStamp + 1;
//true
boolean success = atomicStringReference
    .compareAndSet(initialRef, newRef, initialStamp, newStamp);
//返回false，版本匹配，但值不匹配
exchanged = atomicStringReference
    .compareAndSet(initialRef, "another value", newStamp, newStamp + 1);
System.out.println("exchanged: " + exchanged);  //false
//返回false，newRef值匹配，但版本不匹配
exchanged = atomicStringReference
    .compareAndSet(newRef, "another value", initialStamp, newStamp + 1);
System.out.println("exchanged: " + exchanged);  //false
//成功更新，结果是值为"another value"，版本号为2
exchanged = atomicStringReference
    .compareAndSet(newRef, "another value", newStamp, newStamp + 1);
```

AtomicStampedReference 用于解决多线程下的 ABA 问题，比如线程 1 和 2 都读取到原子变量值是 A，线程 2 更新到 B，再更新到 A，此时从线程 1 中取出原子变量，发现还是 A，则认为变量没有任何变化。如果线程 1 认为原子变量没有发生变化，则存在潜在的问题。

java.util.concurrent.atomic 还通过反射使得访问对象的 volatile 属性具备原子操作（volatile 只保证内存可见性和禁止重排序，但不提供原子操作），分别提供了 AtomicIntegerFieldUpdater、AtomicLongFieldUpdater，以及 AtomicReferenceFieldUpdater，例子如下：

```
public class Config{
  volatile  int version;
}
AtomicIntegerFieldUpdater<Config> update = AtomicIntegerFieldUpdater.newUpdater
(Config.class, "version");
Config config = new Config();
config.version = 1;
//Config.version 原子自增
int newVersion = update.incrementAndGet(config);
//输出都为 2
System.out.println(newVersion);
System.out.println(config.version);
```

3.3.2 Queue

在实际的软件开发过程中,经常会遇到如下场景:某个模块负责产生数据,这些数据由另一个模块负责处理。产生数据的模块形象地称为生产者;而处理数据的模块就称为消费者。

生产者和消费者之间通常还有一个缓冲,生产者把数据放入缓冲,而消费读取缓冲中的数据,这样的好处是:

- 支持解耦:生产者和消费者不需要知道对方的信息,比如邮件投递,只需要把邮件交给邮递员就行,邮递员如何把邮件送到,用户不需要关心。
- 异步:生产者把数据放入缓存即可返回,不需要等待消费者处理完毕。这样的好处是提高了生产者的性能。
- 隔离:生产模块和消费模块出现异常不会相互影响。比如生产者出现异常无法生产数据,但不影响消费者消费。反之,如果消费模块暂时出了问题不能消费,那么生产者还可以把数据放入缓冲,消费者从故障中恢复后可以继续消费数据。

这种缓冲在 Java 中通过 BlockingQueue 子类实现。消息中间件(比如 RabbitMQ)也提供了这种缓冲功能,如下图所示。

尽管提供了隔离特性,但当消费者出现故障或消费数据缓慢时,生产者产生的数据放入队列逐渐累积成海量数据,将导致队列所在的系统出现内存溢出等故障。即使消费者端的故障恢复,但也可能消费过时的数据。一般处理方法是丢弃,或者在丢弃前保存数据,比如 RabbitMQ 提供死信来保存丢弃的数据。

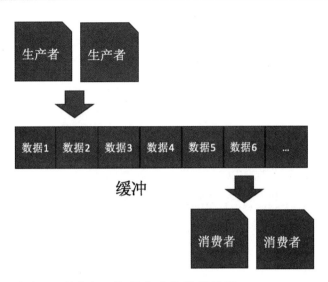

BlockingQueue 类实现了缓冲，线程生成的数据放到 BlockingQueue 中，消费线程从 BlockingQueue 中获得数据。

BlockingQueue 的核心方法如下：

- 放入数据
  - offer(anObject)：表示如果可能的话，将 anObject 加到 BlockingQueue 中，即如果 BlockingQueue 可以容纳，则返回 true，否则返回 false。
  - offer(E o, long timeout, TimeUnit unit)，可以设定等待的时间，如果在指定的时间内，还不能往队列中加入 BlockingQueue，则返回失败。
  - put(anObject)：把 anObject 加到 BlockingQueue 中，如果 BlockQueue 没有空间，则调用此方法的线程被阻断，直到 BlockingQueue 里面有空间再继续加入。
- 获取数据
  - poll(time)：取走 BlockingQueue 中排在首位的对象，若不能立即取出，则可以等 time 参数规定的时间过后再取，取不到时返回 null。
  - poll(long timeout, TimeUnit unit)：从 BlockingQueue 取出一个队首的对象，如果在指定时间内，队列一旦有数据可取，则立即返回队列中的数据。否则直到时间超时还没有数据可取，返回失败。
  - take()：取走 BlockingQueue 中排在首位的对象，若 BlockingQueue 为空，则阻断进入等待状态直到 BlockingQueue 有新的数据被加入。
  - drainTo()：一次性从 BlockingQueue 中获取所有可用的数据对象（还可以指定获取数据的个数），通过该方法可以提升获取数据效率；不需要多次分批加锁或释放锁。

常见的 BlockingQueue 有如下图所示的子类。

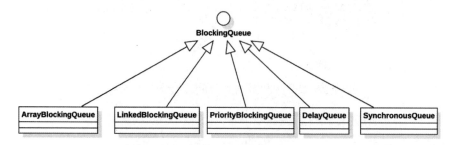

- ArrayBlockingQueue：基于数组的阻塞队列实现，在 ArrayBlockingQueue 内部维护了一个定长数组，以便缓存队列中的数据对象。因此 ArrayBlockingQueue 容纳的数据是有限的，如果队列满，则生产者线程无法再放入新的数据，线程阻塞。我们还可以控制 ArrayBlockingQueue 的内部锁是否采用公平锁，默认采用非公平锁。

- LinkedBlockingQueue：基于链表的阻塞队列，同 ArrayListBlockingQueue 类似，其内部也维持着一个数据缓冲队列，该队列由一个链表构成，链表既可以固定大小，也可以不限制容量。在不限制容量情况下，如果生产者的速度大于消费者的速度，则 LinkedBlockingQueue 的容量会不断增加，系统内存就有可能被消耗殆尽。实际系统建议使用固定大小的 ArrayListBlockingQueue。

  因为 LinkedBlockingQueue 内部是链表构成的，所以每次新增数据都会创建一个 Node 对象，消费数据后删除 Node 对象，这样会造成垃圾回收负担。从性能角度看，不如 ArrayBlockingQueue 性能好，对虚拟机影响较大。

- PriorityBlockingQueue：基于优先级的无大小限制的队列，通过构造函数传入的 Comparator 对象来决定优先级。BlockingQueue 都是先进先出的，PriorityBlockingQueue 可以设定元素的优先级，比如优先级高的请求放入 PriorityBlockingQueue，会优先被处理。

- DelayQueue：DelayQueue 是一个没有限制容量的队列，只有当元素指定的延迟时间到了，才能够从队列中获取到该元素。

- SynchronousQueue：一种无缓冲的等待队列，线程调用 take 获取元素，必须等待另外一个线程调用 put 设置 SynchronousQueue 队列的元素，队列没有任何容量，这是一种快速传递元素的方式。也就是说，在这种情况下，元素总是以最快的方式从插入者（生产者）传递给移除者（消费者），这在多任务队列中是最快的处理任务的方式。HikariCP 连接池使用 SynchronousQueue 来获取一个可用的数据库连接，具体内容参考第 5 章。

队列通常同消费者和生产者一起使用，3.4 节将介绍队列和线程池。

3.3.3 Future

在通过线程创建异步任务时，通常无法直接获得异步任务的执行结果，Future 类提供了异步任务的执行结果，并提供管理异步的执行方法。Future 的定义如下：

```
public interface Future<V> {
  boolean isDone();
  V       get();
  V       get(long timeout, TimeUnit unit);
  boolean cancel(boolean mayInterruptIfRunning)
  boolean isCancelled();
}
```

- isDone，用于判断任务执行是否结束。
- get，获得任务执行结果，如果认为未执行完，则阻塞直到任务执行完毕。
- get(long timeout, TimeUnit unit)，获得任务执行结果，如果在指定的时间内任务未执行完毕，则返回 null。
- cancel，取消任务，如果传入 true，则会中断执行任务线程，调用 `Thread.interrupt()`。返回 true 表示取消成功，返回 false 则表示任务可能执行完毕，或者已经取消成功。
- isCancelled，判断任务是否取消。

FutureTask 是 Future 的具体实现。FutureTask 实现了 RunnableFuture 接口。RunnableFuture 接口又同时继承了 Runnable 和接口。所以 FutureTask 既可以作为 Runnable 被线程执行，又可以作为 Future 得到异步执行结果。通过一个简单的求和运算来说明如何使用 Future：

```
//FutureTaskTest.java
int a=10;
int b= 22;
int c =3;
int d= 9;
//求和a+b+c+d,可以分成两个FutureTask,分别通过两个线程计算a+b和c+d,执行完毕后再求和
FutureTask<Integer>[] tasks = new FutureTask[2];
tasks[0] = new FutureTask<Integer>(new Sum(a,b));
tasks[1] = new FutureTask<Integer>(new Sum(c,d));
//其他两个线程执行FutureTask
Thread[] threads = new Thread[2];
threads[0] = new Thread(tasks[0]);
```

```
threads[1] = new Thread(tasks[1]);
//分别计算
for(Thread t:threads){
  t.start();
}
//获取执行结果并累加
int total = 0;
for(FutureTask<Integer> task:tasks){
  total=total+task.get();
}
```

通常任务放到线程池中执行，3.5 节将说明如何使用线程池执行任务并获得 Future 对象。

Sum 类实现 Callable 接口，重写 call 方法，返回计算结果：

```
class Sum implements Callable<Integer> {
    private int x;
    private int y;
    public Sum(int x,int y){
      this.x = x;
      this.y = y;
    }
    @Override
    public Integer call() throws Exception {
      return x+y;
    }
}
```

由于 Future 的 get 方法可以指定超时时间，因此可以利用这个特性提供服务质量保证，比如在微服务系统中，向商品系统查询商品信息，要求 10 毫秒内必须返回结果，则可以把查询任务放到 Future 中，指定 10 毫秒内返回，代码如下：

```
FutureTask task = ...;
//10 毫秒内返回结果，否则 FutureTask 返回 null
Object ret = task.get(10, TimeUnit.MILLISECONDS);
if(ret==null){
  task.cancel();
  return null;
```

```
}
return ret;
```

如果 10 毫秒内查询不到结果，则立即返回 null，这种处理方法在微服务系统中叫快速失败，这是一种隔离故障、防止雪崩的机制。快速失败后，需要进行回退降级，比如显示"服务忙"页面，或者显示一个过期的缓存页面等。

关于微服务中的容错之道，可以参考王新栋编写的《**架构修炼之道：亿级网关、平台开放、分布式、微服务、容错等核心技术修炼实践**》一书。

3.3.4 ThreadLocal

在很多场景下，我们想要传递参数必须通过显式参数定义，但是方法栈层次更加深的时候，显得特别不优雅。例如在微服务系统中，用户的请求 ID 会传递到微服务所有方法中，比如传递给日志方法，或者存储此请求 ID 到数据库中，或者再调用其他微服务系统。

```
//controller 传递 reqeustId 到 serviceA
controller.serviceA(reqeustId,para1,para2);
//继续向 serviceB 传递
serviceA.serviceB(reqeustId,para3);
//serviceB 代码：调用其他服务
rpcService.call(requestId,para4)
//最终存储到数据库中
serviceB.dao(reqeustId,entity);
```

每个方法都要定义一个显式的 requestId 参数，显得非常臃肿，有没有其他办法呢？

有人可能想到了定义一个公共的属性或静态变量，但这样会引发一个多线程共享变量线程不安全的问题，所以必须对这个公共属性进行加锁控制。

一旦上锁，那么效率可就不是慢了一星半点，有没有更加高效的办法呢？这时就要用到 ThreadLocal 了。

ThreadLocal 用来提供**线程内部的局部变量**。这种变量在多线程环境下访问（通过 get 或 set 方法访问）时能**保证各个线程中的变量相对独立于其他线程内的变量**。ThreadLocal 实例通常来说都是 `private static` 类型的，用于关联线程和线程的上下文。

简单地说：

- ThreadLocal 提供了一个线程内部的变量副本，这个变量只在单个线程内部共享，在该

- 线程内可以方便地访问 ThreadLocal 变量副本。
- 多个线程间的 TreadLocal 变量副本互不影响。
- ThreadLocal 只存活在线程的生命周期内,随着线程消亡而消亡(也可以手动调用 remove 方法移除 ThreadLocal 变量)。

上面提到的传递 requestId 信息的问题可以通过 ThreadLocal 解决:

```java
public final class ReuqestIdLocal {
    private static ThreadLocal<String> requestTreadLocal = new ThreadLocal<>();

    public static String getReqeustId() {
        return requestTreadLocal.get();
    }
    public static void setRequestId(String requestId) {
        return requestTreadLocal.set(user);
    }
    public static void clear() {
        requestTreadLocal.remove();
    }
}
```

需要注意的是,ThreadLocal 只存活在线程的生命周期内,如果线程一直存在,则变量一直存在,如果使用 ThreadLocal 存放大对象,则在使用完后,调用 ThreadLocal.remove 方法删除。

在 3.1 节的日期格式化操作中,可以使用 ThreadLocal 为每个线程设置一个 SimpleDateFormat,这样就不必每次都构造 SimpleDateFormat,既获得了较高的性能,也保证了线程安全。

```java
public class CommonUtil{
    private ThreadLocal<SimpleDateFormat> threadlocal = new ThreadLocal<SimpleDateFormat>(){
        public SimpleDateFormat initialValue(){
            //重写 initialValue 方法,初始化当前线程的变量
            SimpleDateFormat sdf = new SimpleDateFormat("yyyy-MM-dd");
            return sdf;
        }
    };
    public String foramtDate(Date d){
        SimpleDateFormat sdf = getDateFormat();
```

```
        return sdf.format(d);
    }

    private SimpleDateFormat getDateFormat() {
        //得到当前线程的变量
        return threadlocal.get();
    }
}
```

很多高性能的工具也会使用 ThreadLocal 存放预先初始化好的对象作为缓存，比如 Fastjson 序列化输出类 SerializeWriter 的定义如下：

```
public final class SerializeWriter extends Writer {
    private static final ThreadLocal<char[]> bufLocal = new ThreadLocal();
    private static final ThreadLocal<byte[]> bytesBufLocal = new ThreadLocal();
}
```

另外一款更流行的 JSON 工具 Jackson，同样在序列化输出时，BufferRecyclers 也定义了缓存：

```
public class BufferRecyclers {
    protected static final ThreadLocal<SoftReference<BufferRecycler>> _recyclerRef = new ThreadLocal();
    protected static final ThreadLocal<SoftReference<JsonStringEncoder>> _encoderRef = new ThreadLocal();
}
```

国内外很多性能优秀的序列化工具及模板引擎工具都采用了 ThreadLocal 方式来缓存对象供多次调用复用。

3.4　Java 线程池

在前面的例子中，我们使用线程的时候创建了一个 Thread 线程，这样实现起来非常简便，如果每个线程都执行一个时间很短的任务就结束了，那么频繁创建线程就会大大降低了系统的效率，因为频繁创建线程和销毁线程需要时间。

另外，同时创建数千个线程会导致服务器负担过重，比如为每个线程分配线程堆栈默认占用 1MB，过多线程上下文切换也消耗 CPU 资源。

正如对象重用一样，线程也可以重用。Java 中可以通过线程池来达到这样的效果。ThreadPoolExecutor 是 Java 线程池的核心类，本节介绍 ThreadPoolExecutor 的使用。

启动虚拟机时使用 -XX:+PrintFlagsFinal 会输出所有虚拟机的默认启动参数，查找 ThreadStackSize，在笔者机器上显示占用 1024KB：

```
intx ThreadStackSize = 1024 {pd product}
```

ThreadPoolExecutor 具有以下特性：

- 核心线程数和最大线程数，ThreadPoolExecutor 根据 corePoolSize 和 maximumPoolSize 设置的边界自动调整池大小，当一个新的任务通过 execute 提交给线程池执行时，如果线程池的线程数量少于 corePoolSize，那么即使有空闲线程，新的线程也会被创建。corePoolSize 总是用于任务的执行，如果有多于 corePoolSize 的任务执行，那么任务将放到线程池设定的队列中，如果队列满，才会按照 maximumPoolSize 的设定创建新的额外线程。可以给额外线程指定存活时间，如果额外线程的空闲时间超过指定时间，则会被终止。

- corePoolSize 和 maximumPoolSize 都可以通过 ThreadPoolExecutor 提供的 setCorePoolSize 和 setMaximumPoolSizc 方法进行动态调整。setKeepAliveTime(long, TimeUnit)是用户修改额外线程的存活时间。如果调用 allowCoreThreadTimeOut(boolean)，则可以设置核心线程的存活时间。

- ThreadPoolExecutor 使用 BlockingQueue 保存任务，该队列和线程大小有如下交互：

    如果当前线程数小于核心线程数，则 Executor 会创建线程用于执行任务，而不会把任务交给队列；如果当前线程数大于核心线程数，则 Executor 会把任务交给队列，而不会创建线程。最糟糕的情况是，如果任务无法进入队列，并且当前线程数小于最大线程数，会创建线程用于执行任务；如果任务无法进入队列，且当前线程数大于最大线程数，则该任务会被拒绝。

    任务被拒绝后，默认情况下 ThreadPoolExecutor 会使用 ThreadPoolExecutor.AbortPolicy 策略，在 execute 方法中抛出一个 RejectedExecutionException，可以指定其他策略，比如使用 ThreadPoolExecutor.DiscardPolicy 简单地移出这个任务。ThreadPoolExecutor.CallerRunsPolicy 表示使用调用者的线程来执行任务，这将保证任务能执行，但会使用调用者的线程，后果是调用者可用线程资源减少，从而减少了提交给线程池的任务数量，起到了自动调节的作用。ThreadPoolExecutor.DiscardOldestPolicy 表示删除队列头部任务，再尝试执行。如果依然被拒绝，则重复执行这个策略。
- ThreadPoolExecutor 在创建线程的时候，可以指定使用 ThreadFactory 创建线程，因此可以使用 ThreadFactory 创建的线程设定线程名字、优先级、线程组等信息，在分析 JVM 的时候，可以方便地通过线程名字识别所属的线程池。

ThreadPoolExecutor 构造函数提供了以上所需的配置，构造函数如下：

```
ThreadPoolExecutor(int corePoolSize,
                   int maximumPoolSize,
                   long keepAliveTime,
                   TimeUnit unit,
                   BlockingQueue<Runnable> workQueue,
                   ThreadFactory threadFactory,
                   RejectedExecutionHandler handler)
```

ThreadPoolExecutor 构造函数也提供了线程池的默认构造函数，系统最好指定每一个参数，避免使用默认参数。以下代码设定了一个线程池：

```
package com.ibeetl.concurrent.pool;
public class QueryTaskThreadPoolExecutor {
  private ThreadPoolExecutor pool = null;
  public void init() {
    pool = new ThreadPoolExecutor(
      5,//核心线程数
      10,//额外线程数
      1,//线程存活时间为1分钟
      TimeUnit.MINUTES,
      new ArrayBlockingQueue<Runnable>(100),//基于数组的阻塞队列
      new CustomThreadFactory());
  }

  private class CustomThreadFactory implements ThreadFactory {
    private AtomicInteger count = new AtomicInteger(0);
    @Override
    public Thread newThread(Runnable r) {
      Thread t = new Thread(r);
      String threadName = QueryTaskThreadPoolExecutor.class.getSimpleName()
        + count.addAndGet(1);
```

```
    //设定线程名字
    t.setName(threadName);
    return t;
  }
}

public ThreadPoolExecutor getCustomThreadPoolExecutor() {
  return this.pool;
}
}
```

考虑到线程是珍贵资源,因此在项目中不要随意构建线程池,尽量复用已有线程池。新创建的线程池也需要统一管理,创建一个包,下面包含所有自建的线程池,比如 QueryTaskThreadPoolExecutor,新建 PoolManager 管理所有自定义的线程池:

```
package com.ibeetl.concurrent.pool;
/* 一个统一管理线程池的类 */
public class PoolManager {
  static PoolManager poolManager = new PoolManager();
  QueryTaskThreadPoolExecutor queryPool = null;
  OtherCustomerThreadPoolExecutor other = null;
  private PoolManager(){
    //创建项目中所有线程池
    queryPool = new QueryTaskThreadPoolExecutor();
    queryPool.init();
    other = new OtherCustomerThreadPoolExecutor()
  }
  /*单例*/
  public static PoolManager instance(){
    return poolManager;
  }

}
```

如果使用 Spring 这样的框架,则可以交给 Spring 配置文件来统一管理线程池,避免线程池滥用影响系统性能。在业务系统长期维护过程中,后来进入项目的开发人员总爱随意创建线程池。

在构造线程池后，可以调用 execute 方法执行任务，execute 接收一个 Runnable 子类，开发者必须使用 run 方法：

```
pool.execute(new Runnable() {
  @Override
  public void run() {
    //任务
  }
});
```

需要注意的是，run 方法应该尽可能保证很快执行结束，否则占用线程过长时间，会导致任务挤压在队列中，甚至导致新的任务被拒绝。曾经的一个电商系统在大促的时候异步计算用户的优惠积分，代码如下：

```
//糟糕的任务实现
pool.execute(new Runnable() {
  @Override
  public void run() {
    QueryResult ret = null;
    while((ret=service.query(xxx))!=null){
      doSth();
    }
  }
});
```

该任务查询一个微服务系统，考虑到微服务可能失败，任务一直循环查询直到成功。

一旦查询微服系统故障，会导致整个系统不可用，这是因为该任务一直占用线程池中的线程，使得后面的任务被放到线程池队列中等待执行，恰好该线程池配置的队列是 LinkedBlockingQueue，设置的是无限容量，最后任务挤压过大导致了内存溢出，系统宕机。

除了需要任务尽可能快完成（尽快消费），还可以为线程池设置一个有界队列，这是使用线程池最常见的情况，可以使用固定大小容量的 ArrayBlockingQueue。

当线程队列满的时候，表示线程池已经到达最大负载，线程池会调用拒绝策略，默认的拒绝策略会抛出异常。拒绝策略的定义如下：

```
public interface RejectedExecutionHandler {
    void rejectedExecution(Runnable r, ThreadPoolExecutor executor);
}
```

其中包含如下实现：

- AbortPolicy，抛出 RejectedExecutionException 异常，这是默认的拒绝策略。
- CallerRunsPolicy，使用调用者线程执行任务，这是最常用的一种配置，在这种策略下，会使用生产者线程，能有效降低生成者生产的数据。
- DiscardPolicy，放弃此任务。
- DiscardOldestPolicy，删除最早的任务，然后尝试提交给线程池，如果还是无法执行，则再次删除较早的任务，直到任务能执行。

通过 ThreadPoolExecutor 构造函数设置拒绝策略，例如：

```
pool = new ThreadPoolExecutor(
  5,
  10,
  1,
  TimeUnit.MINUTES,
  new ArrayBlockingQueue<Runnable>(100),
  new CustomThreadFactory(),
  new CustomRejectedExecutionHandler());
```

CustomRejectedExecutionHandler 是自定义的一个拒绝策略，与 AbortPolicy 类似，但抛出异常前会打印报警日志：

```
private class CustomRejectedExecutionHandler extends ThreadPoolExecutor.AbortPolicy {

  @Override
  public void rejectedExecution(Runnable r, ThreadPoolExecutor executor) {
    //报警日志说明线程池负载已经最大了
    System.out.println("error.............");
    super.rejectedExecution(r,executor);
  }
}
```

除了 execute(Runnable)方法，线程池还提供了 submit(Callable)方法，返回 Future 对象，3.3.3 节中的例子可以改成使用线程池创建 Future：

```
//FutureTaskTest2.java
int a = 10;
int b = 22;
int c = 3;
```

```java
    int d = 9;
    //求和 a+b+c+d，可以分成两个 Future，分别通过两个线程计算 a+b 和 c+d，执行完毕后再求和
    Future<Integer>[] futures = new Future[2];

    ThreadPoolExecutor poolExecutor =
PoolManager.instance().getQueryPool().getCustomThreadPoolExecutor();
    //得到 Future
    futures[0] = poolExecutor.submit(new Sum(a, b));
    futures[1] = poolExecutor.submit(new Sum(c, d));
    //累加执行结果
    int total = 0;
    for (Future<Integer> task : futures) {
      total = total + task.get();
    }

    System.out.println(total);
```

线程池 ThreadPoolExecutor 是一个重量级对象（4.22 节会详细描述重量级对象），它对系统性能有着重要的影响，除了小心配置其构造所需要的参数，再次强调不要随意创建多个线程池。这是因为线程本身占用了虚拟机内存和主机本地线程的资源。重要的是，一个系统有较多的线程池，也不利于性能调优，往往会"按下葫芦浮起瓢"，A 线程池能更快地处理任务，B 线程池却出现了阻塞。B 线程池调优好了，A 线程池却阻塞了。

ThreadPoolExecutor 提供了一些内置的方法可以监控线程池的性能，很多电商系统会将线程池的数据上报给监控系统用于告警或者系统调优。

- getCorePoolSize()，得到配置的核心线程数量。
- getMaximumPoolSize()，得到允许创建的最大线程数量。
- getLargestPoolSize()，得到曾经创建的最大线程数。
- getPoolSize()，得到当前线程数。
- getQueue()，得到线程池的队列，可以进一步通过 BlockingQueue 查看队列的使用情况。
- getTaskCount()，得到线程池的任务总数，包含执行完毕的和在队列中等待执行的。
- getCompletedTaskCount()，得到线程池完成任务的总数。
- shutdown，关闭线程池，不再接受新的任务，队列中正在执行的任务继续执行，直到所有任务执行完毕才停止。
- shutdownNow，关闭线程池，停止执行所有任务。
- awaitTermination(long timeout, TimeUnit unit)，调用此方法，会阻塞直到任务执行完毕，

或者在指定的时间内返回，关闭线程池。

- isShutdown，返回 true 表示线程池已经被关闭。
- isTerminating，返回 true 表示线程池正在关闭中，比如调用了 shutdown 方法，但还有未执行完的任务。
- isTerminated，调用 shutdown 或 shutdownNow 方法后，如果所有任务完成，则返回 true。

3.5 异步编程

在传统的单体应用中，使用异步编程的情况较少，客户端请求和得到响应都是同步的，客户端发起请求，阻塞直到服务端响应。服务端也可能通过 JDBC 发起请求，阻塞直到数据库返回查询结果。调用者 caller 发起调用，callee 执行完毕后才返回给 caller，如下图所示。

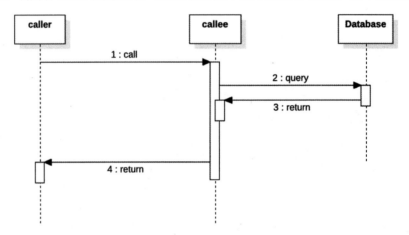

微服务系统在调用服务的时候，为了避免个别服务性能延迟造成的性能问题，有可能会选择异步调用方式，如下图所示。

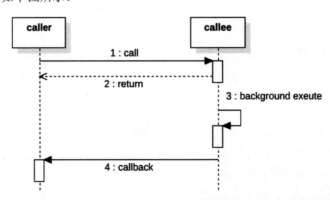

callee 不需要执行完毕就可以返回，caller 需要通过轮询、回调等机制获取结果，如果通过 CompletableFuture 实现异步调用，那么异步调用可以应用在如下场景中：

- 并行调用，提高性能。
- 异步调用通常使用队列解决调用者和被调用者速度不匹配问题，削峰填谷。
- 隔离故障，单个错误不影响整体调用。

JDK 8 提供的 CompletableFuture 具有强大的异步编程能力，除了像 Future 那样提供异步任务执行能力，还提供了任务编排能力，比如任务执行完毕后再执行另外一个任务，或者两个任务谁先执行结束，就用谁的结果，本节重点介绍 CompletableFuture。

Future 类提供了异步执行任务的能力，但是对于结果的获取却很不方便，只能通过阻塞或轮询的方式得到任务的结果，需要轮训调用非阻塞 isDone()方法判断任务是否完成，或者调用阻塞 get()方法获取调用结果。轮训占用 CPU 资源，阻塞调用又违背了异步编程的原则。

3.5.1 创建异步任务

CompletableFuture 提供了四个静态方法来创建异步任务：

```
public static CompletableFuture<Void> runAsync(Runnable runnable)
public static CompletableFuture<Void> runAsync(Runnable runnable, Executor executor)
public static <U> CompletableFuture<U> supplyAsync(Supplier<U> supplier)
public static <U> CompletableFuture<U> supplyAsync(Supplier<U> supplier, Executor executor)
```

runAsync 方法接收一个异步任务 Runnable，不需要关心执行结果，supplyAsync 则需要提供一个 Supplier 实现，Supplier 返回一个执行结果。以下是 Supplier 的定义：

```
public interface Supplier<T> {
    T get();
}
```

CompletableFuture 的所有 xxxAsync 方法都提供了可选的 Executor 参数，如果调用带有 Executor 参数，则 CompletableFuture 使用 Executor 来执行异步任务。Executor 是一个接口，我们在 3.4 节中介绍的线程池就是 Executor 的一个实现，因此在使用 CompletableFuture 时，可以传入一个线程池。这也是最常用的使用方式，如果没有传入，则使用 CompletableFuture 提供的一个默认线程池，不推荐使用默认线程池，因为不容易被系统管理。为了简单起见，本节使用默认线程池：

```java
public static void runAsync() throws Exception {
  CompletableFuture<Void> future = CompletableFuture.runAsync(() -> {
    System.out.println("运行 ing);
  });
}

//有返回值
public static void supplyAsync() throws Exception {
  CompletableFuture<Long> future = CompletableFuture.supplyAsync(() -> {
    return 1l;
  });
  long ret = future.get();
  System.out.println("ret = "+ret);
}
```

3.5.2 任务完成后执行回调

CompletableFuture 提供了任务完成后回调的功能，避免了像使用 Future 那样轮询判断任务是否结束。实现完成后回调功能：

```
public CompletableFuture<T> whenComplete(BiConsumer<? super T,? super Throwable> action)
  public CompletableFuture<T> whenCompleteAsync(
    BiConsumer<? super T,? super Throwable> action)
  public CompletableFuture<T> whenCompleteAsync(
    BiConsumer<? super T,? super Throwable> action, Executor executor)
  //异常回调
  public CompletableFuture<T> exceptionally(Function<Throwable,? extends T> fn)
```

BiConsumer 提供了 accept 方法，用于处理两个参数的函数，在本例中，T 代表调用结果，U 代表异常：

```java
@FunctionalInterface
public interface BiConsumer<T, U> {
    void accept(T t, U u);
}
```

Function 提供了 apple 方法，用于处理一个参数的函数，在 exceptionally 中，T 代表异常，R 代表返回值：

```java
@FunctionalInterface
public interface Function<T, R> {
  R apply(T t);
}
```

whenComplete 表示执行成功后调用，使用当前任务线程，whenCompleteAsync 则使用线程池线程。exceptionally 方法表示出现调用异常后的回调。

```java
int a=3,b=4,c=0;
//成功的例子
CompletableFuture<Integer> addFuture = CompletableFuture.supplyAsync(() -> {
  return a+b;
});

addFuture.whenComplete(new BiConsumer<Integer, Throwable>() {
  @Override
  public void accept(Integer t, Throwable action) {
    System.out.println("求和:"+t);
  }
});

//异常回调的例子
CompletableFuture<Integer> divFuture = CompletableFuture.supplyAsync(() -> {
  return b/c;
});
divFuture.exceptionally(new Function<Throwable, Integer>() {
  @Override
  public Integer apply(Throwable t) {
    System.out.println("执行失败:"+t.getMessage());
    return null;
  }
});
```

由于 CompletableFuture 也实现了 Future 接口，因此具有如下同步方法：
- get()，阻塞，等待返回结果。

- get(long timeout, TimeUnit unit)，等待一定时间，如果没有结果，则返回 null。
- T getNow(T valueIfAbsent)，如果已经完成，则返回结果，如果没有，则返回 valueIfAbsent。

3.5.3 串行执行

本节开始介绍 CompletableFuture 对任务的编码能力，最简单的是串行执行，当一个任务依赖另外一个任务的时候，可以使用 thenApply 把这两个任务串行执行。

```
public <U> CompletableFuture<U> thenApply(Function<? super T,? extends U> fn)
public <U> CompletableFuture<U> thenApplyAsync(Function<? super T,? extends U> fn)
public <U> CompletableFuture<U> thenApplyAsync(Function<? super T,? extends U> fn,
        Executor executor)
```

thenApply 使用当前线程执行，thenApplyAsync 使用线程池执行：

```
private static void thenApply() throws Exception {
  CompletableFuture<Double> future = CompletableFuture.supplyAsync(new Supplier<Long>() {
      @Override
      public Long get() {
        return 10l;
      }
  }).thenApplyAsync(new Function<Long, Double>() {
      @Override
      public Double apply(Long t) {
        double result = t*2.3;
        return result;
      }
  });
    //输出 23.0
  double result = future.get();
  System.out.println(result);
}
```

hanle 方法与 thenApply 类似，但可以处理上一个任务的异常：

```
public static void handle() throws Exception{
  CompletableFuture<Integer> future = CompletableFuture.supplyAsync(() -> {
    int i= 10/0;
```

```java
      return i;
  }).handle(new BiFunction<Integer, Throwable, Integer>() {
    @Override
    public Integer apply(Integer input, Throwable throwable) {
      if(throwable!=null){
        return -1;
      }
      return input*2;
    }
  });
  //返回-1
  System.out.println(future.get());
}
```

BiFunction 函数与 BiConsumer 函数类似，接收两个参数，但提供一个返回值，定义如下：

```java
@FunctionalInterface
public interface BiFunction<T, U, R> {
    R apply(T t, U u);
}
```

3.5.4 并行执行

applyToEither 方法选择一个先执行完的任务作为结果，定义如下：

```java
public <U> CompletionStage<U> applyToEither(
  CompletionStage<? extends T> other,Function<? super T, U> fn);
public <U> CompletionStage<U> applyToEitherAsync(
  CompletionStage<? extends T> other,Function<? super T, U> fn);
public <U> CompletionStage<U> applyToEitherAsync(
  CompletionStage<? extends T> other,Function<? super T, U> fn,Executor executor);
```

得到一个响应速度更快的服务器地址：

```java
private static void applyToEither() throws Exception {
  CompletableFuture<String> server1 = CompletableFuture.supplyAsync(()->{
    try {
      TimeUnit.MILLISECONDS.sleep(10);
    } catch (InterruptedException e) {
```

```
      throw new RuntimeException(e);
    }
    return "192.168.0.1";
});

CompletableFuture<String> server2 = CompletableFuture.supplyAsync(()->{
    try {
      TimeUnit.MILLISECONDS.sleep(100);
    } catch (InterruptedException e) {
      throw new RuntimeException(e);
    }
    return "192.168.0.12";
});

CompletableFuture<String> result =
    server1.applyToEither(server2, new Function<String, String>() {
    @Override
    public String apply(String ip) {
      System.out.println("更快响应 IP"+ip);
      return ip;
    }
});
System.out.println(result.get());
}
```

runAfterEither 方法与 applyToEither 类似，runAfterEither 接收一个 Runable 实现，任意两个任务执行中的一个执行完毕，都会调用 Runnable.run()。

runAfterBoth 方法要求两个任务都执行完毕后才执行下一步操作，调用 Runnable.run 方法，定义如下：

```
    public  CompletionStage<Void> runAfterBoth(CompletionStage<?>  other,Runnable action);
    public CompletionStage<Void> runAfterBothAsync(CompletionStage<?> other,Runnable action);
    public CompletionStage<Void> runAfterBothAsync(CompletionStage<?> other,
        Runnable action,Executor executor);
```

示例如下：

```java
private static void runAfterBoth() throws Exception {
    CompletableFuture<Boolean> f1 = CompletableFuture.supplyAsync(()->{
        return build(1);
    });

    CompletableFuture<Boolean> f2 = CompletableFuture.supplyAsync(()->{
        return build(2);
    });
    f1.runAfterBoth(f2, ()-> {
        System.out.println("都执行成功");
    });
}
```

thenCombine 方法会把两个 CompletionStage 的任务都执行完成后，再把两个任务的结果一起交给 thenCombine 来处理，定义如下：

```java
public <U,V> CompletionStage<V> thenCombine(
    CompletionStage<? extends U> other,BiFunction<? super T,? super U,? extends V> fn);
public <U,V> CompletionStage<V> thenCombineAsync(
    CompletionStage<? extends U> other,BiFunction<? super T,? super U,? extends V> fn);
public <U,V> CompletionStage<V> thenCombineAsync(
    CompletionStage<? extends U> other,
    BiFunction<? super T,? super U,? extends V> fn,Executor executor);
```

例如 3.4 节中的例子，a+b 和 c+d 两个求和任务合并执行可以改写成如下内容：

```java
private static void thenCombine() throws Exception {
    int a=3,b=4,c=6,d=11;
    CompletableFuture<Integer> future1 = CompletableFuture.supplyAsync(()->{
        return a+b;
    });
    CompletableFuture<Integer> future2 = CompletableFuture.supplyAsync(()->{
        return c+d;
    });
    //合并任务计算
    CompletableFuture<Integer> result = future1.thenCombine(future2, new BiFunction<Integer, Integer, Integer>() {
```

```java
      @Override
      public Integer apply(Integer t, Integer u) {
        return t+u;
      }
    });
    System.out.println(result.get());
  }
```

thenAcceptBoth 与 thenCombine 类似,区别在于 thenAcceptBoth 不提供返回值,接收两个任务的处理结果,上例"加法合并"任务可以改成 thenAcceptBoth,打印求和结果:

```java
future1.thenAcceptBoth(future2, new BiConsumer<Integer, Integer>() {
  @Override
  public void accept(Integer t, Integer u) {
    System.out.println(t+u);
  }
});
```

allOf 方法接收多个 CompletableFuture,并返回一个新的 CompletableFuture。只有当所有 CompletableFuture 执行完毕后,CompletableFuture.get()才返回,如果有一个 CompletableFuture 抛出异常,则 get 方法返回异常。

```java
public static  void allOf()throws Exception {
  CompletableFuture f1 = CompletableFuture.runAsync(()->{
    try {
      TimeUnit.MILLISECONDS.sleep(100);
      System.out.println("execute f1");
    } catch (InterruptedException e) {
      throw new RuntimeException(e);
    }
  });

  CompletableFuture f2 = CompletableFuture.runAsync(()->{
    try {
      TimeUnit.MILLISECONDS.sleep(1000);
      System.out.println("execute f2");
    } catch (InterruptedException e) {
      throw new RuntimeException(e);
```

```
        }
    });

    CompletableFuture all =  CompletableFuture.allOf(f1,f2);
    all.get();
    System.out.println("execute all");

}
```

也可以调用 join 方法阻塞直到所有的 CompletableFuture 执行完毕：

```
CompletableFuture.allOf(f1,f2).join();
```

如果希望任意一个任务执行完毕就不再等待，则可以使用 anyof 方法，因为 f1 执行快，所以 f1 执行完毕后，join 就立即返回了（注意，f2 仍然会执行），代码如下：

```
public static  void anyOf()throws Exception {
    CompletableFuture f1 = CompletableFuture.runAsync(()->{
        try {
            TimeUnit.MILLISECONDS.sleep(100);
            System.out.println("execute f1");
        } catch (InterruptedException e) {
            throw new RuntimeException(e);
        }
    });
    CompletableFuture f2 = CompletableFuture.runAsync(()->{
        try {
            TimeUnit.MILLISECONDS.sleep(1000);
            System.out.println("execute f2");
            throw new RuntimeException();
        } catch (InterruptedException e) {
            throw new RuntimeException(e);
        }
    });
    CompletableFuture.anyOf(f1,f2).join();
}
```

代码片段的最后一行也可以使用 whenComplete，完成时回调：

```
CompletableFuture.anyOf(f1,f2).whenComplete((Object o,Throwable t)->{
  System.out.println("完成");
});
```

3.5.5　接收任务处理结果

thenAccept 系列方法可以用于接收 CompletableFuture 任务的处理结果，以做进一步处理，定义如下：

```
public CompletableFuture<Void> thenAccept(Consumer<? super T> action);
public CompletableFuture<Void> thenAcceptAsync(Consumer<? super T> action);
public CompletableFuture<Void> thenAcceptAsync(Consumer<? super T> action,Executor executor);
```

调用 thenAccept 打印上一个任务的执行结果：

```
public static void thenAccept() throws Exception{
    CompletableFuture<Void> future = CompletableFuture.supplyAsync(new Supplier<Integer>() {
        @Override
        public Integer get() {
          return 10;
        }
    }).thenAcceptAsync(integer -> {
      System.out.println(integer);
    }).thenAcceptAsync(Void->{
      System.out.println("结束");
    });

}
```

thenRun 方法同 thenAccept 一样，但不关心上一个任务的执行结果，上面例子中的最后一个 thenAcceptAsync 调用可以改成 thenRun：

```
public static void thenRun() throws Exception{
    CompletableFuture<Void> future = CompletableFuture.supplyAsync(new Supplier<Integer>() {
```

```
    @Override
    public Integer get() {
      return 10;
    }
}).thenAcceptAsync(integer -> {
    System.out.println(integer);
}).thenRun(()->{
    System.out.println("结束");
});
future.get();
}
```

第 4 章
代码性能优化

第 2 章介绍了 String 和 Number 的高效用法，第 3 章介绍了提高系统性能的并发编程，本章列出了一些性能优化的技巧。这些技巧广泛应用于业务系统或基础软件系统，作为提高系统性能的办法。

4.1　int 转 String

我们在第 1 章已经了解了无谓的 int 转 String 是一个耗时操作，因此需要尽量避免发生这种不必要的转化操作。如果实在需要这种转化，那么也有一定的优化空间。一种简单的情况是可以预先将一批 int 值转化为字符串：

```java
public static class CommonUtil{
  static int cacheSize = 1024;
  static String[] caches = new String[cacheSize];
  static {
    for(int i=0;i<cacheSize;i++){
      caches[i] = String.valueOf(i);
    }
  }
  public static String int2String(int data) {
    if (data < cacheSize) {
      return caches[data];
    } else {
```

```
        return String.valueOf(data);
      }
   }
}
```

CommonUtil 预先设置了 1024 个缓存，这个值需要根据业务系统来决定，大部分业务系统用 int 标识业务状态，1024 个已经足够，例子中的省份代码 provinceId 的值肯定不会超过 1024。int2String(int)方法会预先判断数据是否在缓存中，如果小于 1024，则直接返回 caches 对应的结果。如果没有，那么还是调用 String.valueOf(data)。我们可以写一个测试类来验证这种优化操作：

```
@BenchmarkMode(Mode.Throughput)
@Warmup(iterations = 3)
@Measurement(iterations = 3, time = 1, timeUnit = TimeUnit.SECONDS)
@Threads(1)
@Fork(1)
@OutputTimeUnit(TimeUnit.MILLISECONDS)
@State(Scope.Benchmark)
public class Int2StringTest {

   @Param({"1", "31", "65", "101", "103","4575"})
   int status = 1;

   @Benchmark
   public String int2String() {
      return String.valueOf(status);
   }
   @Benchmark
   public String int2StringByCache(){
      return CommonUtil.int2String(status);
   }
   //忽略其他代码
}
```

注解@Param 表示会按照@Param 列表中的每一个值进行一次测试，最终测试结果如下：

Benchmark	(status)	Score	Units
c.i.c.c.Int2StringTest.int2String	1	47558.357	ops/ms
c.i.c.c.Int2StringTest.int2String	31	41459.537	ops/ms
c.i.c.c.Int2StringTest.int2String	65	35328.434	ops/ms

c.i.c.c.Int2StringTest.int2String	101	35933.374	ops/ms
c.i.c.c.Int2StringTest.int2String	103	36264.790	ops/ms
c.i.c.c.Int2StringTest.int2String	4575	32577.845	ops/ms
c.i.c.c.Int2StringTest.int2StringByCache	1	305984.986	ops/ms
c.i.c.c.Int2StringTest.int2StringByCache	31	308501.818	ops/ms
c.i.c.c.Int2StringTest.int2StringByCache	65	303556.506	ops/ms
c.i.c.c.Int2StringTest.int2StringByCache	101	330672.766	ops/ms
c.i.c.c.Int2StringTest.int2StringByCache	103	326541.730	ops/ms
c.i.c.c.Int2StringTest.int2StringByCache	4575	33784.916	ops/ms

可以看到，数字在 1024 以内，使用 int2StringByCache 的性能几乎高出 int2String 一个数量级。

在第 2 章中提到过 int 的装箱也使用了缓存，JDK 提供配置来设置缓存大小，这个也是类似的原理。

4.2　使用 Native 方法

一个 Native Method 就是一个调用非 Java 代码的接口。一个 Native Method 是这样一个 Java 的方法：该方法由非 Java 语言实现，比如 C 语言，一般来说，Native 方法有着更好的性能。

最常用的 Native 方法有 System.arraycopy 方法，把源数组的内容复制到目标数组中。src 是字符串数组，通过 arraycopy 把内容复制到 dest 数组中，代码如下：

```
String src[] = new String[] { "hello", "java", "perforamce", "jmh" };
String dest[] = new String[src.length+1];
System.arraycopy(src, 0, dest, 0, 4);
//内容为 "hello"、"java"、"perforamce"、"jmh"、"!"
dest[4]="!";
```

System.identityHashCode 接收一个对象参数，返回该对象的 "hashCode"，这个 hashCode 与 Object.hashCode 的返回值一致，返回的是一个对象所在虚拟机地址的 int 格式。因此跳过调用现在的 hashCode 方法获取 Hash 值，有着较快的性能。可以参考如下例子来了解 java.util.IdentityHashMap：

```
//IdentityHashMapTest.java
IdentityHashMap<String,Object> map =new IdentityHashMap<>();
//字符串对象
String key = "xx";
//另外一个对象
```

```
map.put(new String("xx"),"a");
//另外一个对象
map.put(new String("xx"),"b");
map.put(key,"c");
//输出长度为 3
System.out.println("长度为"+map.size());
//输出 c
System.out.println("idenMap="+map.get("xx"));
```

读者可以将 IdentityHashMap 改为 HashMap 看一下输出结果。

4.3 日期格式化

JDK 提供了 SimpleDateFormat，用于将日期类型格式化成字符串，使用方式如下：

```
SimpleDateFormat sdf = new SimpleDateFormat("yyyy-MM-dd");
String str = sdf.format(new Date());
```

由于 SimpleDateFormat 并非是线程安全的，因此不能作为类变量使用，以下代码是错误的：

```
public class CommonUtil{
    static SimpleDateFormat sdf = new SimpleDateFormat("yyyy-MM-dd");
    public String foramtDate(Date d){
        //错误用法，SimpleDateFormat 是非线程安全的
        return sdf.format(d);
    }
}
```

错误原因的分析可参考 3.1 节中线程不安全的代码。

正确用法是每次调用 formatDate 都构造一个新的 SimpleDateFormat 对象，代码如下：

```
public class CommonUtil{
    static String dateFormat = "yyyy-MM-dd";
    public String formatDate(Date d){
        SimpleDateFormat sdf = new SimpleDateFormat(dateFormat);
        return sdf.format(d);
    }
}
```

这段正确代码的性能非常糟糕，构造 SimpleDateFormat 会像所有其他格式化工具和模板引擎那样预先编译格式化字符串到一种中间结构。查看 SimpleDateFormat.compile 方法，大约有 200 行"编译"代码。

对于任何编译和格式化工具，预编译成中间格式是提升性能非常好的办法，不用每次都解析，但第一次预编译确实非常耗时，比如把 JSP 编译成 Servlet，把 Java 源码编译成字节码，等等。

在笔者做的大部分系统和技术组件的调优过程中，性能压测后监控虚拟机，发现 SimpleDateFormat 的构造总会出现在热点中，日期格式化时有三种办法可以增强性能。

预先构造 SimpleDateFormat，放到 TheadLocal 中，代码如下：

```java
public class CommonUtil{
    private ThreadLocal<SimpleDateFormat> threadlocal = new ThreadLocal<SimpleDateFormat>(){
        public SimpleDateFormat initialValue(){
            SimpleDateFormat sdf = new SimpleDateFormat("yyyy-MM-dd");
            return sdf;
        }
    };

    public String formatDate(Date d){
      SimpleDateFormat sdf = getDateFormat();
      return sdf.format(d);
    }

    private SimpleDateFormat getDateFormat() {
      return threadlocal.get();
    }
}
```

foramtDate 方法会从 ThreadLocal 中取出一个已经编译好的 SimpleDateFormat，这样既保证了线程安全，又获得了高性能。

ThreadLocal 是线程相关的变量，在第 3 章介绍过 ThreadLocal。

JDK 8 提供了线程安全的 DateTimeFormatter，还可以这么做日期格式化：

```
DateTimeFormatter format = DateTimeFormatter.ofPattern("yyyy-MM-dd");
```

```
LocalDateTime now = LocalDateTime.now();
String str = format.format(now);
```

综合测试这三种日期格式化方法，formatThreadLocal 有较高的吞吐量，在笔者的机器上每毫秒格式化次数达到 7483；采用 JDK 8 的 DateTimeFormatter，每秒格式化次数也有 5596；最差的是使用传统的 SimpleDateFormat 方式，只有 1945 次。

```
Benchmark                                  Mode    Score     Units
c.i.c.c.DateFormatTest.format              thrpt   1944.438  ops/ms
c.i.c.c.DateFormatTest.formatJdk8          thrpt   5596.334  ops/ms
c.i.c.c.DateFormatTest.formatThreadLocal   thrpt   7483.014  ops/ms
```

4.4 switch 优化

在条件判断中，如果有较多分支的判断，那么 switch 语句通常比 if 语句的效率更高。if 语句会每次取出变量进行比较从而确定处理分支，而 switch 语句只需取出一次变量，然后根据 tableswitch 直接找到分支即可，代码如下：

```
public void testSwitch(){
    int c;
    switch(a){
      case 1:c=a;break;
      case 2:c=a;break;
      case 3:c=a;break;
      case 5:c=a;break;
      case 9:c=a;break;
    }
```

字节码如下：

```
public testSwitch()V
    ALOAD 0
    GETFIELD com/ibeetl/code/ch05/SwitchTest.a : I
    TABLESWITCH
      1: L0
      2: L1
      3: L2
```

```
        4: L3
        5: L4
        6: L3
        7: L3
        8: L3
        9: L5
        default: L3
    L0
    ...
    L3
    FRAME SAME
      RETURN
```

到目前为止，还没有讲字节码，这部分内容会在第 9 章中介绍。这里的 ALOAD 是虚拟机指令，参数 0 表示操作数栈的第一个对象，也就是 this。GETFIELD 是另外一个虚拟机指令，意思是取出 this.a 并放入操作数栈，等待 TABLESWITCH 指令调用。大部分虚拟机指令都会对操作数栈追加值，或者弹出一个值。

switch 代码被编译成 TABLESWITCH 指令，包含 1 到 9 个分支。与实际 Java 代码的 5 个分支不同，这是一个性能提升点，因为 TABLESWITCH 指令是按照类似数组一样的方式进行索引的。假设 a 的值为 1，则调到指令 L0 处；如果 a 的值为 2，则调到 L1 处；如果 a 的值为 3，则跳到 L2 处；如果 a 的值为 4，则调到 L3 处，L3 也是 default 分支的指令位置。

因此，switch 被编译成 TABLESWITCH，理论上有着最快的速度。

如果变量的范围过大，则使用 lookup switch 取代，我们将以上代码中的 case 9 改为 case 199，则生成的字节码如下：

```
    LOOKUPSWITCH
        1: L0
        2: L1
        3: L2
        5: L3
        119: L4
        default: L5
```

LOOKUPSWITCH 会逐个寻找分支，或者使用二分法查找分支。理论上性能相比于 TABLESWITCH 根据索引直接定位分支较慢。

可以运行 SwitchTest 类，比较三种条件语句的运行效率：

```
@Benchmark
  public void testTableSwitch(){
    int c;
    switch(a){
      case 1:c=a;break;
      case 2:c=a;break;
      case 3:c=a;break;
      case 5:c=a;break;
      case 9:c=a;break;
    }

}
@Benchmark
  public void testLookupSwitch(){
    int c;
    switch(a){
      case 1:c=a;break;
      case 2:c=a;break;
      case 3:c=a;break;
      case 5:c=a;break;
      case 119:c=a;break;

    }
}

@Benchmark
  public void testIf(){
    int c;
    if(a==1){
      c=a;
    }else if(a==2){
      c=a;
    }else if(a==3){
      c=a;
    }else if(a==5){
      c=a;
```

```
}else if(a==9){
    c=a;
}

}
```

输出如下，可以看到在分支较少的情况下，采用 if、LookupSwitch 或 TableSwitch 的性能都差不多，如果分支只有 2～5 个，那么使用 if 语句的运行速率是非常快的。

```
Benchmark                              Mode    Score        Units
c.i.c.c.SwitchTest.testIf              thrpt   665277.102   ops/ms
c.i.c.c.SwitchTest.testLookupSwitch    thrpt   607814.321   ops/ms
c.i.c.c.SwitchTest.testTableSwitch     thrpt   595059.694   ops/ms
```

在分支较多情况下，TableSwitch 的优势就比较明显了，运行 SwitchTest2.java，其分支有 14 个，TableSwitch 明显很快，if 则慢多了。

```
Benchmark                               Mode    Score        Units
c.i.c.c.SwitchTest2.testIf              thrpt   321577.724   ops/ms
c.i.c.c.SwitchTest2.testLookupSwitch    thrpt   503277.809   ops/ms
c.i.c.c.SwitchTest2.testTableSwitch     thrpt   686217.034   ops/ms
```

switch 实际上只支持 int 类型，JDK 8 支持 String 类型，是因为在编译的时候，使用 hashCode 来作为 switch 的实际值，代码如下：

```
switch(key){
    case "a":c=key;break;
    case "b":c=key;break;
    case "c":c=key;break;
    case "e":c=key;break;
    case "h":c=key;break;
}
```

在编译的时候，会编译成如下代码：

```
switch(key.hashCode()){
    case 97:{
        if(a.equals("a")){
```

```
            ...
        }
        break;
    }
    case 98:{
        if(key.equals("b")){
            ...
        }
        break;
    }
    //忽略其他代码
}
```

变量 a 是字符串，会取出其 hashCode 值作为 switch 的变量，当匹配到某个分支后，再使用 if 语句进一步判断变量是否是期望的值。因为 hashCode 值会重复，比如"Aa"和"BB"的 Hash 值都是 2112，所以遇到这种情况时，会编译成如下代码：

```
switch(key.hashCode()){
    case 2122:{
        if(key.equals("Aa")){
            ...
        }else if(key.equals("BB")){
            ...
        }
        break;
    }
        //忽略其他代码
}
```

因此，JDK 8 对于 switch 中使用 String 的方式还可以改进，可以忽略 equals 操作以提高效率，改进成如下代码：

```
switch(key.hashCode()){
    case 97:{ //a
      c= key;
      break;
    }
    case 98:{ //b
```

```
        c= key;
        break;
    }
    case 99:{    //c
        c= key;
        break;
    }
    case 101:{    //e
        c= key;
        break;
    }
    case 104:{    //h
        c= key;
        break;
    }
```

如果遇到有可能重复的 hashCode，则需要使用 if 语句进一步判断，比较两种方法的运行效率。运行 SwitchStringTest 方法，输出如下：

Benchmark	Mode	Score	Units
SwitchStringTest.testString2IntSwitch	thrpt	1351909.213	ops/ms
SwitchStringTest.testStringSwitch	thrpt	788393.258	ops/ms

优化后性能提高了 70%，如果 Key 值不是简单的单个字符，而是较为复杂的字符串，那么 equals 消耗的时间更长，因此复杂字符串的优化效果更为明显。

值得注意的是，这种优化方法省掉了 if 语句的进一步判断，不过有一个前提，就是 Key 的值是已知的，如果一个未知的 Key 与优化后的代码有相同的 hashCode，那么该 Key 本应该进入 default 分支进行处理，但却进入了 case 分支，这样会造成严重的后果。

4.5 优先使用局部变量

当存取类变量的时候，Java 使用虚拟机指令 GETFIELD 获取类变量，如果存取方法的变量，则通过出栈操作获取变量，GETFIELD 从 Heap 中取值，速度较慢，而出栈操作有较快的速度。因此在需要频繁操作类变量的时候，最好先赋值给一个局部变量。以下代码是一个简单的测试：

```
public class CharArrayTest {
    char[] array = "hello,this is effective java code...".toCharArray();
```

```java
    public int testGetField() {
        int count = 0;
        for (int i = 0; i < array.length; i++) {
            if (array[i] == 't') {
                count++;
            }
        }
        return count;
    }
}
```

array 是一个字符数组，为了测试效果更明显，需要设置一个较长的内容。testGetField 用于判断 array 包含多少个字母 t。这里 array 被定义为一个类的变量，每次循环比较都会使用此变量，如果改成局部变量，则代码如下：

```java
public void testLocalVariable() {
    int count = 0;
    //使用局部变量
    char[] locaArray = array;
    for (int i = 0; i < locaArray.length; i++) {
        if (locaArray[i] == 't') {
            count++;
        }
    }
}
```

使用 JMH 运行 CharArrayTest 测试，会发现 testGetField 和 testLocalVariable 的性能几乎是一样的，这是什么原因呢？尽管从 Heap 中获取类变量在理论上较慢，但由于 CPU 缓存的原因，并不是每次都需要从 Heap 中取出变量，有可能从 CPU 缓存中取出变量，因此在 JMH 测试中很难验证哪一个性能更好。

```
Benchmark                                Mode    Score       Units
c.i.c.c.CharArrayTest.testGetField       thrpt   69736.098   ops/ms
c.i.c.c.CharArrayTest.testLocalVariable  thrpt   71601.632   ops/ms
```

但在实际项目的代码中，并不是每次都会从 CPU 缓存中取出变量（比如，CPU 缓存中保存了其他变量），我们在 2.5 节分析过 String.replace 方法，便是迭代局部变量，避免使用 getfield 指令。

```java
public String replace(char oldChar, char newChar) {
  int len = value.length;
  int i = -1;
  char[] val = value; /* 避免使用 getfield 指令 */
  ...
}
```

ReplaceTest 代码测试了读取类变量和局部变量的性能区别，replaceByLocal 使用 String.replace 方法，而 replaceByGetField 直接使用类变量进行迭代。

replaceByLocal 方法的性能会更好：

Benchmark	Mode	Score	Units
c.i.c.c.ReplaceTest.replaceByGetField	thrpt	29516.138	ops/ms
c.i.c.c.ReplaceTest.replaceByLocal	thrpt	25117.313	ops/ms

4.6 预处理

预处理是指对于需要反复调用的代码，可以尝试提取出公共的只读代码块，处理一次并保留处理结果。反复调用的时候，直接引用处理结果即可，这样能避免每次都处理公共内容。

比如一个配置类 Config，其中有一个属性是黑名单列表，它是用逗号分隔的字符串，请求会检查调用方是否在黑名单里，如果在黑名单里，则拒绝方法，检测代码如下：

```java
String black = serviceConfig.getBlack();
Set<String> set = new HashSet<String>(Arrays.asList(black.split(",")));
boolean forbidAccess = set.contains(requestSource);
```

如果这段代码的调用量比较大，则可以将第二行代码优化一下，黑名单列表可以事先转化成 Set，不必每次判断的时候都构造 Set，代码如下：

```java
public class NewServiceConfig{
  String black = null;
  Set<String> blackSet = new HashSet<>();
  public NewServiceConfig(String black){
    this.black = black;
    this.blackSet.addAll(Arrays.asList(black.split(",")));
  }
```

```java
    public Set<String> getBlackSet() {
      return blackSet;
    }
  }
```

每次调用时可以使用以下代码进行判断：

```java
boolean forbidAccess = serviceConfig.getBlackSet().contains(requestSource);
```

通过 JMH 测试，可以看出优化后的性能大约是优化前的 20 倍：

```
Benchmark                             Mode      Score     Units
c.i.c.c.PreHandleTest.testGeneral     thrpt    4001.522   ops/ms
c.i.c.c.PreHandleTest.testPrefer      thrpt   94311.875   ops/ms
```

在微服务调用中，对象常常需要序列化 JSON、XML，系统之间的底层传输数据都是二进制格式的。这些数据有一部分是静态内容，比如 XML 标签、JSON 的 Key，没有必要每次都将这些字符串转码。序列化工具可以事先把这部分不变的内容预先处理，以提高性能。

2009 年，笔者在竞标某通信集团核心系统消息中间件方案的时候，就通过这种预处理办法提高了生成 XML 报文及序列化报文的性能。

再比如模板引擎，在渲染模板的时候，静态内容转码占据了模板渲染消耗的大部分时间。可以事先把模板静态内容转为 byte[]。以下是 Beetl 模板引擎实现静态文本渲染的伪代码：

```java
public final class StaticTextByteASTNode extends Statement {
  //静态文本的索引
  int textIndex;
  public StaticTextByteASTNode(int textIndex, GrammarToken token) {
    super(token);
    this.textIndex = textIndex;
  }

  @Override
  public void execute(Context ctx) {
    try {
      //将静态文本事先转化为 byte[]，存放在 staticTextArray 中
      ctx.byteWriter.write((byte[]) ctx.staticTextArray[textIndex]);
    } catch (IOException ex) {
```

```
      throw be;
    }
  }
}
```

StaticTextByteASTNode 代表模板的静态文本,将这部分内容实现的编码保存到 staticTextArray 数组中,这样 I/O 输出模板的静态部分有着较高的性能。

4.7 预分配

JDK 中存在大量预先分配空间的代码,比如 StringBuilder,会初始分配一段空间,而不必在每次调用 append 时才分配:

```
public StringBuilder() {
  super(16);
}
```

StringBuilder 的父类会初始化一个 16 字节长的数组:

```
AbstractStringBuilder(int capacity) {
  value = new char[capacity];
}
```

当调用 append 方法的时候,会先检测分配的空间是否足够,如果足够,则不需要增加空间。比如,调用 append(char c)方法:

```
@Override
public AbstractStringBuilder append(char c) {
  ensureCapacityInternal(count + 1);
  value[count++] = c;
  return this;
}
```

count 表示当前使用的长度,ensureCapacityInternal 方法用于确保新增加的内容能放到 value 数组中,如果预先分配的缓冲区大小足够,则不需要任何操作。如果不够,则会分配一个更大的缓存区,并且把以前的内容复制到新的缓冲区中。

//ensureCapacityInternal 调用 expandCapacity 进行扩容

```
void expandCapacity(int minimumCapacity) {
  int newCapacity = //计算长度
  value = Arrays.copyOf(value, newCapacity);
}
```

Arrays.copyOf 方法会按照期望的 newCapacity 创建一个新的数组，并调用 System.arraycopy 把 original 内容复制到新的数组中。

```
public static char[] copyOf(char[] original, int newLength) {
  char[] copy = new char[newLength];
  System.arraycopy(original, 0, copy, 0,
                   Math.min(original.length, newLength));
  return copy;
}
```

MessagePack 是一个二进制序列化工具，采用另外一种扩容办法，在需要扩容的时候，会创建一个新的 byte[]，把新增内容放到新的 byte[] 中，MessagePack 会像链表那样维护多个 byte[] 以避免内容复制。然而，MessagePack 返回的序列化结果是 byte[]，还需要一块连续空间。

除了 StringBuilder，JDK 还有大量预分配的类，比如集合类框架，在使用的时候也需要预先分配一个空间以提高性能，在第 1 章中有如下例子：

```
public Map<CityKey,Area> buildArea(List<Area> areas){
  //预先分配一个空间
  Map<CityKey,Area> map = new HashMap<>(areas.size());
  ...
  return map;
}
```

笔者在优化某互联网公司业务系统的时候，把所有集合的相关操作都预先分配合理的空间，使得该业务系统的性能提高了约 1%。

4.8　预编译

在 4.3 节中，SimpleDateFormat 会预先把格式化字符串"编译"成一种中间格式，JDK 中有大量的类都会采用这种预先编译技术，以提高运行时的性能。下表是 JDK 中预编译技术的一些类。

类	说 明	举 例
SimpleDateFormat	日期格式化	yyyy-MM-dd
DecimalFormat	数组格式化	##.#
MessageFormat	文本格式化	hello,{0}
Pattern	正则表达式	(\\D*)(\\d+)(.*)

当涉及格式化、序列化的工具类时，预编译成中间格式是一种提高性能的办法，比如在优化一个日志输出框架的时候就采用了这种办法。

一个日志框架会按照指定格式输出参数内容，例如：

```
String format = "result a = {} ,b={} ";
int para1 = 12;
int para2 = 15;
log.message(format,para1,para2);
```

调用上述方法，期望得到的日志如下：

```
result a= 12,b=15
```

在 meesage 方法被调用的时候，会解析 format 中出现的符号"{}"，按照顺序替换成传入的参数，代码如下：

```
//MeesageFormatTest
    protected String msgFormat(Writer out,String pattern, Object... args) throws IOException {
        int index = -1;
        int start = 0;
        int varIndex = 0;
        while ((index = pattern.indexOf("{}", start)) != -1) {
          out.write(pattern.substring(start, index));
          start = index + 2;
          out.append(String.valueOf(args[varIndex++]));
        }
        //剩余部分的输出
        if (start < pattern.length()) {
          out.append(pattern.substring(start));
        }
        return out.toString();
    }
```

这段代码很简单，通过 String.indexOf 找到{}，然后依次替换成变量名字。代码没有考虑各种复杂情况，比如转义符号"\"后的{}不应该替换成变量，而应该原样输出。

这段代码还有较大的优化空间，比如不必每次都解析 format，可以将 format 转化成中间格式，把 format 看成由一系列 Token 组成的 Template。Token 包含 StaticToken 和 VarToken，因此上面的 format 字符串可以按如下方式构造：

```
StaticToken("result a=")  VarToken(0)  StaticToken(" ,b=")  VarToken(1)
StaticToken(" ")
```

StaticToken 和 VarToken 都实现了 Token 接口的 render 方法，每个 Token 负责各自的输出，比如 StaticToken 输出静态文本：

```
public interface Token {
  public void render(Context ctx) throws IOException;
}
```

Context 类代表上下文，目前有两个属性：

```
public class Context {
  Writer out;
  Object[] args;
}
```

out 表示输出，args 表示模板的输入参数。

StaticToken 类用于输出静态文本：

```
public class StaticTextToken implements  Token {
  private String text;
  public StaticTextToken(String text){
    this.text = text;
  }
  @Override
  public final void render(Context ctx) throws IOException {
    ctx.getWriter().append(text);
  }
}
```

VarToken 类用于输出变量：

```java
public class VarToken implements Token {
  int varIndex = 0;
  public VarToken(int varIndex){
    this.varIndex = varIndex;
  }
  @Override
  public final void render(Context ctx) throws IOException {
    Object obj = ctx.getArgs()[varIndex];
    ctx.getWriter().append(String.valueOf(obj));
  }
}
```

可以构造一个 Template 类，包含 tokens 数组：

```java
public class Template {
    List<Token> tokens;
    public Template(List<Token> tokens){

      this.tokens = tokens;
    }
    public String render(Writer out,Object... args) throws IOException {
      Context ctx = new Context(out,args);
      for(Token token:tokens){
        token.render(ctx);
      }
      return out.toString();
    }
}
```

运行 MessageFormatTest 类，在笔者的机器上采用预编译方式，和传统方式相比的结果如下：

Benchmark	Mode	Score	Units
c.i.c.c.MessageFormatTest.format	thrpt	2991622.741	ops/s
c.i.c.c.MessageFormatTest.templateFormat	thrpt	4012324.889	ops/s

通过预编译方式，性能提升了 30% 左右，虽然这是目前优化后性能提升最少的，但模板实际的应用场景远比这个复杂，如果支持转义符号，那么传统方式还需要再向前看是否有转义符号，如果有，则认为{}是文本的一部分。传统方式在应对越来越多的格式化需求时，性能会越

来越糟糕,而预编译方式则保持了稳定的性能。

很多格式化、序列化工具都会采用类似这种预编译的方式以提升性能,比如对象的属性克隆功能,开源工具为了保证高效赋值,并没有采用反射。以 CGLIB 的 BeanCopier 为例,它会在运行期间生成一个目标类的克隆工具类,这就跟我们手写 Java 代码进行克隆是一样的,因此它在克隆对象上的性能远高于 Apache 的 BeanUtils 中的 copyProperties 方法,MapStruct、Selma 工具在编译期生成 Java 代码来实现克隆功能,同样有超高的性能。

4.9 预先编码

在第 2 章描述字符串构造时了解到把字符串转为 byte 需要消耗一定的 CPU 资源(这种常用在微服务中,把内容序列化成二进制格式发送到微服务系统),如果每次都需要把静态(不变)的文本转成 byte[],显得有点浪费 CPU 资源,因此,可以预先将静态文本转化为 byte[]。例如,以下是一个简单的 XML 报文:

```
<product>xxxx</product>
```

如果要将 XML 报文序列化成二进制数组,通常的方式如下:

```
@Benchmark
public byte[] getByte() throws Exception {
  StringBuilder sb = new StringBuilder();
  sb.append("<product>").append(name).append("</product>");
  return sb.toString().getBytes("UTF-8");
}
```

考虑到字符串常量可以预先转成字节存储起来,因此可以使用专有的类 ProudctXML 来序列化此 XML 报文:

```
@Benchmark
public byte[] getByteByPreEncode() throws Exception {
  return ProudctXML.getBytes(name);
}

static class ProudctXML{
  //预先编码
  static byte[] productStart = getBytes("<product>");
  static byte[] productEnd = getBytes("</product>");
```

```java
//获取XML报文的二进制数组
public static byte[] getXML(String productName) throws IOException {
  ByteArrayOutputStream os = new ByteArrayOutputStream();
  os.write(productStart);
  os.write(productName.getBytes("UTF-8"));
  os.write(productEnd);
  return os.toByteArray();
}

private static byte[] getBytes(String content){
  try{
    return content.getBytes("UTF-8");
  }catch (Exception e){
    throw new IllegalStateException(e);
  }
 }
}
```

通过 JMH 测试，性能对比如下：

Benchmark	Mode	Score	Units
c.i.c.c.PreEncodeTest.getByte	avgt	124.011	ns/op
c.i.c.c.PreEncodeTest.getByteByPreEncode	avgt	54.389	ns/op

4.10 谨慎使用 Exception

抛出异常在 Java 中有相当大的代价，运行 TryCatchTest 测试，异常和正常返回结果两种情况的性能差别非常大：

```java
@Benchmark
public boolean catchException(){
  try{
    business(status);
    return true;
  }catch(Exception ex){
    return false;
  }
}
```

```java
@Benchmark
public boolean errorCode(){
  int retCode = businessWitErrorCode(status);
  return retCode==SUCCESS;
}
```

business()会抛出一个 IllegalArgumentException 异常：

```java
protected  void business(int input){
  if(input==0){
    throw new IllegalArgumentException("模拟业务抛出异常");
  }
  //模拟正常
  return ;
}
```

而 businessWitErrorCode 方法通过错误码表示调用异常：

```java
protected  int businessWitErrorCode(int input){
  if(input==0){
    return FAILURE;
  }
  //模拟正常
  return SUCCESS;
}
```

通过 JMH 测试，会有如下输出：

```
Benchmark                              Mode    Score        Units
c.i.c.c.TryCatchTest.catchException    thrpt   593.377      ops/ms
c.i.c.c.TryCatchTest.errorCode         thrpt   997708.623   ops/ms
```

可以看到，通过返回异常码比抛出异常的性能高出 4 个数量级，因此我们应该避免把正常的返回错误结果使用异常来代替。

抛出异常之所以会导致性能降低，是因为 Java 代码构造异常对象时需要一个填写异常栈的过程。在 Throwable 类中有一个方法：

```java
    public synchronized Throwable fillInStackTrace() {
```

```java
        if (stackTrace != null ||
            backtrace != null /* Out of protocol state */ ) {
            fillInStackTrace(0);
            stackTrace = UNASSIGNED_STACK;
        }
        return this;
    }
```

fillInStackTrace 是一个 Native 方法，会填写异常栈。可想而知，这是一个异常耗时的操作，优化办法是自定义一个异常，重载 fillInStackTrace 方法，不执行 fillInStackTrace 操作。

```java
    public class LightException extends  RuntimeException{

       public LightException(String msg){
         super(msg);
       }
       public synchronized Throwable fillInStackTrace() {
         this.setStackTrace(new StackTraceElement[0]);
         return this;
       }
    }
```

使用 LightException 代替 IllegalArgumentException，性能有了明显的改善，提高了两个数量级。

Benchmark	Mode	Score	Units
c.i.c.c.TryCatchTest.catchException	thrpt	38174.441	ops/ms
c.i.c.c.TryCatchTest.errorCode	thrpt	1049694.073	ops/ms

抛出这样的异常，性能仍然不理想，因为虚拟机对异常的捕捉和处理也是非常耗时的操作。

默认情况下，虚拟机会对某个方法频繁地抛出某些异常做 Fast Throw 优化。如果检测到在代码中的某个位置连续多次抛出同一类型的异常，则决定用 Fast Throw 方式来抛出异常，异常栈信息不会被填写。这种异常抛出的速度非常快，因为不需要在堆里分配内存，也不需要构造完整的异常栈信息。以下异常会使用 Fast Throw 进行优化：

- NullPointerException。
- ArithmeticException。

- ArrayIndexOutOfBoundsException。
- ArrayStoreException。
- ClassCastException。

这种优化方式虽然提高了系统性能，但会导致异常栈消失，从而无法快速定位到错误代码，我们不得不找到更早的日志文件（也许已经被压缩处理了），查看是否包含最初的异常栈。曾经一个线上系统因为这种空指针异常栈消失而导致巨大损失。

为了避免这种异常栈优化，可以通过虚拟机参数-XX:-OmitStackTraceInFastThrow 来忽略异常优化。

4.11 批处理

一个典型的批处理优化是 JDBC 的批处理操作，可以极大地提高性能，比如批量新增用户：

```
public void testSqlInjectSafeBatch(List<Employee> users){
  String sql = "insert into employee (name, city, phone) values (?, ?, ?)";
  Connection conn = null;
  PreparedStatement pstmt = null;
  conn = dataSource.getConnection();
  pstmt = conn.prepareStatement(sql);
  for (Employee user:users) {
    pstmt.setString(1,user.getName());
    pstmt.setString(2,user.getCity());
    pstmt.setString(3,user.getPhone());
    pstmt.addBatch();
  }
  //批量执行
  pstmt.executeBatch();
   ...//忽略异常处理，关闭数据库连接代码
}
```

其他批处理的典型应用如下：

- Redis 提供了 pipeline（管道）功能，一次性将命令传递给 Redis 服务器，减少了网络多次请求和响应的开销。
- MongoDB 的 bulkWrite()方法允许混合批量添加、更新和删除操作。

微服务调用时，请求批量发送给服务端，比如商品搜索结果页面包含非常多的商品，需要

显示每个商品是否免邮。如果每次传入一个商品 ID 给运费系统，则系统开销较大，可以一次性传递 30 个商品 ID 给运费系统。这样不仅减少了网络开销，也减少了微服务处理请求的开销。数据库批处理需要注意的问题是，有的数据库对批量数据有限制，因此最好的办法是分批处理，比如每次处理 1000 条记录。另外，对于有状态的微服务调用，批处理并不能提高性能，比如物联网的设备控制服务，单个设备命令还必须路由到指定的设备控制服务中才能被处理。

4.12 展开循环

循环是一种常见的代码，可以通过展开循环，减少循环次数，从而优化性能，代码如下：

```
List tasks = ...;
initTask(tasks)
for(int i=0;i<tasks.length;i++){
    tasks[i].execute();
}
```

假设代码需要循环 8 次调用，在极端情况下，可以通过展开循环，将循环次数调整为 4 次，代码如下：

```
List<Task> tasks = ...;
initTask(tasks)
for(int i=0;i<tasks.length;){
    tasks[i++].execute();
    tasks[i++].execute();
    tasks[i++].execute();
    tasks[i++].execute();
}
```

如果 tasks 不是 4 的倍数，则需要构造一些空任务来保证循环展开不会出错，可以在 initTask 方法中实现，补充一下空任务：

```
public void initTask(List tasks){
    int len = tasks.length;
    int mode = 4-size%4;
      for(int i=0;i<mode;i++){
          tokens.add(emptyTask);
      }
}
```

emptyTask 是一个什么都不做的任务，主要用来补足任务总数的长度为 4 的倍数，以方便循环展开。

通常这种循环展开能实现性能提升，以 4.8 节中的预编译为例，原来的 Template 类会循环调用 Token：

```java
public final String render(Writer out,Object... args) throws IOException {
    Context ctx = new Context(out,args);
    List<Token> locals = tokens;
    int size = locals.size();
    for(int i=0;i<size;i++){
        Token token = locals.get(i);
        token.render(ctx);
    }

    return out.toString();
}
```

可以调整为：

```java
public final String render(Writer out,Object... args) throws IOException {

  Context ctx = new Context(out,args);
  List<Token> locals = tokens;
  int size = locals.size();
  for(int i=0;i<size;){
    locals.get(i++).render(ctx);
    locals.get(i++).render(ctx);
    locals.get(i++).render(ctx);
    locals.get(i++).render(ctx);
  }

  return out.toString();
}
```

为了保证 locals 刚好是 4 的倍数，Template2 构造函数做了调整：

```java
public Template2(List<Token> tokens){
  this.tokens = tokens;
  int size = tokens.size();
  int mode = 4-size%4;
  for(int i=0;i<mode;i++){
    tokens.add(emptyToken);
  }
}
```

通过循环展开，运行 MessageFormatTest，性能测试结果如下（template2Format 方法表示循环展开）：

```
Benchmark                                         Mode    Score        Units
c.i.c.c.MessageFormatTest.template2Format         thrpt   4454064.834  ops/s
c.i.c.c.MessageFormatTest.templateFormat          thrpt   4012324.214  ops/s
```

可以看到，减少循环次数还是提高了少量性能。在有些情况下，如果已知循环次数较少，那么甚至可以考虑去掉 for 循环来实现优化。一个累加操作如下：

```java
@Benchmark
public int testFor(){
  int total =0;
  int len = a.length;
  for(int i=0;i<len;i++){
    total+=a[i];
  }
  return total;
}
```

如果数组 a 在大多数情况下只有 1 个或 2 个，则可以改成如下内容：

```java
@Benchmark
public int testForMerge(){
  int total =0;
  if(a.length==1){
    total = total +a[0];
```

```
    return total;
  }else if(a.length==2){
    total = total+a[0]+a[1];
    return total;
  }
  return testFor();


}
```

消除循环后，性能也略有提高，每次操作只需要 1.519 纳秒：

```
Benchmark                         Mode   Score    Units
c.i.c.c.ForRemove.testFor         avgt   2.465    ns/op
c.i.c.c.ForRemove.testForMerge    avgt   1.519    ns/op
```

4.13　静态方法调用

在 Java 中，实例方法需要维护虚方法表（virtual method table）以支持多态，相比于静态方法，调用实例方法会有额外的查询虚方法表的开销。在下面的代码中，instanceCall 调用了实例方法，而 staticCall 调用了静态方法：

```
@Benchmark
public void instanceCall(){
  util.call();
}

@Benchmark
public void staticCall(){
  CommonUtil.staticCall();
}

static class CommonUtil{
  public  void call(){
  }
  public static void staticCall(){

  }
}
```

性能测试结果如下：

```
Benchmark                               Mode      Score       Units
c.i.c.c.StaticMethodCall.instanceCall   thrpt   1751021.010   ops/ms
c.i.c.c.StaticMethodCall.staticCall     thrpt   2612071.922   ops/ms
```

JVM 使用 INVOKEVIRTUAL 指令调用实例方法，从虚方法表中找到调用入口，使用 INVOKESTATIC 指令调用静态方法，静态方法即表示调用入口。以上两个调用的字节码分别如下：

```
INVOKEVIRTUAL com/ibeetl/code/ch04/StaticMethodCall$CommonUtil.call ()V
INVOKESTATIC com/ibeetl/code/ch04/StaticMethodCall$CommonUtil.staticCall ()V
```

()v 表示方法签名，参数列表为空，返回类型为 Void，代表 void。关于虚方法调用，可以参考第 8 章。

4.14　高速 Map 存取

EnumMap 是键值为枚举类型的专用 Map 实现，与 HashMap 相比，有较快的存取速度。以下是一个网关返回对象 Result 的状态属性，其是一个枚举类：

```java
public static  enum Status {
    SUCCESS(1,"成功"),FAIL(2,"处理失败"),DEGRADE(98,"成功降级"),UNKOWN(99,"未知异常");

    private int code;
    String msg;
    Status(int code,String msg){
        this.code = code;
        this.msg = msg;
    }

    public int getCode() {
        return code;
    }

    public String getMsg() {
        return msg;
    }
}
```

定义微服务网关的返回对象时，应该尽量使用 Java 自带类型，以避免各种序列化和反序列化问题。网关不返回此枚举值，而是返回 msg 字段，因此可以构造一个 EnumMap, Key 为 Status 枚举类型，Value 为 Status.msg 属性。

```
Map<Status,String> enumMap =null;
private void initEnumMap(){
  enumMap = new EnumMap<Status,String>(Status.class);
  for(Status status:Status.values()) {
    enumMap.put(status,status.msg);
  }
}
```

构造 EnumMap 的时候，EnumMap 内部实际上通过一个数组保存了所有的枚举值，索引是枚举的 ordinal 的值。当根据 Enum 来操作 EnumMap 时，只需要先调用 ordinal，得到其索引，然后直接操作数组即可。操作一维数组有着最快的速度。

很多 Key-Value 的使用都可以转化为根据索引对数组的存取，例如，C 语言操作的是变量名，但实际上还是根据指针来获取内存中的值。Beetl 模板语言对变量的访问也不像其他脚本语言那样，通过变量名访问 Map 来获取其值，而是在编译期间就为这个变量分配好了索引值，所有变量都保存在一个一维数组中。这样的存取方式相比于 Map 存取，有着十倍以上的性能提升。

以下是一段脚本语言：

```
var a = 1;
var b = 2+a;
```

有些语言引擎会翻译成类似以下 Java 代码：

```
context.put("a",1);
context.put("b",context.get("a")+2);
```

这里的 context 是一个 Map。在 Map 中通过 Key 存取 Value 值尽管速度很快，但 Beetl 还是在解析脚本语言的时候给变量设置了数组所在的索引，因此以上脚本在 Beetl 中翻译如下：

```
Object[] vars = context.vars;
vars[0] =1 ;
vars[1] = vars[0]+2
```

这里为变量 a、b 分别设置了在变量表中的索引（0 和 1）。

笔者曾优化过一个电商系统的基础组件，该电商系统每天调用这个组件的次数高达万亿次以上。这个组件用来统计方法调用的时长，收集一段时间后，定期发送到分析系统，用于查找和分析方法的性能，其中有一部分代码以调用时长分类，记录调用次数：

```java
Watch watch = Watch.instance("orderByWx"); //初始化一个监控指标
//记录一次
Profile.add(watch.endWatch());
```

Watch 类的定义如下：

```java
public class Watch {
  String key;
  long start;
  long millis =-1;
  private Watch(String key){
    this.key = key;
    this.start = System.nanoTime();
  }
  public static Watch instance(String key){
    return new Watch(key);
  }

  public Watch endWatch(){
    millis = millisConsume();
    return this;
  }

  /**
   * 返回方法调用消耗的毫秒数
   * @return
   */
  private long millisConsume(){
    return  TimeUnit.NANOSECONDS.toMillis(System.nanoTime()-start);
  }

}
```

Watch 的 key 属性记录了调用类型，如订单调用、商品查询信息等，可以为任意值，start

属性记录了调用时的时间点，millis 会在调用 endWatch 后记录调用消耗的毫秒数。

Profile 类用来记录监控信息，并通过其他后台线程发送到性能分析中心。下面的例子做了一定的简化，只呈现保存部分：

```java
public class Profile {
  //调用时长和调用次数
  static Map<Integer, AtomicInteger> countMap = new ConcurrentHashMap<>();
  /**
   * 对调用时间计数
   * @param watch
   */
  public static void addWatch(Watch watch){
    int consumeTime = (int)watch.millis;
    AtomicInteger count  = countMap.get(consumeTime);
    if(count==null){
      count = new AtomicInteger();
      AtomicInteger old  = countMap.putIfAbsent(consumeTime,count);
      if(old!=null){
        count = old;
      }
    }
    count.incrementAndGet();
  }

}
```

Profile 会初始化一个 ConcurrentHashMap 用于计数，Key 为 Integer 类型，表示调用时长，Value 为 AtomicInteger，用来计数，每次调用都会自增一个。

Profile 的性能有一点优化空间，从业务角度考虑，大部分需要监控的方法或代码块的执行时间并不长，假设不超过 32 毫秒（这是一个假设值，根据系统运维统计分析后得出，电商系统很少有超过 32 毫秒的调用），则可以考虑用一个长度为 32 的数组来存放 32 毫秒以内的所有计数（如果超过 32 毫秒，那么再沿用以前的方法）：

```java
static Map<Integer, AtomicInteger> countMap = new ConcurrentHashMap<>();
static final int MAX  = 32;
//保存消耗时间为 32 毫秒以内的调用次数
static AtomicInteger[] counts = new AtomicInteger[MAX];
```

```
static{
    for(int i=0;i<MAX;i++){
        counts[i] = new AtomicInteger();
    }
}

/**
 * 对调用时间计数
 * @param watch
 */
public static void addWatch(Watch watch){
    int consumeTime = (int)watch.millis;
    if(consumeTime<MAX){
        counts[consumeTime].incrementAndGet();
        return ;
    }
    AtomicInteger count = countMap.get(consumeTime);
    //原有的Profile.addWatch逻辑，在此忽略

}
```

新完善的代码使用 counts 数组记录 32 毫秒以内的调用次数，因此当 addWatch 被调用的时候，先判断 millis 是否小于 32 毫秒，如果是，则直接用数组获取计数器，然后自增。否则沿用以前的逻辑。

优化后，通过 JMH 测试（com.ibeetl.code.ch04.WatchTest），发现性能略有提升，输出如下：

```
Benchmark                        Mode    Samples       Score    Units
c.i.c.c.WatchTest.better         thrpt        20   16447.171    ops/ms
c.i.c.c.WatchTest.general        thrpt        20   11566.545    ops/ms
```

优化后性能提高了 40%，尽管不如本书其他例子性能提升得那么明显，但考虑到这是一个基础工具，性能提升会对所有系统都有帮助。实际上，优化性能监控工具后，对某些业务系统有 5%的性能提升。对于拥有数十万台服务器的大型电商系统，这个量级的性能提升还是有意义的。

高性能工具 RelectASM 也使用了类似技术来提高性能，把通过方法名调用方法改成通过方法编号（一个 int 值）来调用方法。Netty 工具中的 FastThreadLocal 也通过类似技术得到了比 ThreadLocal 更好的性能。Beetl 也使用了类似的思想，把通过变量名称访问变量值改成通过为变量分配的索引值来快速访问变量。RelectASM 和 Beetl 技术可以参考第 5 章。

4.15 位运算

Java 的位运算非常高效,可以使用位运算代替部分算数运算以提高性能。例如最常用的判断奇数:

```
int  a = 111;
System.out.print((a & 1)==1);
```

乘以 2 或除以 2 也可以使用位运算:

```
int  a = 111;
//右移1位,相当于除以2
System.out.println(a>>1);
//左移1位,相当于乘以2
System.out.println(a<<1);
```

在 Java8 的 Integer 中,也使用了位运算来实现 int 转字符串:

```
//r=i-q*10 优化为如下内容
r = i - ((q << 3) + (q << 1));
//q=i/10 优化为如下内容
q = (i * 52429) >>> (16+3);
```

这里的(i * 52429) >>> (16+3)相当于 i*0.1000000003,因此对于 i 较小的数据,可以认为两者是相等的。

直接使用除法运算 i/10 与位移运算(i * 52429) >>> (16+3)的性能对比如下:

Benchmark	Mode	Samples	Score	Score error	Units
c.i.c.c.BitTest2.bit	avgt	5	0.669	0.031	ns/op
c.i.c.c.BitTest2.general	avgt	5	1.251	0.560	ns/op

在计算机中,使用除法是相对耗时的操作,所以在 Java 的 Integer 中,巧妙使用位移代替了除法。另外一个例子是在 HashMap 源码中,根据 Hash 值确定对象应该放到桶中的位置。

假设桶的定义是 Node<K,V>[] tab,其长度为 n=tab.length,则可以使用取余来确定位置,例如:

```
int hash = hash(key);
```

```
Node<K,V> first = tab[hash%n]
```

但在源码中，使用了位移操作来确定位置：

```
Node<K,V> first = tab[(n - 1) & (hash =  hash(key) )])
```

因为 HashMap 中的容量都是 2 的幂次，因此 2^n-1 都是以 11111 结尾的，比如 32 的二进制值是 00100000，31 的二进制值是 00011111，16 的二进制值是 00010000，15 的二进制值是 00001111，当长度一定是 2^n 时，tab[i = (2^n-1) & hash] == tab [i=(hash%2^n)]。

比如桶长度为 2^4，Hash 值为 99（二进制值是 01100011），99/16=6，99%16=3，可以使用位移方式实现，即 01100011 右移 4 位，剩下的为 0110，结果为 6，移出的 011 即余数 3。因为 16-1 的二进制值是 00001111。Java 通过直接（16-1)&99 来保留移出的位数，从而得到高效算法。

位运算的性能比除法和余数计算高一个数量级。

关于位运算的更多知识，可以参考 Henry S.Warren,Jr.编著的《算法心得》。

4.16 反射

动态获取对象的属性（或者是设置对象属性）是大部分 Java 框架需要的一个功能，比如 Dao 框架、JPA 或 MyBatis，都需要将根据 JDBC 查询返回的结果集赋值到目标对象上。Jackson 的 JSON 工具识别 JSON 字符串中的 Key，并赋值 Value 到对象相应的属性上。微服务系统和各种序列化协议，如 MessagePack、Kyro、Hessian、FST 等也需要通过反射完成序列化和反序列化。通常来说，框架需要实现动态对象的两个基本方法，定义如下：

```
public interface ReflectTool {
  /**
   * 获取对象 target 的指定属性的值
   * @param target
   * @param attr
   * @return
   */
  public Object getValue(Object target,String attr);

  /**
   * 设置对象 target 的属性，attr 是属性名，value 是属性值
   * @param target
   * @param attr
```

```
 * @param value
 */
public void setValue(Object target,String attr,Object value);
}
```

限于篇幅，本节讨论最快的实现 getValue(Object target,String attr)的方法。设定需要反射调用的对象是 User，定义如下：

```
public class User {
  private String  name;
  public String getName() {
    return name;
  }
  public void setName(String name) {
    this.name = name;
  }
}
```

如果知道对象类型，则可以直接访问其属性，例如 UserDirectAccessTool：

```
public class UserDirectAccessTool  implements ReflectTool{
  @Override
  public Object getValue(Object target, String attr) {
    //前提是知道传入的对象是 User 对象
    return ((User)target).getName();
  }
}
```

遗憾的是，我们设定的条件是不知道对象类型，也不可能有这样的预先编译好的 UserDirectAccessTool 类（在第 9 章中，在运行时会生成一个这样的类）。

最常规的办法是使用 Java 反射框架 java.lang.reflect：

```
public class JavaRelectTool implements  ReflectTool {

  Object[] EMPTY_PARA = new Object[]{};
  Class[] EMPTY_CLASS = new Class[0];
  @Override
  public Object getValue(Object target, String attr) {
```

```
    String methodName = buildGetterName(attr);
    try{
      Method method = target.getClass().getMethod(methodName,EMPTY_CLASS);
      Object value = method.invoke(target,EMPTY_PARA);
      return value;
    }catch(Exception ex){
      throw new IllegalArgumentException(ex);
    }

  }

  private String buildGetterName(String attr){
    //根据属性名得到 getter 方法
    return "get"+Character.toUpperCase(attr.charAt(0))+attr.substring(1);
  }
}
```

buildGetterName 方法用于获取属性对应的方法，比如属性名是 name，那么对应的获取其值的方法名是 getName，buildGetterName 会把属性名的首字母转大写，并加上前缀 get。

buildGetterName 提供了一个简单的实现，实际上属性名转方法名的实现复杂得多。可以参考 JavaBean 规范了解属性名和方法对应的关系。

使用反射的第一步是得到方法的定义，用 Method 对象表示方法的定义，targetClass.getMethod(methodName,EMPTY_CLASS)用于获取指定方法名的 Method，methodName 是方法名字，EMPTY_CLASS 是一个空的 Class 数组，表示目标方法是无参数的。这里我们获得了 getName()方法的定义。

在获得 Method 方法后，可以使用其 Invoke 方法，传入目标对象及方法参数，即可完成反射调用。

```
//等同于 user.getName()
Object value = method.invoke(target,EMPTY_PARA);
```

通过反射获取 Method 是一个耗时操作，也可以预先保存 Method，声明一个 Map 作为缓存：

```
Map<Class, Map<String,Method>> caches = new ConcurrentHashMap<>();
```

具体内容可以参考本书附带的例子 CachedJavaRelectTool。

JDK 7 提供了 MethodHandle，这是一个更加底层反射调用的机制，代码如下：

```java
@Override
public Object getValue(Object target, String attr) {
  //得到 getName 方法的 MethodHandle，实际性能测试时，可以类似 CachedJava
  //RelectTool 那样缓存 handle 以提高性能
  MethodHandle handle = getMethodHandler(target.getClass(),attr);
  try{
    Object value = handle.invokeExact(target);
    return value;
  }catch(Throwable ex){
    throw new IllegalArgumentException(ex);
  }
}

public MethodHandle getMethodHandler(Class target,String attr) {
  //定义方法的返回值和入参
  MethodType mt = MethodType.methodType(String.class);
  String methodName = buildGetterName(attr);
  MethodHandle mh = null;
  try {
    //查找方法句柄
    MethodHandle orginalMh = MethodHandles.lookup().findVirtual(target, methodName, mt);
    //适配，mh 调用的输出都是 Object
    mh = orginalMh.asType(MethodType.methodType(Object.class, Object.class));
  } catch (NoSuchMethodException | IllegalAccessException e) {
    throw new IllegalArgumentException(e);
  }
  return mh;
}
```

限于篇幅，JDK 的反射和 MethodHandle 的使用不再详细讲解，可以参考《Java 核心技术》。

以上三种获取属性的方法在 ReflectTest 中进行 JMH 测试，性能对比如下：

```
Benchmark                            Mode    Score    Units
c.i.c.c.ReflectTest.direct           avgt    3.259    ns/op
c.i.c.c.ReflectTest.methodHandle     avgt    27.258   ns/op
```

```
c.i.c.c.ReflectTest.reflect        avgt     19.624    ns/op
```

可以看到反射调用相比直接访问慢得多,而 JDK 的 MethodHandle 又比反射调用慢一些,直接访问是性能最好的。

还有两种效率非常高的办法,一种是通过字节码动态生成类似 UserDirectAccessTool 的工具(在第 9 章中说明),另一种接近直接访问的方式是使用 LambdaMetafactory,代码如下:

```java
public class LambdaMetaTool implements ReflectTool {

  private final Function getterFunction;
  public LambdaMetaTool(){
    try{
      MethodHandles.Lookup lookup = MethodHandles.lookup();
      CallSite site = LambdaMetafactory.metafactory(lookup,
        "apply",
        MethodType.methodType(Function.class),
        MethodType.methodType(Object.class, Object.class),
        lookup.findVirtual(User.class, "getName", MethodType.methodType(String.class)),
        MethodType.methodType(String.class, User.class));
      getterFunction = (Function) ((CallSite) site).getTarget().invokeExact();
    }catch(Throwable ex){
      throw new IllegalArgumentException(ex);
    }
  }
  @Override
  public Object getValue(Object target, String attr) {
    return getterFunction.apply(target);
  }
}
```

使用 Lambda 有着非常出色的性能,性能测试效果如下:

```
Benchmark                         Mode    Score    Units
c.i.c.c.ReflectTest.lambda        avgt    3.231    ns/op
```

第 5 章会介绍 ReflectASM,这是一个用于高性能访问属性和方法的工具类,第 9 章会从原理上进一步介绍如何实现高性能的反射功能。

4.17 压缩

在微服务调用时，如果需要传入的内容过长，那么压缩是一个能提高传输速度的不错的方法。压缩有很多方法，一种方法是在传输对象的属性名字上做调整，尽量减少传输报文的大小，比较适合传输的是 JSON 或 XML，例如：

```
public class OrderRequest{
  private String orderId;
  private String userId;

}
```

如果使用 JSON 传输，则内容如下：

`{"orderId":xxx,"userId":yyyyy}`

可以调整为：

```
public class OrderRequest{
  private String oid;
  private String uid;
}
```

使用 JSON 传输{"oid":xxx,"uid":yyyyy}，显然传输报文的体积相对更小一点。也可以对传输对象的一些字段做合并，比如将"订单状态""用户状态""测试订单"合并成一个 int 类型的字段，通过"位"来区分状态。

```
public class OrderRequest{
  //用户状态
  private int userStatus;
  //订单状态
  private int orderStatus;
  //测试订单
  private int testFlag
}
```

改成如下代码，则需要通过位运算来获取订单的各个状态：

```java
public class OrderRequest {
    /**
     * 0位表示是否测试订单，1~4位表示用户状态，5~8位表示订单状态
     */
    int s;

    public boolean isTest(){
        //取出第1位的值
        return (status&0b1)==1;
    }

    public int getUserStatus(){
        //右移1，取出1~4位的值
        return (status>>1&0b1111);
    }

    public int getOrderStatus(){
        //右移5，取出5~8位的值
        return (status>>5&0b1111);
    }
}
```

这样，OrderRequest 本来需要 3 个 int 类型，总计 12 个字节的字段来保存订单状态，现在只需要 4 个字节来保存订单状态即可。如果有更多的状态，那么也可以用 s 值剩下的位来表示。比如，订单新增一个状态表示是否包含大件，可以用第 9 位表示：

```java
public boolean isLargeProduct(){
    return (status>>9&0b1)==1;
}
```

如果 s 值是 0b1_0100_0110_1（对应的十进制的值是 653），那么 isTest 返回 true，getUerStatus 返回 6，getOrderStatus 返回 4，isLargeProduct 返回 true。

还有一种压缩方法是在传输协议上进行压缩，比如 JSON 就比 XML 更加节省空间，使用 MessagePack 又比 JSON 更加节省空间。MessagePack 的用法会在第 5 章详细介绍。

在传输内容过多的时候，可以考虑对内容进行压缩。对内容进行压缩再传送有如下好处：

- 压缩后减少了网络传送的字节数，节约了带宽，网络可以同时传送的内容更多了。

- 相比于压缩耗时，网络传送更加耗时。尤其是现在的云计算，服务器非常便宜，可以无限扩展，从数十台服务器到数万台服务器都可以，然而带宽却有限且价格不菲，有些企业的专网带宽只有 1MB。

压缩后的对象持久化到数据库或者 Reids 这样的服务器中，能显著地节约服务器成本。以 Redis 为例，较小的对象传输能让 Redis 查询响应速度更快，较小对象的存储也能让 Redis 存储更多的 Key，以及降低 Redis 的 RDB 持久化或者 AOF 持久化的耗时。本节选取 zip，针对 5KB、20KB、100KB 的压缩内容做一个性能测试。一般来说，压缩比越大越耗时。在实际的分布式系统调用中，需要根据业务需求，确定采用什么样的压缩算法。

压缩会使用 JDK 自带的 zip 包中的 Deflater 类进行压缩，提供了最快压缩 BEST_SPEED（值是 1）、最大压缩比 BEST_COMPRESSION（值是 9）及默认压缩 DEFAULT_COMPRESSION（值是-1）三种方式。

```java
//ZipUtil.java
public static byte[] zip(byte[] bs) throws IOException {
    return compress(bs,DEFAULT_COMPRESSION);
}
public static byte[] compress(byte[] input, int compressionLevel
        ) throws IOException {
    //zip 压缩
    Deflater compressor = new Deflater(compressionLevel, false);
    //压缩内容
    compressor.setInput(input)
    //压缩结束
    compressor.finish();
    //获取压缩内容
    ByteArrayOutputStream bao = new ByteArrayOutputStream();
    //一个缓冲
    byte[] readBuffer = new byte[1024];
    int readCount = 0;
    //如果压缩内容,则循环
    while (!compressor.finished()) {
        readCount = compressor.deflate(readBuffer);
        if (readCount > 0) {
            bao.write(readBuffer, 0, readCount);
        }
    }

    compressor.end();
```

```
    return bao.toByteArray();
  }
```

对一个 100KB 的报文进行压缩测试,三种压缩方式的对比数据如下(zip 的默认压缩级别已经足够好):

- DEFAULT_COMPRESSION 压缩后是 34.8KB。
- BEST_SPEED 压缩后是 39KB。
- BEST_COMPRESSION 压缩后是 34.7KB。

为了测试压缩性能,通过 Content 工具类分别生成 5KB、20KB 和 100KB 的报文供测试,并且分别测试默认压缩、最快压缩和最大压缩比的压缩效率。

```
//ZipTest.java
byte[] k5 = null;
byte[] k20 = null;
byte[] k100 = null;
//默认、最快、最大压缩比压缩
@Param({"-1", "1", "9"})
int level;

@Setup
public void init() {
  Content content = new Content();
  this.k5 = content.genContentBySize(1000 * 5);
  this.k20 = content.genContentBySize(1000 * 20);
  this.k100 = content.genContentBySize(1000 * 100);
}

@Benchmark
public byte[] k5() throws IOException {
  return ZipUtil.compress(k5, level);
}

@Benchmark
public byte[] k20() throws IOException {
  return ZipUtil.compress(k20, level);
}
```

```
@Benchmark
public byte[] k100() throws IOException {
  return ZipUtil.compress(k100, level);
}
```

JMH 的测试结果如下所示。可以看到 20KB 的报文内容，压缩的速度还是非常快的，不到 1 毫秒，而 100KB 的报文则需要较长时间，默认压缩（-1）需要 4 毫秒左右。

Benchmark	(level)	Score	Score error	Units
c.i.c.c.ZipTest.k100	-1	4.467	0.233	ms/op
c.i.c.c.ZipTest.k100	1	1.773	0.097	ms/op
c.i.c.c.ZipTest.k100	9	5.028	0.152	ms/op
c.i.c.c.ZipTest.k20	-1	0.571	0.016	ms/op
c.i.c.c.ZipTest.k20	1	0.310	0.010	ms/op
c.i.c.c.ZipTest.k20	9	0.592	0.023	ms/op
c.i.c.c.ZipTest.k5	-1	0.157	0.008	ms/op
c.i.c.c.ZipTest.k5	1	0.112	0.005	ms/op
c.i.c.c.ZipTest.k5	9	0.151	0.003	ms/op

这个测试选用一篇文章作为压缩内容，读者需要根据具体的业务情况，用真实的报文来做压缩测试。事实上，如果是 XML 或 JSON 报文，则有着非常大的压缩比。

本节选择了 zip 压缩方式，还有其他可选方式，比如 gzip、bzip2、7z 等，可以使用开源库 Apache Commons Compress 进行压缩。经笔者测试后，发现 zip 还是一种压缩比和性能都比较好的方式。7z 具有最大的压缩比，但压缩时长超过百毫秒，在实时的业务系统中是不可接受的。

对于解压来说，无论采用何种压缩方式、何种压缩级别，解压需要的时间都是非常少的。限于篇幅就不再说明，读者有兴趣可以使用本书附带的例子 ZipUtil.decompress 测试对比一下。

4.18 可变数组

采用可变数组作为参数时，字节码会创建一个 array 对象。以下方法接收一个可变参数：

```
public void info(String format,Object... argArray){}
```

为了构造这个可变参数，字节码实际上需要构造一个新的数组，比如对于以下调用：

```
info("hello {},{}",name1,name2);
```

实际上生成的代码是这样的:

```
Object[] args = new Object[2];
args[0] = name1;
args[1] = name2;
info("hello {},{}",argArray);
```

可变参数构造了额外的数组，对性能会有一定的影响，因此在 Logback 中提供的日志 API 并没有完全使用可变数组作为日志参数。当参数超过 3 个的时候，才会调用可变数组的参数方法。

```
//ch.qos.logback.classic.Logger
public void info(String format, Object arg1) {}
public void info(String format, Object arg1, Object arg2) {}
public void info(String format, Object... argArray) {}
```

4.19　System.nanoTime()

JDK 提供了 System.currentTimeMillis()方法用于获取距 1970 年 1 月 1 号的经过时间，精准度为毫秒。该方法返回值的精度与指定的操作系统有关，比如在 Windows 系统中，有可能误差达到 10 毫秒。在精确计时的需求下，不应该使用此方法用于时间顺序判断，以及用于度量逝去的时间。以下是一个度量时间逝去的常规方法：

```
long start = System.currentTimeMillis();
callService();
long end = System.currentTimeMillis();
long time = end-start;
```

由于 currentTimeMillis()不精准，所以很可能导致测试的 callService 方法消耗的时间也不精准，比如 callService 方法的性能很稳定，也没有垃圾回收发生，但统计出的 time 可能不一样。

衡量消耗的时间最好使用 System.nanoTime()方法，nanoTime 不是现实时间，而是一个虚拟机提供的计时时间，精确到纳秒。用户可以通过修改计算机时间或服务器自动校准时间来影响 currentTimeMillis 的返回值，但无法修改 nanoTime()的返回值。

```
public class ElapsedTime {
  public static void main(String... args) throws InterruptedException {
```

```java
        long startTime = System.nanoTime();
        Thread.sleep(1002 * 2);
        long difference = System.nanoTime() - startTime;
        //转化成毫秒
        long millis =  TimeUnit.NANOSECONDS.toMillis(difference);
        //转化成秒
        long seconds =  TimeUnit.NANOSECONDS.toSeconds(difference);
    }
}
```

通过 JMH 测试，在 Windows 系统中，currentTimeMillis 的性能是 nanoTime 的 5 倍，但使用 Linux，两者的性能几乎一样。

```java
@Benchmark
public long currentTimeMillis(){
   return System.currentTimeMillis();
}
@Benchmark
public long nanoTime(){
    return System.nanoTime();
}
```

在 Linux 的 2C 服务器上，50 个线程并发的情况下，性能测试结果是每毫秒调用为 5 万次以上：

Benchmark	Score	Units
TimeCalcJMHTest.currentTimeMillis	54899.842	ops/ms
TimeCalcJMHTest.nanoTime	51323.006	ops/ms

4.20　ThreadLocalRandom

在 JDK 7 之前使用 java.util.Random 生成伪随机数。Random 的生成需要一个种子（seed），Random 计算随机数时会根据种子进行计算，如果设置固定的种子，那么生成的随机数也是固定的，这就是伪随机数。

```java
//设置随机数的种子和随机数的取值范围
int seed = 100;
```

```
int range = 50;
//a 组随机数
Random random = new Random(seed);
int a1 = random.nextInt(range);
int a2 = random.nextInt(range);
//b 组随机数
random = new Random(seed);
int b1 = random.nextInt(range);
int b2 = random.nextInt(range);
//c 组随机数
random = new Random(seed);
int c1 = random.nextInt(range);
int c2 = random.nextInt(range);
//打印随机数
System.out.println("a 组 "+a1+","+a2);
System.out.println("b 组 "+b1+","+b2);
System.out.println("c 组 "+c1+","+c2);
```

使用同样的种子构造随机数，在笔者的机器上，三组输出都是一样的，输出都是 15,0：

a 组 15,0
b 组 15,0
c 组 15,0

如果要确保每次的随机数不一样，那么保证每次的种子不一样即可，比如可以使用 System.currentTimeMillis()作为种子。

Random 是线程安全的，Random 实例里面有一个原子性的种子变量用来记录当前种子的值，当要生成新的随机数时，会根据当前种子计算新的种子并更新回原子变量。多线程下使用单个 Random 实例生成随机数时，多个线程同时计算随机数，计算新的种子时多个线程会竞争同一个原子变量的更新操作。由于原子变量的更新是 CAS 操作，同时只有一个线程会成功，所以会造成大量线程进行自旋重试，这样会降低并发性能。

JKD 7 提供了 ThreadLocalRandom，ThreadLocalRandom 在当前线程中维护了一个种子，适合在多线程场景下提供高性能伪随机数的生成。ThreadLocalRandom 首先通过 current 方法获取当前线程的 ThreadLocalRandom 实例：

```
ThreadLocalRandom random = ThreadLocalRandom.current();
//用法同 Random
```

```
random.nextInt(range);
```

可以运行 RandomTest 比较两者的性能，RandomTest 使用 50 个并发线程进行测试：

```
@BenchmarkMode(Mode.AverageTime)
@Warmup(iterations = 5)
@Measurement(iterations = 5, time = 1, timeUnit = TimeUnit.SECONDS)
@Threads(50)
@Fork(1)
@OutputTimeUnit(TimeUnit.NANOSECONDS)
@State(Scope.Benchmark)
public class RandomTest {
  Random random = new Random();
  @Benchmark
  public int random() {
    return random.nextInt(50);
  }

  @Benchmark
  public int localRandom() {
    ThreadLocalRandom random = ThreadLocalRandom.current();
    return random.nextInt(50);
  }
}
```

从测试结果来看，ThreadLocalRandom 的性能远远超过 Random：

```
Benchmark                         Mode    Score     Units
c.i.c.c.RandomTest.localRandom    avgt    109.176   ns/op
c.i.c.c.RandomTest.random         avgt    7137.961  ns/op
```

4.21 Base64

Base64 是一种能将任意二进制值用 64 种字符组合成字符串的方法，而这个二进制值和字符串彼此之间是可以互相转换的。在实际应用上，可以将二进制值通过文本方式表达。使用 HTTP 协议发送的图片等二进制内容，可以转成 Base64 字符串发送，服务器端解码来获取图片内容。

通常有三种方法能实现 Base64 转化：

- 使用 sun.misc 下的 BASE64Encoder 和 BASE64Decoder（较早）。
- Apache Commons Codec 提供了 rg.apache.commons.codec.binary.Base64 的编码与解码功能。
- Java 8 提供了 java.util.Base64。

性能测试代码如下：

```java
@BenchmarkMode(Mode.Throughput)
public class Base64Test {
    /*sun*/
    BASE64Encoder sunBase64Encoder = new BASE64Encoder();
    BASE64Decoder sunBase64Decoder = new BASE64Decoder();
    /*apache*/
    Base64 apacheBase64 = new Base64();
    /*jdk8*/
    java.util.Base64.Decoder jdk8Base64Decoder = java.util.Base64.getDecoder();
    java.util.Base64.Encoder jdk8Base64Encoder = java.util.Base64.getEncoder();

    byte[] content = "<xml><element>hello,world</element></xml>".getBytes(StandardCharsets.UTF_8);
    @Benchmark
    public byte[] sun() throws IOException {
        String str = sunBase64Encoder.encode(content);
        byte[] bs = sunBase64Decoder.decodeBuffer(str);
        return bs;
    }

    @Benchmark
    public byte[] apache() throws IOException {
        String str = apacheBase64.encodeToString(content);
        byte[] bs = apacheBase64.decode(str);
        return bs;
    }

    @Benchmark
```

```
    public byte[] jdk8() throws IOException {
        String str = jdk8Base64Encoder.encodeToString(content);
        byte[] bs = jdk8Base64Decoder.decode(str);
        return bs;
    }

}
```

测试结果表明，JDK 8 的性能远高于另外两种方式：

```
Benchmark                    Mode      Score       Units
c.i.c.c.Base64Test.apache    thrpt     454.697     ops/ms
c.i.c.c.Base64Test.jdk8      thrpt     3509.271    ops/ms
c.i.c.c.Base64Test.sun       thrpt     213.630     ops/ms
```

4.22　辨别重量级对象

重量级对象是那些构造时需要较多初始化过程，或者使用过程中会做缓存的对象。比如，Jackson 的 ObjectMapper 类的定义如下：

```
public class ObjectMapper extends ObjectCodec implements Versioned, Serializable {
    private static final long serialVersionUID = 2L;
    protected static final AnnotationIntrospector DEFAULT_ANNOTATION_INTROSPECTOR
= new JacksonAnnotationIntrospector();
    protected static final BaseSettings DEFAULT_BASE;
    protected final JsonFactory _jsonFactory;
    protected TypeFactory _typeFactory;
    protected InjectableValues _injectableValues;
    protected SubtypeResolver _subtypeResolver;
    protected final ConfigOverrides _configOverrides;
    protected SimpleMixInResolver _mixIns;
    protected SerializationConfig _serializationConfig;
    protected DefaultSerializerProvider _serializerProvider;
    protected SerializerFactory _serializerFactory;
    protected DeserializationConfig _deserializationConfig;
    protected DefaultDeserializationContext _deserializationContext;
    protected Set<Object> _registeredModuleTypes;
```

查看初始化构造函数，发现以上类有较多需要初始化的变量，尤其是 _rootDeserializers 变量，初始化代码如下：

```java
protected ObjectMapper(ObjectMapper src) {
    this._rootDeserializers = new ConcurrentHashMap(64, 0.6F, 2);
    //忽略其他


}
```

幸运的是，Jackson 在官网文档中已经说明了整个系统通常只需要一个 ObjectMapper 实例即可。

再以笔者的 Beetl 模板引擎为例，可以看到 GroupTempalte 也是一个重量级对象：

```java
public class GroupTemplate {

    AABuilder attributeAccessFactory = new AABuilder();
    ResourceLoader resourceLoader = null;
    Configuration conf = null;
    TemplateEngine engine = null;
    Cache programCache = ProgramCacheFactory.defaulCache();
    List<Listener> ls = new ArrayList<Listener>();
    //所有注册的方法
    Map<String, Function> fnMap = new HashMap<String, Function>();
    //格式化函数
    Map<String, Format> formatMap = new HashMap<String, Format>();
    Map<Class, Format> defaultFormatMap = new HashMap<Class, Format>(0);
    //虚拟函数
    List<VirtualAttributeEval> virtualAttributeList = new ArrayList<VirtualAttributeEval>();
    Map<Class, VirtualClassAttribute> virtualClass = new HashMap<Class, VirtualClassAttribute>();
    //标签函数
    Map<String, TagFactory> tagFactoryMap = new HashMap<String, TagFactory>();
    ClassSearch classSearch = null;
    //Java调用安全管理器
    NativeSecurityManager nativeSecurity = null;
    ErrorHandler errorHandler = null;
    Map<String, Object> sharedVars = null;
```

```
        ContextLocalBuffers buffers = null;
}
```

在代码中,如果把重量级对象当成轻量级对象使用,先创建一个全新的重量级对象再调用其 API,那么 API 性能会急剧下降。一方面,构造这些重量级对象需要较多初始化过程;另一方面,重量级对象通常在反复使用中会缓存一些中间计算过程,如 Beetl 会缓存模板解析结果,ObjectMapper 会缓存 JsonDeserializer 到_rootDeserializers 中,重量级对象通常包含 Map、Set、ThreadLocal 这些成员变量。如果每次先创建一个新的重量级对象再调用其 API,那么缓存无法生效。

如下代码是 ObjectMapper 的 JSON 转对象的性能对比,reused 方法的作用是复用 ObjectMapper 实例,createNew 方法的作用是每次都创建 ObjectMapper 实例:

```
@BenchmarkMode(Mode.Throughput)
public class HeavyweightObjectTest {
    /*重用*/
    ObjectMapper objectMapper = new ObjectMapper();
    Data data = null;
    @Benchmark
    public Data createNew() throws IOException {
        /*每次都构造*/
        ObjectMapper encodeMapper = new ObjectMapper();
        String json = encodeMapper.writeValueAsString(data);
        ObjectMapper decodeMapper = new ObjectMapper();
        Data myData = decodeMapper.readValue(json,Data.class);
        return myData;
    }

    @Benchmark
    public Data reused() throws IOException {
        String json = objectMapper.writeValueAsString(data);
        Data myData = objectMapper.readValue(json,Data.class);
        return myData;
    }

    @Setup
    public void init(){
```

```
            data = new Data();
            data.setAge(18);
            data.setId(123);
            data.setName("lijiazhi");
    }

}
```

测试结果如下，复用重量级对象的性能优势非常明显：

```
Benchmark                                    Mode    Score       Units
c.i.c.c.HeavyweightObjectTest.createNew      thrpt   38.334      ops/ms
c.i.c.c.HeavyweightObjectTest.reused         thrpt   2316.950    ops/ms
```

4.23 池化技术

前面提到的重量级对象的特征是构造复杂，在使用此对象的过程中，对象会缓存中间处理过程，如 Jackson 的 ObjectMapper、Beetl 的 GroupTemplate，还有 Gson 序列化工具等。还有一类重量级对象是网络相关的客户端对象，如数据库连接池（下一章会介绍数据库连接池 HikariCP），以及 Redis 客户端 Jedis 使用 JedisPool，它们是重量级对象的原因是建立网络链接是非常耗时的操作，应用希望一旦连接建立后，就会保持此连接。这时就需要使用对象池化技术，对象池化技术提供了对象重用机制。

使用池化技术的另一个原因是减少对象的创建个数，总是复用之前创建的对象，从而减少垃圾回收对 CPU 的消耗。

现在有一个 RedisClient 对象来连接 Redis，定义如下：

```java
public class RedisClient {
    String ip;
    int port;
    public RedisClient(String ip,int port){
        this.ip = ip;
        this.port = port;
    }
    public void connect(){
        System.out.println("connect redis ");
    }
    public void close(){
```

```
            System.out.println("close   ");
        }

    }
```

connect 方法用于连接 Redis 服务器，close 方法用于关闭连接，这里省略了 socket 连接代码。RedisClient 是一个重量级对象，可以使用 Apache Commons Pool 来实现对象池化，Commons Pool 提供了 BasePooledObjectFactory，可以方便地创建和管理对象，定义如下：

```
    public class RedisClientPooledObjectFactory extends
BasePooledObjectFactory<RedisClient> {
        String ip;
        int port;
        public RedisClientPooledObjectFactory(String ip,int port){
            this.ip = ip;
            this.port = port;
        }

        @Override
        public RedisClient create() throws Exception {
            RedisClient redisClient =  new RedisClient(ip,port);
            redisClient.connect();
            return redisClient;
        }

        @Override
        public PooledObject<RedisClient> wrap(RedisClient redisClient) {
            return new DefaultPooledObject<RedisClient>(redisClient);
        }

        @Override
        public void destroyObject(PooledObject<RedisClient> p) throws Exception{
            RedisClient redisClient = p.getObject();
            redisClient.close();
        }
    }
```

通常需要实现 create 方法，用于创建重量级对象，wrap 方法用于对象池管理，对象池不直接管理我们创建的对象，而是管理 PooledObject。可以用 DefaultPooledObject 构造一个默认实现。destroyObject 方法用于对象池销毁的时候关闭重量级对象。

有了 RedisClientPooledObjectFactory，就可以构造 GenericObjectPool：

```java
public class RedisClientPoolUtil {
    GenericObjectPool<RedisClient> genericObjectPool;
    public void init(String ip,int port,int max){
        GenericObjectPoolConfig config = new GenericObjectPoolConfig();
        config.setMaxTotal(max);
        genericObjectPool = new GenericObjectPool(new RedisClientPooledObjectFactory(ip,port),config);
    }

    public RedisClient getOne() throws Exception {
        return genericObjectPool.borrowObject();
    }

    public void returnObject(RedisClient redisClient){
        genericObjectPool.returnObject(redisClient);
    }
}
```

以上代码构造了 RedisClient 的对象池，并封装了 getOne 方法用于从池中借出一个未使用的 RedisClient 和 returnObject，把 RedisClient 归还到池中。测试代码如下：

```java
public class PoolTest {
    static RedisClientPoolUtil util = new RedisClientPoolUtil();
    static{
        ///最多创建3个连接
        util.init("127.0.0.1",9090,3);
    }
    public static void main(String[] args) throws Exception {
        RedisClient redisClient = util.getOne();
        ...
        util.returnObject(redisClient);

    }
}
```

除了使用 Common Pool 技术，还有更简单的池化技术。比如将已经初始化好的对象放入队列，需要使用的时候从队列中取出，使用完毕再放入队列。另一个更简单的方式是使用 ThreadLocal 来存放初始化好的对象。假定需要池化的对象是字符串数组，它封装在 Buffer 对象中：

```java
/*定义一个需要重用的对象*/
public class Buffer{
    char[]  cs;
    public Buffer(int size){
        cs = new char[size];
    }
    public char[] getContent(){
        return cs;
    }
}
```

使用队列的方式如下：

```java
public class BufferPool{
   prvate static BufferPool pool = new BufferPool();
   ArrayBlockingQueue<Buffer>  queue ;
   private BufferPool(){
       init();
   }
   /*初始化 buffer*/
   private void init(){
       queue = new ArrayBlockingQueue<>(64);
       for(int i=0;i<64;i++){
           queue.put(new Buffer(1024));
       }
   }
   /*采用单例模式*/
   public static BufferPool instance(){
       return this
   }
   public Buffer getBuffer(){
       return queue.take()
   }
```

```
    public void release(Buffer buffer){
        queue.put(buffer);
    }
    /*清空池*/
    public void close(){
        queue.clear()
    }
}
```

使用 ThreadLocal 的方式如下：

```
public class BufferPool{
    static  ThreadLocal<Buffer> cache = ThreadLocal.withInitial((Supplier) () -> new Buffer(1024));
    public  static Buffer getBuffer(){
        return cache.take()
    }
}
```

使用队列方式的优点是可以提供扩容池、缩容池甚至释放池的功能，缺点是使用完毕必须归还，因此应该使用如下方式调用代码：

```
Buffer buffer = null;
try{
    buffer = BufferPool.instance().getBuffer();
    ...
}finall{
    if(buffer!=null){
        BufferPool.instance().release(buffer);
    }
}
```

使用 ThreadLocal 的缺点是对象池的容量大小依赖于并发访问最大的线程数,对象池中的对象的创建和销毁依赖线程的生命周期。

ThreadLocal 不具备动态调整池大小的功能，其大小依赖并发访问最大的线程数，如果担心内存溢出，则可以使用 SoftReference：

```
public class BufferPool{
```

```
    static ThreadLocal<SoftReference<Buffer>> cache = ThreadLocal.withInitial
((Supplier) () ->
                new SoftReference (new Buffer(1024)));

    public static Buffer getBuffer(){
      SoftReference<Buffer> srf = cache.take();
      Buffer buffer = srf.get();
      //判断 Buffer 对象是否被垃圾回收
      if(buffer!=null){
        return buffer;
      }
      //如果回收了,则重新构造一个新的 Buffer 对象
      Buffer buffer = new Buffer(1024)   ;
      srf.set(buffer);
      return buffer;
    }
  }
```

4.24 实现 hashCode

对象的 hashCode 对于 Map 这样的数据结构非常重要,如果对象没有实现 hashCode 方法,则系统返回默认的 hashCode,与 System.identityHashCode(obj)返回的一致。

System.identityHashCode(obj)的默认实现与虚拟机有关,其性能不高,最好的情况是自己实现高效的 hashCode 方法,并缓存计算好的 hashCode。

如下 CachedCityKey 对象改进了第 1 章中的 CityKey 类,实现了缓存 hashCode:

```
public class CachedCityKey {
    private Integer provinceId;
    private Integer cityId;

    private transient int hashCode = -1;

    public CachedCityKey(Integer provinceId, Integer cityId) {
        this.provinceId = provinceId;
        this.cityId = cityId;
    }
    //自定义实现 hashCode 方法
    @Override
```

```java
public int hashCode() {
    int code = hashCode;
    if(code!=0){
        return code;
    }
    code = Objects.hash(provinceId,cityId);
    hashCode = code;
    return code;
}
```

如下代码测试了三种 hashCode 的性能，结果表明 System.identityHashCode(obj) 与 java.lang.Object.hashCode 的性能一样，远低于自定义实现的 hashCode 方法：

```
//defaultHashcode:使用 java.lang.Object.hashCode
@Override
public int hashCode() {
  return super.hashCode();
}


//identityHashCode:使用 System.identityHashCode 与 java.lang.Object.hashCode 的效果一样
@Override
public int hashCode() {
  return System.identityHashCode(this);
}
```

测试效果如下，可以看到，对象最好自己实现 hashCode 方法：

Benchmark	Mode	Score	Units
CacheHashCode.defaultHashcode	thrpt	12587.144	ops/ms
CacheHashCode.hashcode	thrpt	1011233.266	ops/ms
CacheHashCode.identityHashCode	thrpt	13179.982	ops/ms

4.25　错误优化策略

本节说明一些曾经的优化策略在新的 JDK 下不再适用，这些优化策略至今还出现在网络上的各种文章或开源工具中。

4.25.1　final 无法帮助内联

有一个过时规则，"在 Java 的 getter 和 setter 方法中尽量使用 final 关键字，以支持内联"，例如：

```
public final String getUserName(){
    return this.userName;f
}
```

在 Java 中，final 关键字可以用来修饰类、方法和变量，我们在第 3 章了解到，final 在并发、修饰变量的时候具有的语义同 volatile 一样：内存可见性和禁止重排序。final 修饰方法的时候，表示子类不能覆盖此方法。在早期的 Java 版本中，final 关键字还可以提醒虚拟机该方法可以进行内联，但现在是否内联不再需要使用 final 关键字了。

Aleksey 在他的论文中验证了 final 关键字对于方法是否内联并没有直接联系，有兴趣的读者可以自己看一下该论文，同样有一个 JMH 工程，可以下载后进行测试分析。

关于内联的详细内容，可以参考第 7 章 JIT 优化。

4.25.2　subString 内存泄漏

较早的 Java 性能优化书中指出 String.subString 容易造成内存泄漏，主要原因是 JDK 版本的 subString 方法会复用 String 的数组，并没有为新的字符串生成一个新的 char 数组。如果原来的 String 特别长，那么新返回的 String 所占用的空间也会特别大，即使原来的 String 已经被回收。JDK6 以后已经取消了 subString 方法复用 char 数组，而是改成重新生成一个数组。我们在第 2 章中看到构造 String 会重新生成一个字符串数组 value：

```
private final char value[];
public String(char value[], int offset, int count) {
    ...
    this.value = Arrays.copyOfRange(value, offset, offset+count);
}
```

4.25.3　循环优化

有一种说法，在嵌套循环中，嵌套循环应该遵循"外小内大"的原则，这样性能才会高，这种说法给出了两个例子，第一个是"外大内小"：

```
stratTime = System.nanoTime();
for (int i = 0; i < 100_000_00; i++) {
    for (int j = 0; j < 10; j++) {

    }
}
endTime = System.nanoTime();
System.out.println("外大内小耗时: "+ (endTime - stratTime));
```

第二个是"外小内大":

```
stratTime = System.nanoTime();
for (int i = 0; i <10 ; i++) {
    for (int j = 0; j < 10000000; j++) {
    }
}
endTime = System.nanoTime();
System.out.println("外小内大耗时: "+(endTime - stratTime));
```

两个代码片段循环同样的次数，但从测试结果看，后者的耗时远小于前者，也就是嵌套循环"外小内大"的性能高于"外大内小"。

这种说法忽略了 JIT 会做 Dead-Code 消除，JIT 判断循环对程序不会有任何影响，而消除了循环体，导致结果测试不准。如果使用 JMH 测试，那么会发现嵌套循环结果一样：

```
//ForDeadCodeTest.java
@Benchmark
public long test(Blackhole hole) {
  long startTime = System.nanoTime();
  int i=0,j=0;
  for ( i = 0; i < 100_000_00; i++) {
    for ( j = 0; j < 10; j++) {
      hole.consume(j);
    }
    hole.consume(i);
  }

  Long endTime = System.nanoTime();
```

```
    return endTime-startTime+i+j;
}


@Benchmark
public long tes2(Blackhole hole) {
  long startTime = System.nanoTime();
  int i=0,j=0;
  for ( i = 0; i <10 ; i++) {
    for ( j = 0; j < 100_000_00; j++) {
      hole.consume(j);
    }
    hole.consume(i);
  }
  Long endTime = System.nanoTime();
  return endTime-startTime+i+j;
}
//测试基准，空函数
@Benchmark
public long base(Blackhole hole) {
  long startTime = System.nanoTime();

  Long endTime = System.nanoTime();
  return endTime-startTime;
}
```

这里使用 JMH 提供的 Blackhole 函数来防止出现代码消除，这种测试最后证明，两种循环的性能没有区别：

```
Benchmark                       Mode    Score    Units
c.i.c.c.ForDeadCodeTest.base    avgt    0.000    ms/op
c.i.c.c.ForDeadCodeTest.tes2    avgt   56.007    ms/op
c.i.c.c.ForDeadCodeTest.test    avgt   50.228    ms/op
```

如果去掉 Blackhole.consume 方法，则 base、test2、test 三个方法的 Score 都是一样的，因为 Dead-Code 消除后 Score 为 0。

4.25.4 循环中捕捉异常

一种说法是应该在循环体外捕捉异常，而不要在循环体内捕捉异常，理由是 try catch 的代价较大。

```
for(int i=0;i<size;i++){
  try{

  }catch(Exception ex){

  }
}
```

建议将以上代码改成在循环体外捕捉异常：

```
try{
  for(int i=0;i<size;i++){

  }
}catch(Exception ex){
}
```

实际上，在循环体内使用 try catch 方式对性能几乎没什么影响，捕获异常不需要考虑在循环体内还是循环体外，按照业务需求正确使用 try catch 即可。

第 5 章
高性能工具

本章介绍基于企业应用和微服务系统的常用的 Java 开源工具类,这些工具的特点都是功能强大、性能良好,在项目中应用这些工具可以提高系统性能,增强代码可维护性。本章简要分析这些开源工具,了解它们是如何把性能提高到极致的。

5.1 高速缓存 Caffeine

本节介绍现代系统中重要的组成部分——缓存。说到缓存,就要说一下现代计算机 CPU 的组成:CPU 除中央处理器外还有一级缓存和二级缓存,甚至三级缓存;在 CPU 中,缓存的作用是弥补低速外部存储和高速处理的 CPU 之间不匹配的缺陷。在现代系统中,我们面对的是高并发快速响应的需求目标,但一直横亘在我们面前的难题是 DataBase 的速度不能大幅度地提升,也就无法实现目标的快速响应。借鉴现代计算机结构中的解决办法,在系统中开始引入缓存。

Caffeine 的主要作者是 Ben Manes,Ben 是 Google 的前成员,也是 ConcurrentLinkedHashMap 的数据结构作者。Caffeine 的开发原因是 Ben 想用 Java 8 重写 Guava Cache 库,因此 API 在设计上与 Guava Cache 几乎一致,并且提供了 Guava Cache 的适配器,使得 Guava Cache 可以使用 Caffeine,从而极为平滑地从 Guava Cache 迁移至 Caffeine。

虽然说是重写了 Guava Cache,但与 Guava Cache 使用了不同的设计,Caffeine 使用了更先进的算法(Window-TinyLFU)和更优秀的数据结构(Striped Ring Buffer、TimeWheel),带来了极为灵活的配置、超强的性能,以及高命中率(最接近 Optimal 的命中率)。Caffeine 不是一个分布式缓存,也不支持持久化。可能有人会说已经有了 Redis、Memcached 这些更好用的缓存,为什么依然要使用它呢?因为在一个系统中,我们设计缓存部分的时候,为了获得更好的性能和稳定性，不能只考虑分布式缓存，还应该考虑用 Caffeine 实现一级缓存，甚至是虚拟机内的多级缓存。

5.1.1 安装 Caffeine

在 Pom 中加入以下配置即可使用 Caffeine：

```xml
<dependency>
  <groupId>com.github.ben-manes.caffeine</groupId>
  <artifactId>caffeine</artifactId>
  <version>2.9.3</version>
</dependency>
<!--加入 guava-testlib 是为了在时间淘汰策略中配置基准时钟，而不采用系统时钟-->:
<dependency>
  <groupId>com.google.guava</groupId>
  <artifactId>guava-testlib</artifactId>
  <version>28.0-jre</version>
  <scope>compile</scope>
</dependency>
```

Caffenine 目前的最新版本是 3.1.1，适用于 JDK 11，本书以 JDK 8 为主，所以使用 2.x 版本。Caffcinc 的缓存架构在 3.x 版本中并没有变化。

5.1.2 Caffeine 的基本使用方法

Caffeine 作为虚拟机内缓存，使用方式相对简单，它支持手动填充、同步自动载入、异步手动填充和异步自动载入四种填充数据的办法。获得一个同步载入的 Cache：

```java
//manualLoads
Cache<String, SkuInfo> cache = Caffeine.newBuilder()
  .expireAfterWrite(1, TimeUnit.MINUTES)
  .maximumSize(100)
  .build();
String key = "11757834";
SkuInfo skuInfo = new SkuInfo(key);
```

```
cache.put(key, skuInfo);
//取出缓存对象，如果没有，则返回空
SkuInfo cachedSkuInfo = cache.getIfPresent(key);
//移出 Key
cache.invalidate(key);
skuInfo = cache.get(key, k -> service.query(k));
```

以上创建了一个最大容量为 100 个、写过期是 1 分钟的缓存。这里的写过期是指如果缓存项写入或被替换超过 1 分钟，则自动被删除。缓存的管理是 Caffeine 的重点，将在后面详细介绍。

SkuInfo 是需要缓存的对象，定义如下：

```
public class SkuInfo {
    private final String key;
    private String name ;
    public SkuInfo(String key) {
        this.key = key;
        this.name = "商品 "+key;
    }

    @Override
    public String toString() {
        return "SkuInfo{" + "key='" + key + '\'' + ", name='" + name + '\'' + '}';
    }
}
```

手动填充数据就是由用户明确地控制数据的获取、更新和移除。实体可以直接使用 cache.put(key, value)方法写入缓存，如果是用于更新操作，那么会覆盖原有的相同 Key 的实体。推荐使用 cache.get(key, k -> value)方法获取值，可以原子性计算并插入缓存，避免与写操作竞争。可以使用 cache.invalidate(key)方法使数据立刻从 Cache 中移除，而不用等待 Caffeine 在维护周期内清理不可用的 Value。

大多数场景下使用自动载入方式，以下代码是建立一个自动载入缓存 LoadingCache：

```
//synchronizeLoading
LoadingCache<String, SkuInfo> cache = Caffeine.newBuilder()
  .maximumSize(2)
  .expireAfterWrite(1, TimeUnit.MINUTES)
  //同步加载
```

```
.build( k -> service.query(k));
String key = "11757834";
SkuInfo skuInfo = cache.get(key);
System.out.println(skuInfo);
```

异步手动填充是当数据不在缓存中时，使用 Future 异步填充数据。与手动填充的区别在于，get 方法返回的不是 Value，而是 CompletableFuture，等待异步执行完成后，交由用户自己做一些后续的处理。第 3 章介绍了 CompletableFuture 的使用方法，以下代码是获得一个 AsyncCache：

```
AsyncCache<String, SkuInfo> cache = Caffeine.newBuilder()
  .maximumSize(100)
  .expireAfterWrite(1, TimeUnit.MINUTES)
  .buildAsync();
String key = "11757834";
CompletableFuture<SkuInfo> completableFuture = cache.get(key,k -> service.query(k));
completableFuture.thenAccept(skuInfo -> {
  System.out.println(skuInfo);;
});
```

异步自动载入 AsyncLoadingCache 的 API 与手动自动载入的 API 很相似，buildAsync 可选传入 CacheLoader 和 AsyncCacheLoader。如果希望直接同步返回值，那么传入 CacheLoader；如果希望异步返回值，则传入 AsyncCacheLoader。可以在构建 Cache 时使用 Caffeine.executor 方法指定一个线程池，默认的线程执行使用的是 ForkJoinPool.commonPool()，实际项目建议自定义一个线程池便于管理。关于线程池的内容，可参考第 3 章。

```
//asyncLoading
AsyncLoadingCache<String, SkuInfo> cache = Caffeine.newBuilder()
    .maximumSize(100)
    .expireAfterWrite(1, TimeUnit.MINUTES)
    .executor(pool)
    .buildAsync(k -> service.query(k));

  String key = "11757834";

  CompletableFuture<SkuInfo> completableFuture = cache.get(key);
  completableFuture.thenAccept(skuInfo -> {
      System.out.println(skuInfo);
  });
```

如果想将异步缓存转为同步调用，则可以调用 cache.synchronous()方法，返回一个映射相同 Cache 的 LoadingCache 同步视图，任何在此视图上的操作，都会映射至底层 Cache，如果操作被阻塞，那么会一直等待阻塞结束才继续进行。

cache.asMap()方法返回一个映射相同 Cache 的 ConcurrentMap 视图，任何一种 Cache 都具有此方法。返回的视图是线程安全的，并且保持和底层 Cache 的弱一致性，任何对此视图的操作和修改都会反映到 Cache 中；对视图进行迭代时，如果对底层缓存进行诸如驱逐/删除等操作，那么将无法反映在视图上。

5.1.3　淘汰策略

Caffeine 的驱逐（evict）策略有三种：基于大小（size）、基于时间（time）和基于引用（reference）。因此，在 Caffeine 中使用了一个 Node 类，作为对应数据在 Caffeine 中的条目。Node 主要包括 key、value、weight、access 和 write 这些元数据信息。其中 key 是插入缓存的 Key，value 是插入缓存的值，weight 是插入数据对应计算出的权重值，access 是该数据在缓存中最后访问的时间，write 包括写入时间和写入队列的顺序（上一个和下一个节点的引用）。限于篇幅，本书稍后会简单介绍其原理，先看一下这三种 evict 策略的使用方法。

基于大小的淘汰策略有两种：一是基于缓存中数据的总数，二是基于数据的权重值和对缓存设置的最大权重上限。

我们在 5.1.1 节的所有示例中均设置过缓存的总数：

```
//evictByNum1
cache = Caffeine.newBuilder().maximumSize(2)...
System.out.println(cache.get("A"));
System.out.println(cache.get("C"));
System.out.println(cache.get("D"));
System.out.println(cache.get("E"));

cache.cleanUp();
System.out.println(cache.estimatedSize());
System.out.println(cache.asMap());
```

输出如下：

```
SkuInfo{key='A', name='商品 A'}
SkuInfo{key='C', name='商品 C'}
```

```
SkuInfo{key='D', name='商品 D'}
SkuInfo{key='E', name='商品 E'}
2
{C=SkuInfo{key='C', name='商品 C'}, E=SkuInfo{key='E', name='商品 E'}}
```

类似设置一个最大容量,也可以对缓存对象设置最大权重。当缓存中的所有缓存项的权重之和超过这个最大权重的时候,将考虑清除最不常用的缓存项目:

```
//evictByNum2
LoadingCache<String, SkuInfo> cache = Caffeine.newBuilder()
  .maximumWeight(5)//最大权重
  .weigher((k, v) -> ((SkuInfo) v).getKey().length() )//一个值的权重计算方法
  .build(k -> service.query(k));

System.out.println(cache.get("a"));
System.out.println(cache.get("abc"));
System.out.println(cache.get("ef"));

cache.cleanUp();
System.out.println(cache.estimatedSize());
System.out.println(cache.asMap());
```

缓存设置了最大权重为 5,并设置计算权重的方法是 Key 的长度。代码片段设置了三个缓存项,其缓存的权重加起来是 6,因此在调用 cleanUp 的时候,剩下了"abc"和"ef"两个项目。

```
SkuInfo{key='a', name='商品 a'}
SkuInfo{key='abc', name='商品 abc'}
SkuInfo{key='ef', name='商品 ef'}
2
{ef=SkuInfo{key='ef', name='商品 ef'}, abc=SkuInfo{key='abc', name='商品 abc'}}
```

Caffeine 最常用的还是基于时间的淘汰策略,包括读写两种操作最新的操作时间。尤其是基于读操作的淘汰策略,这种策略能更好地作为热点缓存使用,即经常被访问的缓存将被一直保留。比如,网店大促的时候,可以设置一个基于读时间的淘汰策略的热点缓存,保留被经常访问的商品信息。

为了更好地进行测试,Caffeine 提供了可配置的自定义的基准时钟,基准时钟一定要通过 Caffeine.ticker(ticker::read)方法设置。这里用 Guava's testlib 的 FakeTicker 作为基准时钟,ticker.advance(8, TimeUnit.SECONDS)方法将基准时钟向前调 8 秒,从而避免了默认使用 Thread.sleep

方法等待系统时钟。

```
//evictByReadTime
FakeTicker ticker = new FakeTicker();// Guava's testlib
LoadingCache<String, SkuInfo> cache = Caffeine.newBuilder()
  .expireAfterAccess(10, TimeUnit.SECONDS)
  .ticker(ticker::read)
  .build(k -> service.query(k));
cache.get("A");
cache.get("B");
ticker.advance(5, TimeUnit.SECONDS);
System.out.println(cache.asMap());
cache.get("A");
//调用下面的代码，时间总共过了 13 秒，B 未能有人访问，将被清除
ticker.advance(8, TimeUnit.SECONDS);
cache.cleanUp();
System.out.println(cache.asMap());
```

代码片段输出如下：

```
{A=SkuInfo{key='A', name='商品 A'}, B=SkuInfo{key='B', name='商品 B'}}
{A=SkuInfo{key='A', name='商品 A'}}
```

从输出结果可以看出，先后写入 A 和 B，然后将时钟向前调 5 秒，再从缓存中获取 A，又将时钟向前调 8 秒。此刻，距离 B 的访问时间过去了 13 秒，超过了我们给定的 10 秒，所以最后 asMap 视图中只有 A。

作为热点缓存，需要注意的是不能设置太长时间，否则所有的缓存项都会被保留下来，通常电商系统热点缓存只设置数秒过期时间。可以结合系统至今前三个月甚至更久时间内的运行扛压数据来设置最大容量：

```
LoadingCache<String, SkuInfo> cache = Caffeine.newBuilder()
  .expireAfterAccess(2, TimeUnit.SECONDS)
  .maximumSize(100)
  .build(k -> service.query(k));
```

Caffeine 支持自定义基于时间的淘汰策略，需要实现 Expiry 接口，比如根据 SkuInfo 的属

性确定下次过期时间。比如当 Sku 的属性 typetype 为 "a" 的时候，过期时间为 12 小时，其他情况下过期时间为 7 天：

```java
public class CacheSkuExpiry implements Expiry<String, Sku> {

    @Override
    public long expireAfterCreate(@NonNull String key, @NonNull Sku value, long currentTime) {
        if(value.getType()=="a"){
            return Duration.ofHours(12).toNanos();
        }else{
            return Duration.ofDays(7).toNanos();
        }
    }
}
```

然后创建 Cache：

```java
cache = Caffeine.newBuilder()
            .expireAfter(new CacheSkuExpiry ())
            .build();
```

5.1.4　statistics 功能

对于一个优秀的 Caffeine 缓存而言，提供缓存的统计信息可以让用户实时监控缓存的健康状况，并根据使用情况及时调整策略和空间配比。

```java
//statistics
LoadingCache<String, CacheData> cache = Caffeine.newBuilder()
  .maximumSize(10)
  .recordStats()
  .build(k -> CacheData.get(k));
cache.get("A"); cache.get("B"); cache.get("C"); cache.get("A"); cache.get("A");
cache.get("B"); cache.get("B"); cache.get("B"); cache.get("C"); cache.get("B");
cache.get("A"); cache.get("C"); cache.get("D"); cache.get("C"); cache.get("E");
printStat(cache.stats());
```

输出如下：

请求数：15
载入成功数：5
载入失败数：0
载入失败率：0.0
命中数：10
命中率：0.6666666666666666
丢失数：5
丢失率：0.3333333333333333
驱逐数：0
驱逐权重：0
载入总时间（包括载入失败）：0.0836 s
载入新值的平均时间（包括载入失败）：0.01672 s

除了使用默认的统计，也可以向 recordStats 方法传入我们自定义的 StatsCounter，将统计信息更新至自定义的存储位置。默认每次新创建的缓存都是全新的统计信息，我们可以将统计信息定期写入数据库或某个持久化存储。例如：使用 Dropwizard Metrics、Prometheus 来做实时服务监控。

5.1.5　Caffeine 高命中率

衡量一个缓存好坏最重要的指标就是命中率，但目前而言，要提升命中率只能想办法改进算法。Caffeine 改进的核心算法是 TinyLFU，这是一个高效的缓存许可准入策略，Caffeine 将其扩展为 W-TinyLFU 算法。

下图是 TinyLFU 的通用扩展结构图。

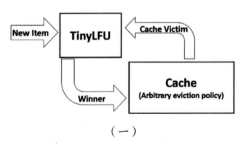

（一）

改进后的 W-TinyLFU 如下图所示。

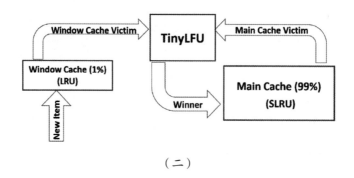

（二）

上面两个图来源：*TinyLFU: A Highly Efficient Cache Admission Policy*。

图一是 TinyLFU 的通用扩展结构图（TinyLFU 的基本结构，可以被扩展。图中 TinyLFU 和 Main Cache 可能有不同的实现算法，但两者的功能不能改变，也不能减少）。TinyLFU 从 Cache 中挑选出一个被驱逐的 item（后面叫 victim），新进的 item 叫 candidate；由 TinyLFU 决定用 candidate 代替 victim 是否能增加命中率，胜者被 TinyLFU 记录下来。在 TinyLFU 中永久保存每个数据对应的访问次数，极大的数据量给 TinyLFU 算法带来两个问题：一是找到一个良好的刷新机制确保维持高频数据和移除旧数据（或者削弱不再访问的数据的频度）；二是如何记录所有数据的访问次数，同时还要减少内存开销。最终 TinyLFU 选择了一个基于 Bloom Filter（BF）算法的变种 CM-Sketch（CMS）算法，CMS 增加了可删除元素的操作及估算操作。CM-Sketch 结构用于数据访问频度的记录及数据频度的估算。TinyLFU 会依据频度决定 victim 和 candidate 是否交换。CM-Sketch 结构图如下图所示。

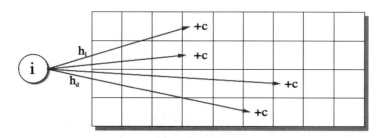

来源：*Approximating Data with the Count-Min Data Structure*。

注：数据 i 会被 n 个 Hash 分别映射到 n 个行向量中的某个位置，每个命中位置的数值加一。

为了实现更好的空间利用率和命中率，TinyLFU 在细节上对 CMS 结构进行了极致的"打磨"。

以下代码摘自 Caffeine 的 FrequencySketch 类：

```java
//FNV-1a、CityHash 和 Murmur3 等优秀的 Hash 算法种子
static final long[] SEED = { // A mixture of seeds from FNV-1a, CityHash, and Murmur3
    0xc3a5c85c97cb3127L, 0xb492b66fbe98f273L, 0x9ae16a3b2f90404fL, 0xcbf29ce484222325L};
//底层 Hash 映射向量表，表大小取自缓存容量的对数 Log₂(maxsize)
long[] table = new long[(maximum == 0) ? 1 : (1 << (Integer.SIZE -
Integer.numberOfLeadingZeros(x - 1))) ] ;

/**获取一个数据对应的四个计数值中最小的计数值*/
public int frequency(@NonNull E e) {
    if (isNotInitialized()) {
        return 0;
    }

    int hash = spread(e.hashCode());
    int start = (hash & 3) << 2;
    int frequency = Integer.MAX_VALUE;
    for (int i = 0; i < 4; i++) {
        int index = indexOf(hash, i);
        int count = (int) ((table[index] >>> ((start + i) << 2)) & 0xfL);
        frequency = Math.min(frequency, count);
    }
    return frequency;
}

public void increment(@NonNull E e) {
    if (isNotInitialized()) {
        return;
    }
    /*通过补充差额计算，减少 Hash 碰撞*/
    int hash = spread(e.hashCode());
    /*
     * 将原本 CM-Sketch 实现的 4 bit 计数器扩大为 8 bit，但计数器的最大值还是 15
     * 获取的是该数据对应的第一个计数器
     * */
    int start = (hash & 3) << 2;
    /*将数据的 Hash 值通过四个 hash seed 映射到 table 的位置*/
    //此处不用循环可以提升 5m ops/s
    int index0 = indexOf(hash, 0);
```

```
int index1 = indexOf(hash, 1);
int index2 = indexOf(hash, 2);
int index3 = indexOf(hash, 3);
/*分别对每个计数器加一*/
boolean added = incrementAt(index0, start);
added |= incrementAt(index1, start + 1);
added |= incrementAt(index2, start + 2);
added |= incrementAt(index3, start + 3);
/*减半重置刷新机制：如果有一个数据的计数器超过了阈值15，则所有计数器数值减半*/
if (added && (++size == sampleSize)) {
    reset();
}
}
```

对 CMS 细节改变的地方如下：

- 用 long 类型的一维数组构建出二维表（一个 Hash 函数对应一个行向量）。
- 将原本的 4bit 计数器改成 8bit 计数器，获得更精确的位运算，但最大值仍然是 15。
- 最重要的一点是改进了笔者提到的第二个问题。使用减半重置刷新机制，不仅提升了性能，更加提升了历史数据的频度准确性，进而提升了命中率。
- 限制了四个计数器中跨度最大的计数器的增加。例如：[2,2,4,8]四个计数器数值，再新增一个值，不会将 8 加 1。

除了在 CM-Sketch 算法上的改进，Caffeine 进一步将 TinyLFU 改进为 W-TinyLFU。在 W-TinyLFU 的基础上，增加了前置 window cache。

Caffeine 默认的空间组成与分配比例：由一个 window cache（W-C）与 main cache（M-C）构；M-C 又由 probation cache 和 protected cache 构成。W-C 占整个容量的 1%，M-C 占 99%。而 M-C 中 protected cache 占 M-C 容量的 80%，probation cache 占 20%。caffeine 会在某些场景中使用爬山优化算法自动调整 W-C 和 M-C 的比例，如果预先知道开发的系统会应用在突发热点访问场景中，则可以将比例设置为 2：8，这个比例在 TinyLFU 论文中有提到。

以下代码摘自 Caffeine 的 BoundedLocalCache.setMaximumSize：

```
/*整个 cache 的最大容量*/
long max = Math.min(maximum, MAXIMUM_CAPACITY);
/*PERCENT_MAIN = 0.99，所以 window cache 占 1%*/
long window = max - (long) (PERCENT_MAIN * max);
/*PERCENT_MAIN_PROTECTED = 0.8，占据的是除去 window cache 的 80%*/
```

```
long mainProtected = (long) (PERCENT_MAIN_PROTECTED * (max - window));
```

在 Caffeine 的 W-TinyLFU 结构中，W-C 和 M-C（包括 protected 和 probation）采取一种 segment LRU，即分段 LRU，使用三个 AccessOrderDeque 队列来对应每个 LRU 段；每一个缓存区域都使用 LRU 淘汰算法。因此在面对突发的热点数据访问时，W-C 作为前置窗口，利用 LRU 可以很好地应对（不了解的读者可以先去了解 LRU 和 LFU 两种算法恰好相反的缺点和优点）。在非突发访问缓存时，又利用了 TinyLFU 过滤器，将 W-C 的 victim 和 probation 中的 candidate 进行比较。TinyLFU 保证了类似 LFU 的优点，通过频度预测数据是否淘汰，但绝不是 LFU。

新写入 Caffeine 的数据，首先进入 W-C，然后由 TinyLFU 决定是否进入 probation。留在 probation 中的数据是访问一次的，访问两次以上的数据会提升进入 protected 区域。protected 中符合驱逐条件的数据会降级到 probation。

以下代码摘自 BoundedLocalCache.admit，这是 TinyLFU 的竞争淘汰算法，比较数据的频度，输了的数据被淘汰，胜者进入又分两种情况：W-C 数据进入 probation，probation 中的数据进入 protected。具体内容可查看 evictEntry(Node node, RemovalCause cause, long now)方法：

```
boolean admit(K candidateKey, K victimKey) {
    int victimFreq = frequencySketch().frequency(victimKey);
    int candidateFreq = frequencySketch().frequency(candidateKey);
    if (candidateFreq > victimFreq) {
        return true;
    } else if (candidateFreq <= 5) {
        return false;
    }
    int random = ThreadLocalRandom.current().nextInt();
    return ((random & 127) == 0);
}
```

通过扩展的 W-TinyLFU 提升了命中率。TinyLFU 的 admit 方法通过比较数据的频度实现数据淘汰。

5.1.6　卓越的性能

本节涉及的技术比较多，无法展现更多的源码解析过程，所以更多的是通过文字叙述 Caffeine 在什么场景下使用了哪些技术、解决什么问题。希望读者自行了解涉及的技术。

除了高命中率，在日益复杂的系统中，缓存更需要卓越的性能。Caffeine 在性能上的改进令人惊叹，包括但不限于：read buffer（RB）使用 striped ring buffer（一个环形缓冲区的 striped 数组数据结构）；writer buffer（WB）不直接存数据；基于时间的驱逐算法使用 Time Wheel（TW）；缓存内存的操作使用 Unsafe 代替。这些改进给 Caffeine 带来了优良的读写性能。传统的解决这类问题的方法，在高并发场景中的主要瓶颈是在对队列操作时进行加同步锁，使得绝大部分的性能损耗在线程上下文切换中，但 Caffeine 使用了更高效的方式。

在此之前，先解释一下 Caffeine 的 RB 和 WB 的用途，这两个缓存用于读写数据后的事件处理中（实际上 RB 和 WB 中存放的是对应操作 Event 事件，RB 对应 read event，WB 对应 writer event）。read event 的作用是对缓存真实数据的存储队列的数据重排，以及触发异步任务，将 buffer 数据同步至缓存中。writer event 的作用是对数据的元数据进行改变，如增加访问次数、改变最新访问时间、调整 Time Wheel 等。

RB 最重要的是保证数据访问的顺序，这样才能确保缓存中真实的数据的顺序。所以 RB 可以简化为**生产者—消费者**问题，目前好的解决方案是 LMAX Disruptor 的方案。不过 Caffeine 并没有采用这种方案，它使用了一种 striped ring buffer（SRB）数组的数据结构（数组中元素是一个个极小的环形缓冲区）。这种数据结构在并发访问时的优点是，它并不直接对每个线程使用同步锁，而是用一个 Hash 将每个线程分散到数组的不同段中，通过这种方法有效地将一个锁模拟分散至一组锁上。当然每个段内也有可能发生并发，但是段中的并发使用了 CAS 计数器，尽可能地避免了使用线程切换带来的损耗。同时数组中每个 ring buffer 尽可能小，避免了 JVM 垃圾回收器带来的损耗。除此之外，Caffeine 借鉴了数据库设计中的 write-ahead log 方法，更加确保了数据访问信息的准确性，进而提升了命中率。详情可以查看 StripedBuffer 与 BoundedBuffer 实现。

WB 其实并不是直接存储写入的数据，它保存了一个个异步 Task 任务，例如：写入操作之后的 writer_event 传递的 AddTask 负责数据重排、元数据信息改变、触发维护期等。Caffeine 认为每个写入操作后的事件处理都是一个异步任务，避免了使用少部分线程处理大量异步任务带来的维护问题。正因如此，WB 并不是很大，容量大约是在[4,500]之间动态地调整，并且动态调整方式只是创建新队列，然后"link"到旧的队列尾部，减少了频繁的伸缩操作带来的性能损耗。

Caffeine 使用的另一个重要技术是 Hierarchical TimeWheel（分层时间轮 HTW）。HTW 在自定义淘汰策略和时间淘汰策略中使用。HTW 如下图所示。

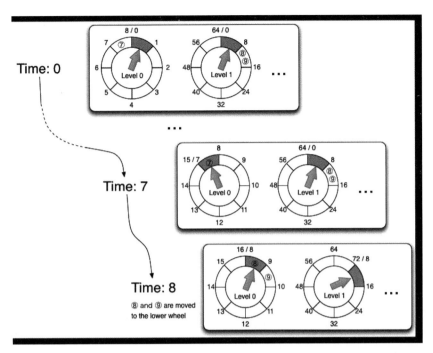

Caffeine 的 HTW 有五种时间层级（秒、分、时、日、周，但是在下面的代码中会看到第六个时间轮，也许是作者手误多复制了一个，又或者是未来会增加一个。至少在此版本中第六个并未使用。所以这里只能给读者展示真实的结果），每层指向缓存中最后访问时间至今的时间间隔小于层级规定的时间间隔的所有 node 的队列。例如：第一层为 1.07s，缓存中最后访问时间至今小于 1.07s 的 node 组成一个队列。

下面的代码摘自 Caffeine 的 TimeWheel 类：

```
//初始化每层时间轮的存储大小
static final int[] BUCKETS = { 64, 64, 32, 4, 1 };
//时间轮。每层代表的时间间隔为 1.07s、1.14m、1.22h、1.63d、6.5d。最后一个可能是误写，
//因为源码中没有用到第六个
static final long[] SPANS = {
    ceilingPowerOfTwo(TimeUnit.SECONDS.toNanos(1)), //1.07s
    ceilingPowerOfTwo(TimeUnit.MINUTES.toNanos(1)), //1.14m
    ceilingPowerOfTwo(TimeUnit.HOURS.toNanos(1)),   //1.22h
    ceilingPowerOfTwo(TimeUnit.DAYS.toNanos(1)),    //1.63d
    BUCKETS[3] * ceilingPowerOfTwo(TimeUnit.DAYS.toNanos(1)), //6.5d
    BUCKETS[3] * ceilingPowerOfTwo(TimeUnit.DAYS.toNanos(1)), //6.5d
};
```

HTW 会在 writer event 中依据时间间隔异步定期将不同层级的 node 级联地调整到对应的层级中。这让 Caffeine 在执行驱逐时，只需要在不同层级中直接移除对应的队列即可，时间复杂度为 O(1)。

Caffeine 坚决使用异步任务执行读写事件并将其推迟到维护期，避免了其他缓存在读写时还定时处理任务的缺陷。既然使用异步，那么就需要解决并发问题，Caffeine 使用 striped ring buffer 做读缓冲，将对一个队列的操作使用 Hash 分散至一组区域（也可以说将一个锁分散至一组锁）；写缓冲更是改变了传统的逻辑。在缓存大量数据时，使用分层时间轮可以极快地更迭缓存数据。

下图是 Caffeine 和其他流行缓存的性能对比。

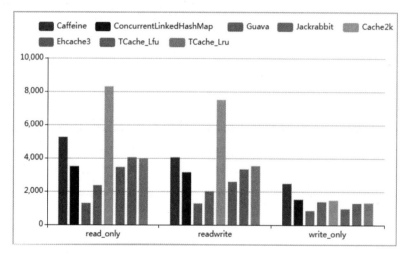

基于 JMH 微测试框架进行测试，mode 为 thrpt 吞吐量测试，度量单位为 ops/s（为了显示方便，这里的数值被缩小了 10000 倍）。

下图是命中率的测试效果。

Policy	Hit rate	Hits	Misses	Requests	Evictions	Admit rate	Steps	Time
product.Cache2k	49.41 %	7,835	8,023	15,858	7,511	100.00 %	?	450.8 ms
product.Caffeine	55.62 %	8,821	7,037	15,858	6,525	100.00 %	?	577.6 ms
product.Ehcache3	44.84 %	7,110	8,748	15,858	8,236	100.00 %	?	364.2 ms
product.ElasticSearch	46.66 %	7,400	8,458	15,858	7,946	100.00 %	?	229.4 ms
product.ExpiringMap	46.66 %	7,400	8,458	15,858	7,946	100.00 %	?	204.5 ms
product.Guava	46.61 %	7,391	8,467	15,858	7,955	100.00 %	?	222.4 ms
product.OHC (Lru)	46.54 %	7,381	8,477	15,858	7,965	100.00 %	?	525.2 ms
product.OHC (W-TinyLfu)	53.12 %	8,424	7,434	15,858	6,930	100.00 %	?	218.8 ms
product.TCache	54.87 %	8,702	7,156	15,858	6,655	100.00 %	?	610.1 ms

可以看到，Caffeine 有着最高的命中率。

cache2k 算法并非 O(1)时间复杂度算法，它是 Clock-Pro 的一种结合 LIRS 思想的算法。该算法在读缓存最差情况下的时间复杂度是 O(n)，更适合用并发读取，cache2k 正是这么做的。但在写缓存时，cache2k 表现出了并发的普遍性能弱的问题，故不在基准测试中。选择缓存时，首先看重的是高命中率。

5.2　映射工具 Selma

当我们需要复制一个 POJO 对象时，比如从 Caffeine 缓存中取出一个对象，为了避免业务操作污染这个对象，需要复制一份。Java 提供了大量的工具来自动完成复制而不需要手工编写代码。手工编写代码的主要问题在于当 POJO 改变时，开发者或后来的维护者编写的复制或映射代码没有随之改变。以下是一个 Department 对象，需要完成复制功能：

```java
public class Department {
  Integer id;
  String name;
  List<User> users;
  //忽略 getter 和 setter 方法
}
```

通过编码实现的效率最高，以下代码是一个 Department 的复制方法：

```java
//CloneUtil
public  Department cloneDepartment(Department source){
    Department target = new Department();
    target.setId(source.getId());
    target.setName(source.getName());
    //复制用户
    List<User> users = target.getUsers();
    if(users!=null){
      List userList = new ArrayList(users.size());
      for(User user:users){
        User targetUser= cloneUser(user);
        userList.add(targetUser);
      }
      target.setUsers(userList);
    }
```

```
            return target;
    }

    protected User cloneUser(User source){
        User target = new User();
        target.setId(source.getId());
        target.setName(source.getName());
        target.setPassword(source.getPassword());
        return target;
    }
```

以上代码的问题在于当对象改变时，比如新增一个 type 属性，这段 cloneDepartment 必须调整，添加 type 属性的赋值。很不幸，忘记复制新增属性是手写复制代码的常见现象。

可以通过 JDK 对象的序列化和反序列化来实现对象的复制，但这种复制方法的性能非常糟糕：

```
    public Department cloneByObjectWriter(Department source){
        try {
            //序列化
            ByteArrayOutputStream bos = new ByteArrayOutputStream();
            ObjectOutputStream os = new ObjectOutputStream(bos);
            os.writeObject(source);
            os.close();
            //反序列化
            ByteArrayInputStream bis = new ByteArrayInputStream(bos.toByteArray());
            ObjectInputStream is = new ObjectInputStream(bis);
            Department department = (Department)is.readObject();
            return department;
        } catch (IOException | ClassNotFoundException e) {
            throw new RuntimeException(e);
        }
    }
```

运行 CloneUtilTest 方法，会发现采用 JDK 序列化机制的性能不甚理想：

Benchmark	Mode	Score	Units
c.i.c.c.CloneUtilTest.testCloneByHardCode	avgt	59.844	ns/op
c.i.c.c.CloneUtilTest.testCloneByJson	avgt	1476.493	ns/op

```
c.i.c.c.CloneUtilTest.testCloneByObjectWriter    avgt    22846.874    ns/op
```

性能如此糟糕主要是因为对象的任何属性都要序列化成 byte，然后通过 byte 反序列化成对象属性，这是一个非常耗时的操作。使用 Jackson 序列化和反序列化也是复制对象的一个办法，然而性能也很糟糕。

因此在关键业务中，不要使用 Java 的序列化机制来实现对象的复制。

Selma 是一款高效的对象复制和属性映射工具，它实现了 JSR269，Selma 会在编译时期生成对象复制的代码，类似代码生成。要使用 Selma，需要引入下面的依赖：

```xml
<dependency>
  <groupId>fr.xebia.extras</groupId>
  <artifactId>selma-processor</artifactId>
  <version>1.0</version>
  <scope>provided</scope>
</dependency>

<dependency>
  <groupId>fr.xebia.extras</groupId>
  <artifactId>selma</artifactId>
  <version>1.0</version>
</dependency>
```

与 Selma 类似的还有 Mapstruct，具备同样的高性能和丰富的功能特性。

任意编写一个简单的接口：

```java
import com.ibeetl.code.ch05.model.Department;
import fr.xebia.extras.selma.Mapper;

@Mapper
public interface DepartmentMapper {
  Department clone(Department source);
}
```

在 DepartmentMapper 接口中添加一个输入参数是 Department、输出是 Department 对象的方

法，可以是任意方法名。接口类必须用@Mapper 注解，这样在这个代码被编译的时候，会让 Selma 代码生成一个 DepartmentMapperSelmaGeneratedClass 的类。重写此方法，代码如下：

```
public final class DepartmentMapperSelmaGeneratedClass
    implements DepartmentMapper {

  @Override
  public final Department clone( Department inDepartment) {
     //忽略代码，内容类似 CloneUtil.cloneDepartment 手写的复制代码
  }

  public final User asUser(User inUser) {
     //忽略代码，内容类似 CloneUtil.cloneUser 手写的复制代码
  }
}
```

Selma 会生成一个该接口的实现，放到 target/generated-sources/annotations 目录下，这是 JSR269 规范推荐的生成目录，IDE 能识别此目录为源代码目录。

使用 Selma，不需要知道这个类存在，调用 Selma.builder 方法，传入我们定义好的接口即可，返回生成的接口实现类：

```
DepartmentMapper mapper = Selma.builder(DepartmentMapper.class).build();
```

Selma 之所以会生成 asUser 方法，是因为它发现 User 是一个非 Java 内置的对象，因此单独生成一个 asUser 方法用于复制 User，这有利于复用这个方法。如果 Department 除了 List 属性，还有以下属性：

```
private User managaer;
```

那么 Selma 可以复用 asUser 方法，实现 manager 属性的复制。

可以在 Mapper 接口中定义自己的复制方法，比如 User 对象的复制需要一定的个性化扩展，需要再定义一个 Mapper 类。在 DepartmentMapper 接口中定义一个 Mapper 类：

```
@Mapper(withCustom = UserCustomMapper.class)
public interface DepartmentMapper {

  Department clone(Department source);
```

```
}
class UserCustomMapper{
  public UserCustomMapper(){}
  public User toUser(User source){
    User target = new User();
    target.setId(source.getId());
    target.setAge(source.getAge());
    return target;
  }
}
```

在 Selma 生成复制代码的时候，如果遇到 User 对象需要复制，则先检测有没有自定义的类，如果有，那么再检测自定义的类的方法里有没有入参是 User 的，如果有，则会调用此方法作为对象复制方法。

如果对象出现了循环引用，则可以使用 withCyclicMappings = true：

```
@Mapper(withCyclicMappings = true)
public interface DepartmentMapper {
  Department clone(Department source);
}
```

如果不想有些属性被复制，则可以使用 withIgnoreFields：

```
@Mapper(withIgnoreFields = {"age", "User.password"})
public interface DepartmentMapper {
  Department clone(Department source);
}
```

也可以使用完全限定名 com.ibeetl.code.ch05.model.User.password。

Selma 不仅可以作为对象复制工具，也可以作为一个对象到另一个对象的映射工具，限于篇幅，不再详细介绍。

性能测试表明，Selma 具备与手写代码一样的性能：

```
c.i.c.c.CloneUtilTest.testCloneBySelma      avgt       45.338    ns/op
```

5.3 JSON 工具 Jackson

JSON 是 Web 服务器常用的一种格式，用于前后端交互，其也是用于微服务系统之间的一种序列化格式。最流行的微服务框架 Spring Boot 内置的 JSON 序列化/反序列化工具采用的是 Jackson，Jackson 是一个功能齐全、性能良好的 JSON 工具。下图是 Java 的 JSON 工具的性能测试对比，Jackson 的性能非常好。

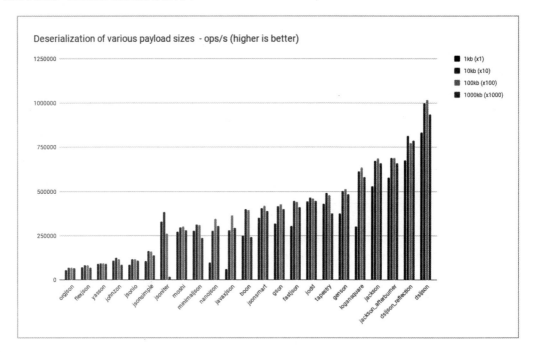

在最新版本的 Fastjson 与 Jackson 的对比中，Fastjson 的性能略微领先，但考虑到 Fastjson 1.x 是一个 JSON 序列化工具，而 Jackson 是序列化框架（比如序列化成 JSON、XML，支持各种流行二进制协议，如 MessagePack、ProtoBuf 等），功能更加强大，所以越来越多项目选择 Jackson 作为 JSON 工具。

5.3.1 Jackson 的三种使用方式

Jackson 是 JavaBean 到 JSON 的绑定工具，Jackson 使用 ObjectMapper 类将 POJO 对象序列化成 JSON 字符串，也能将 JSON 字符串反序列化成 POJO 对象。实际上，Jackson 支持三种层次的序列化和反序列化方式。

- 采用 DataBind 方式，将 POJO 序列化成 JSON，或者反序列化成 POJO，这是最直接和最简单的一种方式，不过有时候需要辅助 Jackson 的注解或上述序列化实现类来个性化序列化和反序列化操作。
- 采用树遍历(Tree Traversing)方式，JSON 被读入 JsonNode 对象，可以像操作 XML DOM 那样读取 JSON。
- 采用 JsonParser 来解析 JSON，解析结果是一串 Tokens，采用 JsonGenerator 来生成 JSON，这是底层的方式。

对于应用程序来说，最常用的方式是 DataBind，也就是将 POJO 对象转化为 JSON 字符串，或者解析 JSON 字符串，映射到 POJO 对象上。树遍历也是一种常用的方式，特别是没有现成的 POJO 做数据绑定的时候，可以遍历树获取 JSON 数据。

底层的 Parser 和 Generator 在应用程序中经常用于个性化序列化和反序列化操作，我们将在说明 @JsonSerialize 的时候详细讲解。

5.3.2 Jackson 树遍历

树遍历方式通常适合没有 POJO 对象对应的 JSON 数据，代码如下：

```
String json = "{\"name\":\"lijz\",\"id\":10}";
JsonNode node = mapper.readTree(json);
String name = node.get("name").asText();
int id = node.get("id").asInt();
```

readTree 方法可以接收一个字符串或字节数组、文件、InputStream 等，返回 JsonNode 作为根节点，可以像操作 XML DOM 那样遍历 JsonNode 来获取数据。

JsonNode 支持一系列方法来读取 JSON 数据：

- asXXX，比如 asText、asBoolean、asInt 等，读取 JsonNode 对应的值。
- isArray 用于判断 JsonNode 是否是数组，如果是数组，则可以调用 get(i) 来遍历，通过 size() 来获取长度。
- get(String)，获取当前节点的子节点，返回 JsonNode。

注意：

JSON 规范要求 Key 是字符串，而且用双引号，尽管很多工具都可以用单引号甚至不用也能识别，但建议还是遵照 JSON 的规范。

5.3.3 对象绑定

应用程序中更常见的是使用 Java 对象来与 JSON 数据互相绑定，仅调用 ObjectMapper 的 readValue 来实现，比如在 5.3.2 节的例子中，JSON 数据如下：

```
{"name":"lijz","id":10}
```

可以创建一个 POJO 对象来与 JSON 数据相对应，对象如下：

```
public class User {
    Long id;
    String name;
    //忽略 getter 和 setter 方法
}
```

然后使用 readValue 来反序列化上面的 JSON 字符串：

```
String json = "{\"name\":\"lijz\",\"id\":10}";
User user = mapper.readValue(json, User.class);
```

将 POJO 对象序列化成 JSON 数据，使用 mapper 的 writeValueAsString 方法：

```
User user = new User();
user.setId(11);
user.setName("hello");
String str = mapper.writeValueAsString(user);
```

mapper.writeValueAsString 将对象序列化成 JSON 字符串，可以使用 Jackson 注解来对序列化的字段进行定制。

Jackson 包含很多注解，用来个性化序列化和反序列化操作，主要有如下注解。

@JsonProperty，作用在属性上，用来为 JSON Key 指定一个别名：

```
@JsonProperty ("userName")
private String name
```

@JsonIgnore，作用在属性上，可忽略此属性：

```
@JsonIgnore
```

```
private String password
```

@JsonIgnoreProperties，在序列化的时候，忽略一组属性，作用于类上，例如：

```
@JsonIgnoreProperties ({"id","photo"})
public static class SamplePojo{
}
```

Jackson 反序列化时，如果有不识别的属性，则会报错。可以使用 ignoreUnknown=true 来忽略未识别的属性，比如 JSON 字符串里有一个 name 属性，SamplePojo 取消了这个属性：

```
@JsonIgnoreProperties (ignoreUnknown=true)
public static class SamplePojo{
    \\String name;
}
```

@JsonAnySetter，标记在某个方法上，Jackson 在反序列化过程中，未找到的对应属性都调用此方法。此方法需要定义 key 和 value 两个参数，对应 JSON 的 Key 和 Value。通常这个方法用一个 Map 来实现：

```
@JsonAnySetter
private void other( String key, Object value ) {
  map.put(key, value);
}
```

@JsonAnyGetter，此注解标注在一个返回 Map 的方法上，Jackson 会取出 Map 中的每一个值进行序列化。

```
class Department {
        Map map = new HashMap();
        int id ;
        public Department(int id){
            this.id = id;
            map.put("newAttr", 1);
        }
        @JsonAnyGetter
        public Map<String, Object> getOtherProperties() {
```

```
            return map;
        }
}
```

Dempartment，对象序列化的时候，其 JSON 类似如下：

`{"id":1,"newAttr":1}`

@JsonFormat，用于日期格式化，例如：

```
@JsonFormat(pattern = "yyyy-MM-dd HH-mm-ss")
private Date createDate;
```

@JsonNaming，用于指定一个命名策略，作用于类或属性上，类似@JsonProperty，但是自动命名。Jackson 自带了多种命名策略，我们可以实现自己的命名策略，比如输出的 Key 由 Java 命名方式转为下画线命名方式，userName 转化为 user-name：

```
@JsonNaming(PropertyNamingStrategy.LowerCaseWithUnderscoresStrategy.class)
public class Message {
    ...
}
```

LowerCaseWithUnderscoresStrategy 将所有属性名从驼峰命名方式转为下画线方式。

@JsonSerialize，指定一个实现类来自定义序列化操作。该类必须实现 JsonSerializer 接口，代码如下：

```
public static class Usererializer extends JsonSerializer<User> {
    @Override
    public void serialize(User value, JsonGenerator jgen, SerializerProvider provider)
        throws IOException, JsonProcessingException {
        jgen.writeStartObject();
        jgen.writeStringField("user-name", value.getName());
        jgen.writeEndObject();
    }
}
```

JsonGenerator 对象是 Jackson 底层的序列化实现，上面的代码仅序列化 name 属性，而且输出的 Key 是 user-name。

使用注解 JsonSerialize 来指定 User 对象的序列化方式：

```
@JsonSerialize(using = Usererializer.class)
public class User {
    ...
}
```

@JsonDeserialize，用户自定义反序列化操作，同 JsonSerialize，自定义反序列化类需要实现 JsonDeserializer 接口：

```
public class UserDeserializer extends JsonDeserializer<User> {

    @Override
    public User deserialize(JsonParser jp, DeserializationContext ctxt)
      throws IOException, JsonProcessingException {
        JsonNode node = jp.getCodec().readTree(jp);
        String name = node.get("user-name").asText();
        User user = new User();
        user.setName(name);
        return user;
    }
}
```

使用注解 JsonDeserialize 来指定 User 对象的序列化方式：

```
@JsonDeserialize (using = UserDeserializer.class)
public class User {
    ...
}
```

自定义序列化类可以参考 5.3.6 节。

在使用自定义序列化功能之前，可以查看官网文档了解所有的注解功能，Jackson 有大量的注解来辅助实现序列化和反序列化的个性化需求。

5.3.4　流式操作

流式操作是 Jackson 的核心，也是 Jackson 的基础。树模型和数据绑定都是基于流式操作完成的，即通过 JsonParse 类解析 JSON，形成 JsonToken 流。解析 JSON 的代码如下：

```
String json = "{\"name\":\"lijz\",\"id\":10}";
JsonFactory f = mapper.getFactory();
String key=null,value=null;
JsonParser parser = f.createParser(json);
// "{", START_OBJECT, 忽略第一个 Token
JsonToken token  = parser.nextToken();
//"name", FIELD_NAME
token = parser.nextToken();
if(token==JsonToken.FIELD_NAME){
  key = parser.getCurrentName();
}
token = parser.nextToken();
//"lijz", VALUE_STRING
value = parser.getValueAsString();
parser.close();
```

JsonParser 的解析结果包含一系列 JsonToken，JsonToken 是一个枚举类型，常用的 START_OBJECT 代表符号 "{"，END_OBJECT 代表符号 "}"，START_ARRAY 代表 "["，END_ARRAY 代表符号 "]"，FIELD_NAME 表示一个 JSON Key，VALUE_STRING 代表一个 JSON Value（字符串类型），VALUE_NUMBER_INT 则表示整数类型等。

判断 Token 类型后，通过调用 getValueAsXXX 来获取其值，XXX 是其值的类型。

JsonGenerator 用于生成 JSON：

```
JsonFactory f = mapper.getFactory();
//输出到 stringWriter
StringWriter sw = new StringWriter();
JsonGenerator g = f.createGenerator(sw);
//{
g.writeStartObject();
//"name", "lijiazhi"
g.writeStringField("name", "lijiazhi");
//}
g.writeEndObject();
g.close();
String json = sw.toString();
```

5.3.5 自定义 JsonSerializer

大多数情况下，在对象上使用注解就可以自定义序列化方式，但有时对象是由第三方提供的，无法在源码上添加注解，则可以为这些对象定义 JsonSerializer 并注册到 ObjectMapper。

如下一个对象：

```
public class JsonResult {
    boolean success;
    String msg;
    //忽略 getter 和 setter
}
```

正常情况下，上面的对象序列成 JSON 后如下：

```
{"success":true,"msg":"...."}
```

如果需要序列化其他格式，比如，当 success 为 true 的时候，输出 code:200，类似如下格式：

```
{"code":"200","msg":"...."}
```

可以像@JsonSerialize 那样自定义一个序列化类实现：

```
@Configuration
public class JacksonConf {

    @Bean
    public ObjectMapper getObjectMapper() {
        ObjectMapper objectMapper = new ObjectMapper();
        //定义一个序列化模块
        SimpleModule simpleModule = new SimpleModule("SimpleModule",
                Version.unknownVersion());
        //为 JsonResult 对象指定一个自定义的序列化
        simpleModule.addSerializer(JsonResult.class, new CustomJsonResultSerializer());
        objectMapper.registerModule(simpleModule);

        return objectMapper;
    }

    static class CustomJsonResultSerializer extends JsonSerializer<JsonResult> {
```

```java
        @Override
        public void serialize(JsonResult value, JsonGenerator gen,
SerializerProvider serializers) throws IOException {
            gen.writeStartObject();
            //将本该输出的 success 字段改成输出 code，而且用 200 和 500 标识是否成功
            if(value.isSuccess()) {
                gen.writeObjectField("code", "200");
            }else {
                gen.writeObjectField("code", "500");
            }
            gen.writeStringField("msg", value.getMsg());
            gen.writeEndObject();
        }

    }
}
```

5.3.6　集合的反序列化

对于反序列化成集合，需要告诉 Jackson 集合的类型，否则，Jackson 会因为不知道集合元素类型而只能序列化成 Map：

```java
    public static void collectionSmaple() throws IOException{
        String jsonInput = "[{\"id\":2,\"name\":\"xiandafu\"},{\"id\":3,\"name\":\"lucy\"}]";
        //List<User> list 这种定义并不能给 objectMapper 提供泛型类型，在运行时刻泛型已经被擦
        //除了
        List<Map> list = objectMapper.readValue(jsonInput, List.class);
        System.out.println("collectionSmaple map:"+list.get(0));
        JavaType type = getCollectionType(List.class,User.class);
        List<User> listUser = objectMapper.readValue(jsonInput, type);
        System.out.println("collectionSmaple user:"+listUser.get(0));

    }
```

List 对象中的元素并非是 User，而是一个 Map 对象，包含两个 Key，分别是 id 和 name，这是因为 Jackson 并不知道要把 jsonInput 反序列化成 User 对象，在运行时刻，泛型已经被擦除了。为了提供泛型信息，Jackson 提供了 JavaType，用来指明集合类型，比如应用可以提供一个通用的 getCollectionType：

```
public JavaType getCollectionType(Class<?> collectionClass, Class<?>...
elementClasses) {
    return mapper.getTypeFactory().constructParametricType(collectionClass,
elementClasses);
}
```

上面的反序列化代码可以改成如下内容：

```
JavaType type = getCollectionType(List.class,User.class);
List<User> listUser = objectMapper.readValue(jsonInput, type);
```

constructParametricType 方法允许构造复杂的泛型类型描述：

- List<Set<User>>：使用 constructParametricType(List.class,Set.class,User.class)。
- Map<String,User>：使用 constructParametricType(Map.class,String.class,User.class)。

5.3.7 性能提升和优化

Jackson 有着非常好的性能，在性能评测中有着较好的排名。Jackson 给出了以下建议，以保证我们能高效地使用 Jackson：

- 总是考虑重用 ObjectMapper，ObjectMapper 是一个重量级对象，ObjectMapper 是线程安全的，可以放心使用，建议整个项目中只有一个 ObjectMapper。
- JsonParser 和 JsonGenerator 在使用完毕后需要调用 close 方法。
- 考虑使用流操作来提升序列化和反序列化的性能，相比于使用对象绑定（data bind），性能提升了 30%～40%。
- ObjectMapper 的 read 方法支持 byte[]、InputStream、Reader、String，性能上 byte[]最好，String 最差。
- 同样，对于输出，OutputStream 的性能最好，Writer 其次，最差的是 writeValueAsString，如果序列化对象输出，则可以直接传入 OutputStream，而不必经过中间格式 String 的转化。
- ObjectMapper 配置 USE_THREAD_LOCAL_FOR_BUFFER_RECYCLING，如 objectMapper.getFactory().enable(JsonFactory.Feature.USE_THREAD_LOCAL_FOR_BUFFER_RECYCLING)。在 3.3.4 节中说明了 Jackson 使用 ThreadLocal 缓存字符数组以提升性能。

5.4 HikariCP

选择一个好的数据库连接池对数据库访问至关重要，Spring Boot 自带 HikariCP 数据库连接池并推荐优先使用 HikariCP。下图为 HikariCP 在数据库连接池测试中的两个主要性能指标。

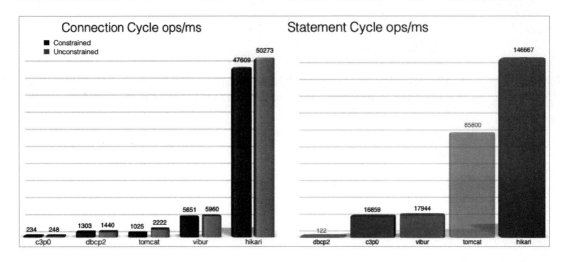

注：性能数据摘自 HikariCP 官网，一个基于 JMH 的 JDBC 性能测试工程。

5.4.1 安装 HikariCP

截至本书完稿时，HikariCP 的最新版本是 3.3.1：

```xml
<dependency>
  <groupId>com.zaxxer</groupId>
  <artifactId>HikariCP</artifactId>
  <version> 4.0.3 </version>
</dependency>
```

HikariCP 目前最新的版本是 5.0.1，适用于 JDK 11 以上版本，本书以 JDK 8 为主，所以使用 4.x 版本。

通常 HikariCP 都是与 Web 框架结合使用的，以 Spring 为例，可以通过以下代码创建 HikariDataSource：

```
HikariConfig config = new HikariConfig();
config.setJdbcUrl(jdbcUrl);
config.setUsername(xxx);
config.setPassword(yyy);
config.setMinimumIdle(MIN_POOL_SIZE);
config.setMaximumPoolSize(MAX_POOL_SIZE);
config.setConnectionTimeout(8000);
config.setLeakDetectionThreshold(60*1000)
DataSource  ds = new HikariDataSource(config);
```

MIN_POOL_SIZE 指最小的连接池的个数，MAX_POOL_SIZE 指最大的连接池的个数。setLeakDetectionThreshold 方法设置一个连接池泄漏时间阈值，如果在指定的时间内数据库连接没有返还给 HikariCP，则在控制台打印出调用栈，方便定位问题。HikariConfig 还支持如下表所示的一些配置。

name	描述	构造器默认值	动态修改
username	用户名		能
password	数据库用户名的密码		能
connectionTimeout	等待来自池的连接的最大毫秒数	SECONDS.toMillis(30) = 30000	能
idleTimeout	连接允许在池中闲置的最长时间	MINUTES.toMillis(10) = 600000	能
maxLifetime	池中连接的最长生命周期，HikariCP 会让此连接关闭并重新初始化一个连接	MINUTES.toMillis(30) = 1800000	能
connectionTestQuery	如果驱动程序支持 JDBC4，则不要设置此属性	null	
minIdle	池中维护的最小空闲连接数	-1	能
maxPoolSize	池中最大连接数，包括闲置和使用中的连接	-1	能
metricRegistry	该属性允许指定一个 Codahale/Dropwizard MetricRegistry 的实例，供池使用以记录各种指标	null	
healthCheckRegistry	该属性允许指定池使用的 Codahale/Dropwizard HealthCheckRegistry 的实例来报告当前健康信息	null	
poolName	连接池的用户定义名称，主要出现在日志记录和 JMX 管理控制台中，以识别池和池配置	null	
initializationFailTimeout	如果池无法成功初始化连接，则此属性控制池是否将快速失败（fail fast）	1	

续表

name	描述	构造器默认值	动态修改
isolateInternalQueries	是否在其事务中隔离内部池查询，例如连接活动测试	FALSE	
allowPoolSuspension	控制池是否可以通过 JMX 暂停和恢复	FALSE	
readOnly	从池中获取的连接是否处于只读模式，如果连接的是只读数据库，则设置能保证安全	FALSE	
registerMbeans	是否注册 JMX 管理 Bean（MBeans）	FALSE	
catalog	为支持 catalog 概念的数据库设置默认 catalog	driver default	能
connectionInitSql	该属性设置一个 SQL 语句，创建每个新连接后，将其添加到池中之前执行该语句	null	
driverClassName	HikariCP 将尝试通过仅基于 jdbcUrl 的 DriverManager 解析驱动程序，但对于一些较旧的驱动程序，还必须指定 driverClassName	null	
transactionIsolation	控制从池中返回的连接的默认事务隔离级别，通常 Dao 框架会设置此选项	null	
validationTimeout	指定一个超时时间，验证连接有效性	SECONDS.toMillis(5) = 5000	
leakDetectionThreshold	记录消息之前连接可能离开池的时间量，表示可能的连接泄漏，默认为 0（禁用），可以设置一个较长的时间，如果数据库连接在这个时间内没有被关闭，则认为泄漏，会在控制台打印出调用栈以方便定位问题	0，单位为毫秒	能
schema	该属性为支持模式概念的数据库设置默认模式	driver default	
threadFactory	此属性允许设置将用于创建池的所有线程的 java.util.concurrent.ThreadFactory 的实例	null	
scheduledExecutor	此属性允许设置将用于各种内部计划任务的 java.util.concurrent.ScheduledExecutorService 实例	null	

5.4.2　HikariCP 性能测试

HikariCP 官网提供了一个 **HikariCP-benchmark** 文件，用于衡量目前流行的开源数据库连接池的性能，这是一个 HikariCP 的 JMH 工程：

```
>git clone https://github.com/brettwooldridge/HikariCP-benchmark
```

```
>cd HikariCP-benchmark
>maven install
>./benchmark.sh quick -p pool=hikari,druid
```

上面的代码是测试 HikariCP 和国内的 Druid 的性能，quick 表示快速测试，大约需要 5 分钟，另一个数是 medium，大约需要 20 分钟。

运行完毕，会有类似以下的输出：

```
Benchmark                          (pool)   Mode   Cnt     Score         Units
ConnectionBench.cycleCnnection     hikari   thrpt   16   20443.223  ±   ops/ms
ConnectionBench.cycleCnnection     druid    thrpt   16    2428.607  ±   ops/ms
StatementBench.cycleStatement      hikari   thrpt   16   48201.492  ±   ops/ms
StatementBench.cycleStatement      druid    thrpt   16   37084.389  ±   ops/ms
```

cycleCnnection 用于验证获取连接和关闭连接所需要的时间，这是一个验证连接池性能好坏的重要指标，代码如下：

```java
public class ConnectionBench extends BenchBase
{
    @Benchmark
    @CompilerControl(CompilerControl.Mode.INLINE)
    public static Connection cycleCnnection() throws SQLException
    {
        Connection connection = DS.getConnection();
        connection.close();
        return connection;
    }
}
```

cycleStatement 用于测试从 Connection 获取 Statement，然后关闭所需要的时间，代码如下：

```java
public class StatementBench extends BenchBase
{
    @Benchmark
    @CompilerControl(CompilerControl.Mode.INLINE)
    public Statement cycleStatement(Blackhole bh, ConnectionState state) throws SQLException
    {
```

```
            Statement statement = state.connection.createStatement();
            bh.consume(statement.execute("INSERT INTO test (column) VALUES (?)"));
            statement.close();
            return statement;
        }
    }
```

Blackhole 对象是 JMH 提供的一个内置的实例，具有若干 consume 方法，这些 consume 方法可以接收不同参数，可以帮助 JMH "骗过" 虚拟机对测试代码做 Dead-Code 或常量折叠等优化。在本例中，statement.execute 返回一个 boolean 值并传入 consume 方法，从而告诉 JVM 不要对这段代码进行优化。注意在 HikariCP 性能测试中，statement.execute 并没有真正执行数据库操作，JIT 在运行时刻很可能会进行优化而忽略执行这段代码，使用 Blackhole.consume 方法禁止虚拟机进行优化。

HikariCP-benchmark 包含一系列的数据库连接池，直接运行可以观察当前流行的大数据库：

./benchmark.sh

可以看到 HikariCP 是目前速度最快的数据库连接池：

Benchmark	(pool)	Mode	Cnt	Score	Units
ConnectionBench.cycleCnnection	hikari	thrpt	16	17518.118	ops/ms
ConnectionBench.cycleCnnection	dbcp2	thrpt	16	1175.980	ops/ms
ConnectionBench.cycleCnnection	tomcat	thrpt	16	1404.749	ops/ms
ConnectionBench.cycleCnnection	c3p0	thrpt	16	354.990	ops/ms
ConnectionBench.cycleCnnection	vibur	thrpt	16	2979.359	ops/ms
ConnectionBench.cycleCnnection	druid	thrpt	16	2409.037	ops/ms
ConnectionBench.cycleCnnection	druid-stat	thrpt	16	883.189	ops/ms
ConnectionBench.cycleCnnection	druid-stat-merge	thrpt	16	711.936	ops/ms
StatementBench.cycleStatement	hikari	thrpt	16	54274.768	ops/ms
StatementBench.cycleStatement	dbcp2	thrpt	15	392.821	ops/ms
StatementBench.cycleStatement	tomcat	thrpt	16	11182.245	ops/ms
StatementBench.cycleStatement	c3p0	thrpt	16	7245.594	ops/ms
StatementBench.cycleStatement	vibur	thrpt	16	9948.862	ops/ms
StatementBench.cycleStatement	druid	thrpt	16	36307.222	ops/ms
StatementBench.cycleStatement	druid-stat	thrpt	16	2139.230	ops/ms
StatementBench.cycleStatement	druid-stat-merge	thrpt	16	1121.322	ops/ms

5.4.3 性能优化说明

HikariCP 的性能如此出色，其作者也分享了他的优化方法，HikariCP 并未在设计上采用了更好的方法，而是对每一处代码都优化到极致，才能获得如此出色的性能。

一个重要的类是 ConcurrentBag，类似一个 LinkedBlockingQueue，存放了数据库 Connection，当应用需要 "Connection" 的时候，从这里取出一个，用完后返回。

在设计优化上，ConcurrentBag 内部构造了 sharedList 和 threadList，优先从 threadList 中查找可用的 Connection，如果没有，那么再从 sharedList 中查找可用的 Connection，如果还没有，则等待 handoffQueue 提供一个。

```java
private final CopyOnWriteArrayList<T> sharedList;
private final ThreadLocal<List<Object>> threadList;
private final SynchronousQueue<T> handoffQueue;
```

因此，使用了 ThreadLocal 和 CopyOnWriteArrayList，ConcurrentBag 就可以在很多情况下避免锁竞争。以下是连接池获取空闲连接的代码，为了方便，只列出了主要的代码。

```java
public T borrow(long timeout, final TimeUnit timeUnit) throws InterruptedException
{
    //1）先从 ThreadLocal 中取出可用连接
    final List<Object> list = threadList.get();
    for (int i = list.size() - 1; i >= 0; i--) {
        final Object bagEntry = list.remove(i);
        //Connnection 状态为可用，返回此 Connection，并设置状态为使用
        if (bagEntry != null && bagEntry.compareAndSet(STATE_NOT_IN_USE, STATE_IN_USE)) {
            return bagEntry;
        }
    }

    //2）尝试从 shared list 中获取
    final int waiting = waiters.incrementAndGet();
    try {
        for (T bagEntry : sharedList) {
            if (bagEntry.compareAndSet(STATE_NOT_IN_USE, STATE_IN_USE)) {
                return bagEntry;
            }
```

```
         }
         //3)如果没有，则等待 handoffQueue 提供
         timeout = timeUnit.toNanos(timeout);
         do {
            final long start = currentTime();
            //在指定的时间内，取出可用的 Connection
            final T bagEntry = handoffQueue.poll(timeout, NANOSECONDS);
            if (bagEntry == null || bagEntry.compareAndSet(STATE_NOT_IN_USE,
STATE_IN_USE))
               {
               return bagEntry;
            }
            timeout -= elapsedNanos(start);
         } while (timeout > 10_000);
         return null;
      }
      finally {
         waiters.decrementAndGet();
      }
   }
```

HikariCP 中的 ProxyConnection 实现了 Connection 接口，它需要一个 List 来保存打开的 Statement，并在 Statement 关闭后从 List 中删除，如果 Connection 关闭，则需要关闭所有的 Statement。通常，完成保存所有打开的 Statement 的操作可以使用 ArrayList，HikariCP 使用了自定义的 FastList。比如关闭 Statement，需要调用 List 的 remove 方法，HikariCP 认为在一般使用场景下，需要关闭的 Statement 一般排在 List 后面，因此 FastList 是从最后开始遍历的：

```
@Override
public boolean remove(Object element)
{
   for (int index = size - 1; index >= 0; index--) {
      if (element == elementData[index]) {
         final int numMoved = size - index - 1;
         if (numMoved > 0) {
            System.arraycopy(elementData, index + 1, elementData, index, numMoved);
         }
         elementData[--size] = null;
         return true;
```

        }
    }

    return false;
}
```

ArrayList 则是从前面开始遍历的：

```
for (int index = 0; index < size; index++){
    if (o.equals(elementData[index])) {
        fastRemove(index);
        return true;
    }
}
```

同时，FastList 采用 "==" 来比较是否是删除的元素，而 ArrayList 采用的是 equals 方法，因此 FastList 的性能肯定会好得多。

FastList 方法的 get 实现也取消了 rangeCheck 方法，因为 ProxyConnection 调用了 get 方法，所以传递的索引总是正确的，不需要进行范围检测。

```
@Override
public T get(int index)
{
    return elementData[index];
}
```

ArrayList 则包含一个 rangeCheck 方法：

```
public E get(int index) {
    rangeCheck(index);
    return elementData(index);
}
```

5.5 文本处理工具 Beetl

Beetl 是笔者开发的一款高性能、多功能的模板处理引擎，也是模板设计模式在 Java 中的实现。Beetl 广泛应用于文本处理的场景：
```

- 网站动态页面渲染，静态内容生成。
- 静态代码生成。
- 模板类应用，如短信模板、微信模板，或者通过模板快速生成 XML、JSON 报文。
- 脚本引擎，表达式引擎。
- 一些二进制格式的中间内容生成，比如为了生成 PDF，可以通过模板生成 Markdown 文件，再用一些第三方工具将 Markdown 文件转为 PDF。

5.5.1 安装和配置

在工程中引入如下 pom 文件：

```xml
<dependency>
  <groupId>com.ibeetl</groupId>
  <artifactId>beetl</artifactId>
  <version> 3.13.0.RELEASE </version>

</dependency>
```

Beetl 的核心类是 GroupTemplate，这是一个重量级对象，建议同 Jackson 的 ObjectMapper 一样，考虑重用此对象：

```java
public class BeetlHelper {

  static GroupTemplate gt ;
  static{
    init();
  }

  public static GroupTemplate getGroupTemplate(){
    return gt;
  }

  private  static void init(){
  //设置模板加载路径，采用classpath加载，位于工程resources/templates目录下
    ClasspathResourceLoader resourceLoader = new ClasspathResourceLoader("templates");
    Configuration cfg = null;
    try {
```

```
        cfg = Configuration.defaultConfiguration();
    } catch (IOException e) {
        //不可能发生
    }
    //设置定界符为#:开头,回车结尾,设置占位符为${ }
    cfg.setStatementStart("#:");
    cfg.setStatementEnd(null);
    cfg.setPlaceholderStart("${");
    cfg.setPlaceholderEnd(")"};
    gt = new GroupTemplate(resourceLoader, cfg);
  }
}
```

可以写一个方法,测试是否配置成功:

```
GroupTemplate gt = BeetlHelper.getGroupTemplate();
Template t = gt.getTemplate("/hello.html");
List<User> users = BeetlHelper.samples();
t.binding("users",users);
String output = t.render();
System.out.println(output);
```

Beetl 支持与各种 Web 框架集成,如 Spring Boot,可以参考 Beetl 官网文档了解如何方便地集成 Web 框架。

5.5.2　脚本引擎

Beetl 本质上是一款简单的脚本语言,类似 JavaScript,可以执行一些简单的表达式计算。

```
GroupTemplate gt = BeetlHelper.getGroupTemplate();
//初始化一个脚本的加载器,StringTemplateResourceLoader 说明脚本的来源是字符串
StringTemplateResourceLoader resourceLoader = new StringTemplateResourceLoader();
String scriptStr = "var 年薪=工资*14;";
Script script = gt.getScript(scriptStr,resourceLoader);
script.binding("工资",800);
//执行脚本
script.execute();
```

```
//获取执行结果
Integer salary  = (Integer)script.getVar("年薪");
```

代码第一行通过 BeetlHelper 获取核心类 GroupTemplate，第二行初始化资源加载器，脚本来源于文件、数据库，或者脚本就是字符串。为了简单起见，采用 StringTemplateResourceLoader。第三行是一个简单脚本：

```
var 年薪=工资*14;
```

定义了一个变量"年薪"，其值是"工资×14"，我们随后可以在 Java 中通过"年薪"来获取其值。

script.execute()放置在执行脚本之后，会保存脚本执行的顶级变量和脚本返回结果，script.getVar("年薪")) 返回计算结果，此处返回了一个 Integer 类型的结果。如果读者不清楚返回的类型，那么可以强制转化为 Number 类型，然后转化为期望的类型：

```
Long salary  = ((Integer)script.getVar("年薪")).longValue();
```

以下脚本是循环计算的一个例子：

```
List ages = Arrays.asList(12,46,34);
String scriptStr = "var total = 0;"
  + "for(age in ages){ "
  + "   total+=age;"
  + "} "
  + "return total;";

Script script = gt.getScript(scriptStr,resourceLoader);
script.binding("ages",ages);;
script.execute();
Integer total  = (Integer)script.getReturnValue();
```

脚本是一个循环例子，通过 for in 进行循环，依次累加 age，脚本调用 return 返回值，可以在 Java 中调用 script.getReturnValue()获取脚本的返回值。

5.5.3　Beetl 的特点

Beetl 主要是一款模板引擎，它与其他模板引擎相比，有如下特点：

支持自定义定界符和占位符，模板语法混合在静态文本中，自定义定界符和占位符，使其更适合编辑和查看模板文件。例如，对于 HTML 模板，可以使用 "<!--" 作为定界符，看着像注释，实际上包含 Beetl 语法，如果生成 Java 代码，那么可以使用 "//:" 和 "回车" 作为定界符。

```
<!--: for(user in users){ -->
<span> ${user.name} </span>
<!--: -->
```

使用模板生成 Java 代码，模板写法如下，这里定义 "#:" 和 "回车" 为模板定界符：

```
public class ${cls.name} {
  #:for(field in cls.fields){
  /* ${field.comment} */
  private ${field.type} ${field.name} ;
     #:}
}
```

可以定义任意符号作为定界符和占位符，这极大地方便了 Beetl 的模板语法混合使用在目标文本中，如 HTML、XML 或 TXT 文件。

Beetl 的语法类似 JavaScript 的语法，因此学习成本低，同时错误提示中文化。以下是一个模板 error.html：

```
<html>
<body>
#: var a =1;
#: var a =1;
</body>
</html>
```

变量重复定义，运行后会有以下提示：

```
>>11:02:09:变量已经定义(VAR_ALREADY_DEFINED):a 位于4行 资源:/error.html
已经在第3行定义
1|<html>
2|<body>
3|#: var a =1;
4|#: var a =1;
```

```
5|</body>
6|</html>
```

读者可能觉得第 3 行和第 4 行重复定义的变量能一眼看清楚，但实际上模板通常都有数百行，这样的提示可以帮助我们迅速定位错误。

再比如某个模板使用 include：

```
<html>
<body>
#:include("/error.html"){}
</body>
</html>
```

```
>>11:14:09:变量已经定义(VAR_ALREADY_DEFINED):a 位于4行 资源:/error.html
已经在第 3 行定义
1|<html>
2|<body>
3|#: var a =1;
4|#: var a =1;
5|</body>
6|</html>
  ========================
  调用栈：
  /error.html 行: 4
  /error2.html 行: 3
<html>
<body>
```

错误提示会打印出完整的调用栈，类似 Java 的异常栈，这样不但能快速定位到出错的地方，还能找到是哪个模板调用导致的出错，方便迅速定位问题。

Beetl 模板的另一个特色是支持定义模板引擎内部的语法树实现，比如设计一个在线 CMS 管理系统，我们不希望由于编辑者失误导致模板渲染出现无限死循环，因此需要定制 while 语法对应的实现类 WhileStatement。

一个简化版的 MyWhileStatement 的定义如下：

```
public class MyWhileStatement extends WhileStatement {
```

```java
public MyWhileStatement(Expression exp, Statement whileBody, GrammarToken token) {
    super(exp, whileBody, token);
}

public void execute(Context ctx) {
    Counter counter = new Counter();
    while (true) {
        if(!counter.add().isAllow()){
            ...//抛出异常，循环次数过多
        }
        //计算循环条件
        Boolean result = (Boolean)exp.evaluate(ctx);
        if(result){
            //执行循环体
            whileBody.execute(ctx);
        }else{
            break;
        }
    }
}
```

Counter 用于循环计数，定义如下：

```java
class Counter{
    int c = 0;
    int max = 3;
    public Counter add(){
        c++;
        return this;
    }
    public boolean isAllow(){
        return !(c>max);
    }
}
```

现在需要定义新的模板引擎，使用 MyWhileStatement，可以继承 FastRuntimeEngine，提供一个新的语法生成器 GrammarCreator，重写 createWhile 语法，MyWhileStatement 代替默认

WhileStatement 实现：

```
class MyEngine extends FastRuntimeEngine{
  @Override
  protected GrammarCreator getGrammerCreator(GroupTemplate gt) {
    GrammarCreator grammar = new GrammarCreator(){
      @Override
      public WhileStatement createWhile(Expression exp, Statement whileBody,
                                       GrammarToken token) {

        WhileStatement whileStat = new MyWhileStatement(exp, whileBody, token);
        return whileStat;
      }
    };
    return grammar;
  }
}
```

GrammarCreator 负责定义 Beetl 的所有语法实现，可以通过实现自己的 GrammarCreator 来定义语法实现增强。比如 BeetlSQL 使用了 Beetl 模板，用于生成动态 SQL 语句。为了避免 SQL 注入漏洞，重新定义了占位符，输出内容统一为字符"？"。动态 SQL 如下：

```
select * from User where id = #{id}
```

在 BeetlSQL 中通过模板渲染成以下语句，这是因为 GrammarCreator 返回了占位符号的新的实现：

```
select * from User where id = ?
```

SQLPlaceholderST 继承了 PlaceholderST，与输出表达式值不同，仅仅输出一个字符"？"：

```
public class SQLPlaceholderST extends PlaceholderST {
  @Override
  public final void execute(Context ctx) {
    //计算占位符的值
    Object var= expression.evaluate(ctx);
    ctx.byteWriter.writeString("?");
    //占位符的所有参数
    List list = (List) ctx.getGlobal("_paras");
```

```
    list.add(var);
  }
}
```

5.5.4 性能优化

Beetl 既可以作为模板引擎，也可以作为表达式引擎，在源码 Beetl/ template-benchmark 的 JMH 性能测试中，Beetl 的性能如下：

```
Benchmark                Mode       Score       Units
Beetl.benchmark          thrpt      163259.294  ops/s
Freemarker.benchmark     thrpt      45228.490   ops/s
Handlebars.benchmark     thrpt      42875.302   ops/s
Rocker.benchmark         thrpt      95740.184   ops/s
Thymeleaf.benchmark      thrpt      12981.396   ops/s
Velocity.benchmark       thrpt      14120.852   ops/s
```

在源码 Beetl/express-benchmark 的 JMH 性能测试中，测试了算术表达式、条件表达式、循环表达式，Beetl 的性能如下：

```
Benchmark                Mode         Score       Units
Aviator.forExpresss      thrpt        501413.321  ops/s
Aviator.ifExpresss       thrpt        4699456.542 ops/s
Aviator.simpleExpress    thrpt        3868701.018 ops/s
Beetl.forExpresss        thrpt        1685875.017 ops/s
Beetl.ifExpresss         thrpt        4461489.443 ops/s
Beetl.simpleExpress      thrpt        4328852.130 ops/s
Groovy.ifExpresss        thrpt        119493.364  ops/s
Groovy.simpleExpress     thrpt        121724.720  ops/s
Jexl3.forExpresss        thrpt        789815.632  ops/s
Jexl3.ifExpresss         thrpt        4500714.752 ops/s
Jexl3.simpleExpress      thrpt        3901843.173 ops/s
JfireEL.ifExpresss       thrpt        28337464.920 ops/s
JfireEL.simpleExpress    thrpt        18824292.084 ops/s
Mvel.forExpresss         thrpt        11954.857   ops/s
Mvel.ifExpresss          thrpt        230373.242  ops/s
Mvel.simpleExpress       thrpt        316083.646  ops/s
Nashorn.ifExpresss       thrpt        10010.541   ops/s
```

Nashorn.simpleExpress	thrpt	8993.022	ops/s
Spel.ifExpresss	thrpt	850338.540	ops/s
Spel.simpleExpress	thrpt	636251.839	ops/s

作为对比，模板性能测试和表达式性能测试使用了非常多流行的开源产品。读者可以尝试使用这些产品完成项目开发。

同 Jackson 一样，GroupTemplate 是一个重量级对象，最好使用单例模式。其他优化地方如下：

- 可以打开 DIRECT_BYTE_OUTPUT = TRUE，这是指 Beetl 会提前将模板中的静态内容转成 byte 格式，以避免每次不必要的字符编码，4.6 节中的优化方法就包含这部分。打开后，还必须保证输出流是字节流，这样才能有效果。
- 可以使用 ENGINE=org.beetl.core.engine.FastRuntimeEngine，用 ASM 增强类来替代反射调用，4.16 节演示过比反射调用性能更好的办法，Beetl 选用了 ASM。
- 关闭 RESOURCE.autoCheck，默认为 true，设置为 false 会导致每次渲染模板前都会检测一下模板是否有变化，如果模板中存在文件系统，则会多一次系统调用，这样会影响模板的性能。

Beetl 内部采用了大量的微优化技巧，比如 4.1 节 int 转 String（参考 IntIOWriter），对于一些 int 的输出会预先转化为 String，从而避免了转化过程。也借鉴了 4.10 节谨慎使用异常，如果模板的语法错误，则下次渲染时将不再重新渲染，直接抛出一个保留的异常（参考 ErrorGrammarProgram）。还借鉴了 4.12 节循环展开，在只有 1 个属性引用的情况下，直接调用而不是构建一个 for 循环（参考 VarRefOptimal）。对于变量的管理，也不像其他模板语言那样使用 Map 来保存变量，而是使用数组。例如，对于下面的脚本：

```
var a = 1;
var b=a+1;
```

大多数模板会翻译成如下 Java 代码：

```
map.put("a",1);
map.put("b",map.get("a")+1);
```

Beetl 则是在分析脚本后给每个变量赋值一个索引，类似 C 语言的指针，翻译后的 Java 代码如下：

```
vars[0] =1;
vars[1] = vars[0]+1;
```

在 Beetl 的性能测试中，Beetl 超过了 JSP，JSP 会被编译成 Java 类来执行，按理说应该有着很高的速度，可为什么性能还是比 Beetl 差呢？

首先，JSP 对静态文本的处理不够好。如果查看 JSP 编译后的 Java 代码（以 Tomcat 7 为例），则会发现 JSP 并没有优化好静态文本输出。以下是一段 JSP 代码：

```jsp
<%@ page language="java" contentType="text/html; charset=ISO-8859-1"
    pageEncoding="UTF-8"%>
<html>
<head>
<meta http-equiv="Content-Type" content="text/html; charset=ISO-8859-1">
<title>Test JSP</title>
</head>
<body>
<%
String a = "Test JSP";
%>
<%=a%>
</body>
</html>。
```

Tomcat 会编译成以下代码：

```java
out.write("<html>\r\n");
out.write("<head>\r\n");
out.write("<meta http-equiv=\"Content-Type\"
        content=\"text/html; charset=ISO-8859-1\">\r\n");
out.write("<title>Test JSP</title>\r\n");
out.write("</head>\r\n");
out.write("<body>\r\n");
String a = "Test JSP";
out.write('\r');
out.write('\n');
out.print(a );
out.write("\r\n");
out.write("</body>\r\n");
out.write("</html>");
```

可以看出，对于静态文本，JSP 会多次调用 out.write 方法，而在 write 方法内部，每次调用都会做 flush 检测等耗时操作。因此，更好的方式是将静态文本合并后一次性输出，比如下面这种方式：

```
//期望 JSP 的样子
out.write("<html>\r\n<head>\r\n ....<body>\r\n");
String a = "Test JSP";
out.write("\r\n");
out.print(a);
out.write("\r\n</body>\r\n</html>");
```

其次，就算 JSP 的实现做了以上更改，静态文本的处理还有优化空间。这是因为互联网传输的是二进制数据，因此存在一个将静态文本转成 byte[]输出的过程，这是一个耗费 CPU 资源的过程。也就是 JSP 中的 write 操作，内部包含大量的编码。而且，随着 JSP 一次次渲染，编码一次次重复，极大地降低了 JSP 的性能。

最后，由于 JSP 是基于 Java 语言的，语言本身是面向对象的，很多地方不适合使用模板，因此，自然而然地采用 JSTL 来弥补 JSP 的不足，这也是后来很多项目采用 JSTL 来写模板的原因。一个简单的 JSTL 判断如下：

```
<c:choose>
    <c:when test="${param.newFlag== '1' || param.newFlag== '2'}">
     <th>1 or 2  <font color="Red">*</font>
    </c:when>
</c:choose>
```

在笔者最初的想象中，认为 JSP 至少会编译成以下代码：

```
//期望 JSP 能编译成以下代码
if(request.getParameter("newFlag").equals("1")
   ||request.getParameter("newFlag").equals("2")){

    out.print(...)
}
```

但事实并不是这样的，以上 JSTL 会编译成动态脚本执行：

```
out.write((java.lang.String)
  org.apache.jasper.runtime.PageContextImpl.proprietaryEvaluate(
```

```
"${param.newFlag== '1' || param.newFlag== '2'}",
java.lang.String.class,
(javax.servlet.jsp.PageContext)_jspx_page_context, null, false));
```

显然这样的效率低下，而且如果出错，因为没有包含这段 JSTL 在 JSP 中的位置信息，会出现错误，提示信息不完善。

5.6　MessagePack

MessagePack 通常用来代替 JSON，可以高效地传输数据和存储数据，它比 JSON 更紧凑，是一种二进制序列化格式，编码更精简高效。比如小整数被编码为单个字节，典型的短字符串除字符串本身外只需要一个额外的字节。

MessagePack 主要用于结构化数据的缓存和存储：

（1）存在于 Redis、Memcache 中，因为它比 JSON 小，可以节省一些内存。

（2）持久化到数据库（NoSQL）中。

以下 JSON 数据占用了 27 个字节：

`{"compact":true,"schema":0}`

MessagePack 则用 18 个字节存储上面的 JSON 数据：

（1）用一个字节 0b1000xxxx 表示元素数量少于 16 个的 Map，字节高四位为固定值 1000，低四位 xxxx 代表 Map 的长度。以上 JSON 数据应该是 0b1000_0002，值为 82。

（2）compact 的长度为 7，小于 31，MessagePack 使用一个字节 0b101xxxxx 表示，字节高三位固定为 101，低五位 xxxxx 代表字符长度，因此编码为 A7。

（3）MessagePack 直接将 true 编码成单字节，值为 C3。

（4）schema 的长度为 6，因此编码为 A6。

（5）以 0 结尾。

最后，MessagePack 的格式如下，占用 18 个字节：

`82 A7 compack C3 A6 schema 0`

MessagePack 提供了编码规范，篇幅有限，下面只列出一些简单的规范。

- 布尔值 true、false：这些太简单了，比如用 0xC2 表示 true，用 0xC3 表示 false。

- 规定长度：就是数字之类的，它们天然是定长的，用 1 个字节表示后面的内容。比如用 0xCC 表示后面是个 uint 8，用 oxCD 表示后面是个 uint 16，用 0xCA 表示后面的是个 float 32。
- 不定长的：比如字符串、数组，类型后面加 1～4 个字节，用来存储字符串的长度，如果是长度为 256 以内的字符串，则只需要 1 个字节，MessagePack 能存储最多的 4GB 的字符串。
- ext 结构：表示特定的小单元数据。
- 高级结构：Map 结构，就是 key=>val 结构的数据，和数组差不多，加 1～4 个字节表示后面有多少个项。比如超过 16 个、小于 2^{16} 个的 Map，使用 3 个字节表示 `0xde |YYYYYYYY|YYYYYYYY`。0xde 表示后面是一个 Map，`|YYYYYYYY|YYYYYYYY` 是 2 个字节，表示 Map 的大小 。如果要存储小于（2^{32}）-1 的 Map，则使用 `0xdf|ZZZZZZZZ|ZZZZZZZZ|ZZZZZZZZ|ZZZZZZZZ`，这里的 0xdf 表示 Map，后面用 4 个字节表示 Map 的大小。

总的来说，MessagePack 对数字、多字节字符、数组等都做了优化，减少了无用的字符，也保证不用字符化带来额外的存储空间的增加，所以 MessagePack 比 JSON 数据更小、更紧凑，适合存储和传输数据。

MessagePack 提供了多种语言的实现，截至本书完稿时，msgpack-core 的最新版本是 0.8.17，msgpack 的最新版本是 0.6.12。

```
<dependency>
    <groupId>org.msgpack</groupId>
    <artifactId>msgpack-core</artifactId>
    <version>0.8.17</version>
</dependency>
<dependency>
    <groupId>org.msgpack</groupId>
    <artifactId>msgpack</artifactId>
    <version>0.6.12</version>
</dependency>
```

可以验证 MesssagePack 与 Jackson 在序列化的体积和性能方面的对比，首先创建一个简单的对象 Prouduct 类，为了能被 MessagePack 识别，需要在类上使用注解@Message：

```
@Message
public class Product {
```

```
    private Integer id;
    private String name;
    private String description;
    private Double price;
    //商品状态：true 为正常；false 为已下架
    private Boolean productStatus;
    private Date createTime;
    private Date updateTime;
    private Boolean del;
}
```

采用 MessagePack 和 Jackson 运行以下程序：

```
//PackSizeTest.java
public static void main(String[] args) throws IOException {
    //返回一个模拟的 Proudct
    Product product = getProudct();
    MessagePack pack = new MessagePack();
    ObjectMapper mapper = new ObjectMapper();
    byte[] bs = pack.write(product);
    String str = mapper.writeValueAsString(product);
    System.out.println("messagepack size = " +bs.length);
    System.out.println("jackson size = " +str.getBytes("UTF-8").length);
}
```

输出结果如下，可见 MessagePack 还是很节约体积的：

```
messagepack size = 38
jackson size = 138
```

PackTest.java 是一段 JMH 测试的代码，用来验证 Jackson 和 MessagePack 的性能：

```
//PackTest
Product p = null;
MessagePack pack = new MessagePack();
ObjectMapper mapper = new ObjectMapper();

@Benchmark
```

```java
public byte[] packObject() throws IOException {
  return pack.write(p);
}

@Benchmark
public byte[] jackson() throws Exception {
  String json = mapper.writeValueAsString(p);
  return json.getBytes("UTF-8");
}

@Setup
public void init() throws Exception {
  p = ...
}
```

验证结果表明 Jackson 的性能还是很优秀的，主要是因为 MessagePack 具备一定的压缩功能，有一定的性能消耗，像其他支持压缩的二进制序列化协议，如 Avro，也会因为压缩特性使得序列化和反序列化对象的性能略差，但压缩带来存储和传输上的优势，还是值得考虑优先使用这些工具的。另外，MessagePack 尽管为每个需要序列化的类生成一个 Template 类并缓存了序列化的过程，但内部还是使用反射获取字段的值，效率较低。

Benchmark	Mode	Score	Units
c.i.c.c.messagePack.PackTest.jackson	avgt	802.842	ns/op
c.i.c.c.messagePack.PackTest.packObject	avgt	2667.509	ns/op

我们可以使用 MessagePack 的 core 包提供的底层序列化功能来改善性能：

```java
private byte[] corePackProudct(Product p) throws IOException{
  //获得一个 MessageBufferPacker 类，这是一个底层序列化工具类
  MessageBufferPacker packer = org.msgpack.core.MessagePack.newDefaultBufferPacker();
  //手工序列化
  if(p.getDel()!=null){
    packer.packBoolean(p.getDel());
  }else{
    packer.packNil();
  }

  if(p.getCreateTime()!=null){
```

```
      packer.packLong(p.getCreateTime().getTime());
    }else{
      packer.packNil();
    }
    //压缩其他字段

    //关闭
    packer.close();
    return packer.toByteArray();
}
```

使用此方法，性能接近 Jackson：

```
c.i.c.c.messagePack.PackTest.corePackProudct      avgt          1021.814        ns/op
```

除了提高了性能，使用手工序列化和反序列化还有一个好处，新增一个字段时，可以最后序列化此新增字段，已有的反序列化代码不升级，也不会出错。

MessagePack 提供了 Jackson 插件，实现了 Java 对象、JSON 和二进制值三者的互转，代码如下：

```
ObjectMapper objectMapper = new ObjectMapper(new MessagePackFactory());
ExamplePojo orig = new ExamplePojo("komamitsu");
byte[] bytes = objectMapper.writeValueAsBytes(orig);
ExamplePojo value = objectMapper.readValue(bytes, ExamplePojo.class);
System.out.println(value.getName()); // => komamitsu
```

5.7 ReflectASM

本节介绍一个非常小的库 ReflectASM，它是一个 Java 类库，通过代码生成来提供高性能的反射处理，自动为 get/set 字段提供访问类，访问类使用字节码操作而不是 Java 的反射技术，因此速度非常快。字节码和 ASM 将在第 9 章介绍。

截至本书完稿时，ReflectASM 的最新版本是 1.11.9：

```
<dependency>
    <groupId>com.esotericsoftware</groupId>
    <artifactId>reflectasm</artifactId>
    <version>1.11.9</version>
```

```
</dependency>
```

下面是一个简单的类示例：

```java
public class Animal {
    /** 名字 */
    String name;
    /** 编号 */
    private int id;
    //省略其他 getter 和 setter 方法
    ...
}
```

构造 MethodAccess——方法访问器，用于访问方法：

```java
//创建一个 Animal 对象
Animal animal = new Animal();
//获取方法访问器
MethodAccess methodAccess = MethodAccess.get(Animal.class);
//调用对象的 setName 方法并设置值（字符串）
methodAccess.invoke(animal, "setName", "Joker 洛 m");
//调用对象的 getName 方法，获取返回值
String name = (String) methodAccess.invoke(animal, "getName");
```

为了获得更好的性能，推荐使用方法名对应的方法下标来访问方法：

```java
int methodIndex = methodAccess.getIndex("getName");
name = (String) methodAccess.invoke(animal,methodIndex);
```

构造 FieldAccess——字段访问器：

```java
//创建一个 Animal 对象
Animal animal = new Animal();
//获取字段访问器
FieldAccess fieldAccess = FieldAccess.get(Animal.class);
//调用对象的 name 字段并设置值（字符串）
fieldAccess.set(animal,"name","Joker 洛 f");
```

为了获得更好的性能,推荐使用字段名对应的字段下标来访问字段:

```
int fieldIndex = fieldAccess.getIndex("name");
fieldAccess.set(animal, fieldIndex, "Joker 洛 f_index");
```

FieldAccess 只能访问具有 **public protected package** 访问权限的字段。由于 name 是具有 package 权限的,所以能设置值。如果访问具有 private 权限的 id 字段,则会抛出异常:

```
java.lang.IllegalArgumentException: Unable to find non-private field: id
```

如果想访问私有字段,则可以使用反射功能先开放权限:

```
//获取类的 id 字段
Field field = Animal.class.getDeclaredField("id");
//开放访问权限
field.setAccessible(true);
//创建一个 Animal 对象
Animal animal = new Animal();
//设置属性(int)
field.set(animal, 12);
```

在 4.16 节中,提供了多种反射调用优化方式,ReflectASM 调用与直接 Java 方法调用的性能较为接近:

```
Benchmark                        Mode    Score    Units
c.i.c.c.ReflectTest.direct       avgt    3.234    ns/op
c.i.c.c.ReflectTest.reflectAsm   avgt    4.172    ns/op
```

第 6 章 可读性代码

项目代码是"编写一次,阅读多次"。阅读者包括代码编写者、架构师、审查人员,以及后来的维护人员。能让阅读代码更轻松,有利于增强项目或产品的可维护性。代码可读性是各种软件工程方法、面向对象实践、重构,以及新技术应用到项目中的一个重要前提,如果代码难以阅读,那么所有这些方法和理论都难以在项目中实施;如果代码难以维护,那么性能优化也无从谈起。

本章描述的**不是** Java 代码规范,而是聚焦如何编写可读性强的代码。

6.1 精简注释

在代码块中应该尽量减少注释的编写,尤其是描述设计思想和实现过程的注释,这是因为代码会不停地随着业务需求变化而变化,注释往往在重构中被 IDE 忽略,也会被人为忽略。用 *Clean Code* 中的话来说,就是注释容易"腐烂"。避免注释"腐烂"需要我们尽力维护代码和注释的同步,在代码中精简注释也是防止注释"腐烂"的最好办法。

下面列举一些代码内注释的使用原则。

场景 1:及时删除被注释的代码。

被注释的代码应该及时删除,否则这段代码将传给一代又一代的代码维护者,无人敢删除这段代码。笔者曾在 2018 年维护一个工作流引擎,里面有一段 2007 年编写的代码让笔者一直很迷惑:

```
//别删除这块代码 by WX, 07.09
```

```
//Task[] tasks = taskService.query();
//...
Task task = taskService.queryOne();
```

开发者不应该注释代码块,应该尽快删除。如果想恢复,那么可以通过 Git 工具来恢复。

场景 2:通过注释解释代码行为。

代码注释应该说明代码的动机,而不是再次用文字描述一遍代码过程。以下注释相当于没有:

```
/*字符内容符合18个数字或15个数字*/
public static final String REGEX_ID_CARD = "(^\\d{18}$)|(^\\d{15}$)";
```

不如改成如下内容:

```
/*身份证号验证*/
public static final String REGEX_ID_CARD = "(^\\d{18}$)|(^\\d{15}$)";
```

网上一篇《如何编写无法维护的代码》中就提到一个原则,**只记录 How 而不是 Why**,就会让代码无法维护。

例如,对账户状态值进行注释,代码如下:

```
/* 状态 0 正常 1 异常 2 未知 */
private Integer status;
```

如果随后 status 添加了更多的含义,比如添加 3 表示冻结,则很可能忽略修改这里的注释。最好的办法是使用枚举,并且取消注释。

```
private Integer status = UserStatus.Nomral.getValue();
```

场景 3:不要在代码中记录更改历史的数据。

```
//原来版本使用 StringBuffer,改成 StringBuilder bt WX 20190302
StringBuilder sb = ...
```

这段注释毫无存在的必要,可以通过 Git 这样的工具来查看代码更新记录和更新人,以及更新原因。没有必要在代码里标注代码相关人,如果用 IDEA,则可以很方便地查看代码的更新人。在 Editor 左侧代码行空白处单击鼠标右键,在弹出菜单中选择 Annotation,如下图所示。

场景4：把代码块提取到一个方法中，通过方法名来解释代码作用。

```
//发送短信给用户
StringBuilder sb = new StringBuilder("您的余额是");
sb.append(user.getBalance()).append("元-");
sb.append(platformName).append(""。)
sms.send(sb.toString(),user.getMobile());
```

以上发送短信的代码可以提取到一个短方法中，代码调用此短方法即可：

```
sendUserBalanceBySms(user,platformName);
```

这个短方法的意义是使得代码容易维护：

- 如果需要修改发送短信的内容，则可以直接定位到 sendUserBalanceBySms，不需要从上百行代码中寻找。
- 在阅读 sendUserBalanceBySms 调用所在代码块的时候，sendUserBalanceBySms 无关紧要，可以习惯性地忽略，如果没有这个方法，则需要阅读数行这种代码，哪怕已经熟悉代码了。用这种短方法减轻了阅读负担。

场景5：使用一个临时变量代替注释。

对于一段计算逻辑，或者一个方法调用，使用临时变量来说明其结果含义，比注释更容易维护。以下代码：

```
//返回一年总的费用
return calcPay(user,type);
```

可以用一个临时变量来表示，代码如下：

```
BigDecimal payByYear = calcPay(user,type);
return payByYear;
```

使用临时变量不会影响性能，两者的虚拟机代码都是一样的。

场景 6：取消 HTML 风格的注释。

如果注释中包含过多的 HTML 标签，虽然生成的 Javadoc 容易阅读，但并不利于直接在源码中阅读。以下代码包含过多的 HTML 标签：

```
/**
 * 输入对应以下输出
 * <table border=0 cellspacing=3 cellpadding=0>
 *     <tr style="background-color: rgb(204, 204, 255);">
 *         <th align=left>输入</th>
 *         <th align=left>输出</th>
 *     <tr>
 *         <td><code>1</code></td>
 *         <td><code>Success</code></td>
 *     <tr style="background-color: rgb(238, 238, 255);">
 *         <td><code>2</code></td>
 *         <td><code>Failure</code></td>
 *     </tr>
 * </table>
 */
```

可以去掉 table 标签，改成如下内容：

```
/*
 * 输入对应以下输出
 * <p>1，输出是 Success
 * <p>2，输出是 Failure
 */
```

场景 7：取消没有必要的注释。

有些方法过于简单，没有必要添加注释，比如 JavaBean 的 getter 和 setter 方法。以下是没有必要的注释：

```
/*用户名称*/
private String userName;
```

6.2 变量

已经有大量书籍和文档说明了变量的命名规范，本节主要解释容易阅读的变量命名。

6.2.1 变量命名

变量的名字需要尽量表达其真实含义，不要缩写或简写：

```
//总的支付费用
BigDecimal  p ;
```

代码阅读到这里，无法知晓其含义，如果加上注释，则注释容易"腐烂"，因此可以改一下，使用一个有意义的名字：

```
BigDecimal pay ;
```

使用较长的名字，则可以准确地表达含义，例如：

```
public class HelloworldService{
}
```

上面的代码就比下面的代码好：

```
public class HelloworldServ{
}
```

或者

```
public class Helloworld{
}
```

不需要担心书写费劲，IDE 具备智能提示功能，能提高书写速度；也不要担心阅读费劲，真正费劲的是非常规的命名，比如"HelloworldServ"。

有时候变量名太长，意味着想赋予变量的含义太多。以下变量命名的原因是想说明类型为

Map 的变量的 Key 和 Value 类型：

```
Map strKeyAreayValueMap = getAreaData()
```

实际上应该是：

```
Map<String,AreaData> areaMap = getAreaData();
```

下面的代码处理返回结果，由于使用了一个数组而没有采用对象，所以感觉命名很别扭：

```
Object[] codeAndObject = rpc.query...
```

如此命名，代码阅读者不需要查看 rpc.query 方法的实现，根据名字就知道该如何处理返回对象。但更好的办法是新建一个对象来表示调用结果，这样命名就简单多了，阅读代码的人可以查看 RpcResult 的代码和 Javadoc 来了解应该如何处理 ret：

```
RpcResult ret = rpc.query...
```

有些情况下，短名字还是很合适的，比如循环中使用的计数器，通常命名为 i，坐标通常命名为 x、y 等。业务系统也有自己约定的简化的名字，比如 wf 表示工作流、sku 表示商品。

6.2.2 变量的位置

变量的位置应该尽量靠近使用的地方，如果在方法开始处定义了变量，然后在 100 行代码后才使用，那么代码阅读者的心总是悬着的，觉得不是在看代码，而是在看一本悬疑小说——最后的变量会在哪里使用呢？

```
User seller,buyer;
seller = ...
//50 行代码后
buyer = ...
```

上面的代码最好在使用 buyer 的地方就近定义，尤其是业务系统，业务复杂，涉及很多变量，就近定义变量可以减轻阅读负担。

代码块的变量命名不要与类变量重名，否则会导致阅读困难。

```
public class Point{
    private int x;
```

```
    private int y;
    public void calc(Point p){
        //定义一个变量
        int x = p.getX();
        //50 行代码后，很难知道 x 指的是哪个
        return calcLine(x,y);
    }
}
```

上面的代码在调用 return 方法的时候，x 很容易被误解，误以为传入的是类变量 x。

6.2.3　中间变量

使用一些中间变量来增强代码可读性：

```
return a*b+c/rate+d*e;
```

上面的代码"一气呵成"，而且只用了一行，但没有下面的代码更容易阅读：

```
int yearTotal = a*b;
int lastYearTotal = c/rate;
int todayTotal = d*e;
int total = yearTotal+lastYearTotal+todayTotal;
return total
```

看似一行代码完成功能似乎更简单，你用了多行代码才完成了一个功能，但你的代码显然更容易被后来人阅读。笔者觉得写代码和写小说一样，让读者看得懂才是真正好的小说。

6.3　方法

6.3.1　方法签名

程序员在阅读代码的过程中遇到陌生的方法时，首先看的是方法签名，如果方法签名明确表达了函数的功能、输入和输出，则省去了阅读方法注释甚至是阅读代码的必要！第 1 章曾列举过一个糟糕的方法签名：

```
public Map buildArea(List<Area> areas)
```

当代码维护者看到 buildArea 时,并不清楚 Map 返回的是什么,必须查看方法体才了解返回值是什么。如果方法非常复杂,则会让阅读者陷入"代码泥潭"。正确的优化方式是给返回类型加上泛型:

```
public Map<String,Area> buildArea(List<Area> areas)
```

方法签名的参数的数量也应该是可控的,多一个参数,理解就多一些难度。可以通过提供默认参数来加以改进。比如,启动工作流,定义以下接口:

```
public String startWorkflow(String workflowType,String userName);
```

有可能启动工作流还涉及工作流的版本,以及用户的身份信息,那么以下方法签名就很长了:

```
public String startWorkflow(String workflowType,int version, String userName, String orgId);
```

应该考虑使用对象封装,userName 和 orgId 封装为 Participant,而工作流相关的参数封装为 StartWorklowInfo:

```
public class StartWorklowInfo{
  String workflowType;
  int version;
}
public class Participant{
  String userName;
  String orgId;
}
```

startWorkflow 重新定义为:

```
public String startWorkflow(StartWorklowInfo workflowINfo,Participant user);
```

在重构这个接口后不久,启动工作流的需求又更改了,用户还需要角色标识,因此,我们后来为 Participant 对象增加一个 roleId 就解决问题了。

6.3.2 短方法

有一个需要导入 Excel 文件到数据库的需求，Excel 文件包含多个业务领域的数据，以下代码看起来就很"清爽"：

```java
public void parse(Sheet sheet){
    User user = readUserInfo(sheet);
    List<Order> orders = readUserOrderInfo(sheet);
    UserCredit credit = readUserCreditInfo(sheet);
}
```

parse 方法的作用是读取用户信息、订单信息和信用积分信息，在重构 parse 方法前，此方法并不简单，大概有 1000 多行，后期的任何维护都是一个灾难。例如，Excel 文件中涉及用户领域的信息修改了，则不得不翻看 1000 多行代码，定位出需要修改的地方，而重构后，只需要在 readUserInfo 方法中查找即可。

处理异常的部分实际上也要拆分，方法如下：

```java
try{
    sku = rpc.getSkuInfo(id);
    return ResponseBuilder.success(sku);
}catch(AppException ex){
    if(ex.getType==1){
        //省略 10 行代码
    }else if(ex.getType==2){
        //省略 20 行代码
    }else{
        //省略 20 行代码
    }
    return ResponseBuilder.error(ex);
}
```

这是因为代码的主要逻辑是通过 RPC 调用获取商品信息，错误处理应该是次要部分，但这个代码块有点"喧宾夺主"，使得代码阅读者不由自主地注意到错误处理的部分，可以重构错误处理这部分代码。下面用一个方法来处理异常：

```java
try{
    sku = rpc.getSkuInfo(id);
```

```
}catch(AppException ex){
    handle(ex);
    return ResponseBuilder.error(ex);
}
```

除了方法拆分，也推荐使用短方法来提高代码的可维护性。我们在精简注释中已经展现了如何把发送短信的代码块抽取成一个方法，另外一个例子如下：

```
boolean success = user!=null&&user.status==1&&!"admin".equals(user.getName())
```

这段代码尽管很简单，但还可以考虑抽象到一个方法中：

```
public boolean validate(User user){
    return user!=null&&user.status==1&&!"admin".equals(user.getName())
}
```

这样只需要调用 validate 方法即可，代码阅读者可以选择性地忽略这一行代码。

```
boolean success = validate(user);
```

6.3.3 单一职责

单一职责是一种设计原则，降低了方法的复杂度，提高了代码可读性。单一职责要求方法做的事情跟方法宣称的职责一致，方法常常可以通过方法签名来确定职责。下面是一个用户登录验证的例子：

```
public JsonResult login(String userName,passowrd){
    return exist(userName,password)?JsonResult.SUCCESS:JsonResult.FALSE;
}
protected boolean exist(String userName,String password){
    User user = userDao.queryOne(userName,password);
    return user!=null;
}
```

如果需要记录用户登录系统的历史，那么仍然可以在 login 方法中完成这个操作，exist 的职责没有变化，该方法记录登录历史，尽管是一个写操作，但不会对系统有副作用。

```
protected boolean exist(String userName,String password){
```

```
Uer user = userDao.query(userName,password);
if(user==null){
    userDao.loginFailure(user);
    return false;
}
userDao.loginSucess(user);
return true;
}
```

新增需求时，如果登录用户在黑名单中，那么即使数据库信息匹配成功，也会返回失败信息。实现这个需求的代码放到 exist 中是否合适呢？

显然，exist 方法不应该再具备额外的职责，可以新增 checkBlackList 方法来实现这个需求，并由 login 方法调用。例如：

```
public JsonResult login(String userName,passowrd){
  boolean exist = exist(userName,password);
  if(!exist){
    return JsonResult.FALSE;
  }
  if(checkBlackList(userName)){
    return JsonResult.failure().msg("黑名单用户");
  }
  //登录成功
  return JsonResult.SUCCESS;
}
```

6.4 分支

6.4.1 if else

代码中包含大量的分支语句，分支语句应该尽量包含少的嵌套以方便阅读，以下是一个不必要的嵌套：

```
CallInfo info = ...;
if(info!=null){
    if(info.isSuccess()){
```

```
        return true
    }else{
        log.info(xxxx);
        return false;
    }

}else{
    log.info(yyy);
    return false;
}
```

上面的代码对返回结果进行处理，返回结果可能为空，返回结果值里的状态也可能为"失败"。上面的代码嵌套了两层分支，其实可以简化一下，只用一层分支：

```
CallInfo info = ...;
if(info==null){
    log.info(yyy);
    return false;
}

if(!info.isSuccess()){
    log.info(xxxx);
    return false;
}

return true;
```

重构后的代码保持了最少的分支嵌套，最重要的是保持主逻辑的畅通，优先处理错误路径分支，最后处理主逻辑。如果维护者看到这里，无论他是否熟悉这部分代码，他都能快速定位到需要维护的地方。

6.4.2　switch case

switch case 用于多分支的情况，最常见的问题是每个分支包含太多的代码，使得代码不容易阅读。也许开发者的初衷并不是把过多的业务逻辑放到 case 中，如果一开始不这么做，那么后来者会沿用这种错误习惯，在分支上增加越来越多的代码。正确的方法是一开始在 case 分支中只包含方法调用：

```
switch(status){
  case START:handleTaskStart(taskId,user);break;
  case PAUSE:handlePause(taskId); break;
  ...
}
```

6.5 发现对象

对于程序员来说，相比于对象的组合、继承、多态，或者是设计模式，发现对象是一个更重要的面向对象设计（OOD）技能。在 6.3.1 节启动工作流的调用中，我们发现对象 Participant 表示工作流的参与者，对象 StartWorklowInfo 代表启动工作流实例的流程定义信息，本节介绍一些发现对象的例子。

6.5.1 不要使用 String

6.3.2 节提到导入 Excel 文件，在笔者的实际项目中，曾经是如下的样子：

```
public void parse(Sheet sheet,StringBuilder error){
  User user = readUserInfo(sheet,error);
  List<Order> orders = readUserOrderInfo(sheet,error);
  UserCredit credit = readUserCreditInfo(sheet,error);
}
```

这里提供了一个 StringBuilder 参数，因为需求是如果解析出错，那么需要显示出错的位置，因此项目开发人员将错误信息拼接成字符串，最后返回给前端。

如果审查其代码，就会发现该解析方法中有数十个类似的如下代码：

```
error.append("在"+line+"和"+col+"列错": +"messsage).append("\n");
```

代码阅读者的困惑之处就是 error 作为一个 StringBuilder，不能说明如何处理解析错误，阅读者了解具体实现后才恍然大悟——原来我的前任用 StringBuilder 是想这么干。另外一个困惑之处就是在解析 Excel 文件的时候，就已经写死了错误输出的样子，如果想更改，就需要修改每一处错误信息拼接代码。我们知道业务的 Excel 文件解析，几百行代码算是少的了。要重构几百行代码，对后来者来说并非易事。

有什么设计模式或设计原则能解决这个问题吗？

并没有设计模式和设计原则能解决这个问题，开发者缺少的仅仅是发现和归纳对象的能力，设计模式是"锦上添花"。对于 Excel 文件解析的错误信息，实际上就应该定义一个"错误信息"的对象。例如：

```java
public class ExcelParseError{
    public void addError(ParseErrorInfo info ){}
    public void addSimpleError(String line,String col,String message ){}
    public List<ParseErrorInfo> getMessages(){}
    public String toString(){
        ...
    }
}
```

因此，Excel 文件解析的代码最后如下：

```java
public void parse(Sheet sheet,ExcelParseError error){
User user = readUserInfo(sheet,error);
List<Order> orders = readUserOrderInfo(sheet,error);
UserCredit credit = readUserCreditInfo(sheet,error);

}
```

处理解析错误的代码如下：

```java
error.addSimpleError(line,col,message);
```

在很多项目中，经常会出现用 String 来代表对象的情况，第 1 章中也有一个使用"省+地区"的字符串来代表一个对象的问题。因此，我们需要避免用 String 来表示对象，否则代码难以维护和重构，性能也很差。

2022 年年初，笔者在项目中遇到了一个负面例子，当时系统配置通过一个字符串传入，程序员通过如下代码实现其逻辑：

```java
if(config.charAt(3)=='D'){
}

if(config.charAt(7)=='E'||config.charAt(7)=='X'){
}
```

这种代码同样难以看懂和维护，那么怎么做更好呢？答案还是面向对象，可以定义一个 Config 对象，这样，任何人都能看懂代码，都能随时维护代码：

```java
public class Config{
  String str;
  public Config(String str){
    this.str = str;
  }
  public boolean isOpen(){
    return config.charAt(3)=='D';
  }
  public boolean isApppend(){
    config.charAt(7)=='E'||config.charAt(7)=='X'
  }
}
```

使用 String 代替对象，除了可读性的问题，还存在性能问题。第 1 章中的例子说明了使用字符串拼接地址信息的性能问题，更糟糕的是将字符串反序列化成对象：

```
//序列化
String key = area.getProvinceId()+"#"+area.getCityId()+"#"+area.getTownId();
String[] infos= = key.split("#"); //反序列化
```

String.split 方法本身涉及正则表达式、字符串数组分配等操作，非常消耗 CPU 资源。笔者曾经维护的一个系统，滥用 spit 方法，通过 CPU 采样，系统繁忙的时候，split 方法显著地占用了 CPU 耗时。

6.5.2 不要使用数组、Map

当程序中出现 String 参数、数组参数，以及 Map 的时候，已经在提醒我们这是遗漏了系统的对象。这三个类型参数是非常灵活的，能容纳下任何数据结构，但有可能遗漏了系统隐含的对象，尤其是数组和 Map。例子如下：

```
Object[] rets = call();
boolean  success = (Boolean)rets[0];
String msg = (String)rets[1];
```

采用对象定义返回结果：

```
CallResult rets = call();
boolean  success = rets.isSuccess();
String msg =  rets.getMessage();
```

如果 CallResult 包含某个返回值，那么将 CallResult 定义成泛型就更加容易阅读，比如返回 CallResult：

```
public CallResult  getUser();
//更好的方式
public CallResult<User>  getUser(){
```

关于这一点，6.2.1 节已经出现过类似的例子了。

同样，使用 Map 来表示对象也是非常糟糕的，代码阅读者根本不知道 Map 里有多少对象的属性，必须阅读完所有代码才知道如何使用 Map。以下代码使用 Map 表示 user 对象。在笔者刚入行的 20 多年前，Map 还是被很多开发者推崇的，认为"一个 Map 走天下"，但实际上是"潇潇洒洒走自己的路，让维护者无路可走"。

```
Map user = new HashMap();
user.put("id",1);
user.put("name","badcode");
user.put("gender",true);
```

当代码维护者在阅读代码时，想知道 user 对象的"gender"属性是在什么地方设置的，无法使用 IDE 的查找引用功能，只能文本搜索整个工程代码，期望能定位到。更糟糕的是，如果需要重构，将 gender 从 boolean 类型变成 int 类型，比如用 boolean 值的 true 和 false 分别表示性别男和性别女，如果改为男、女和未知三个值，则 gender 需要更改为 int 类型，同时不得不小心谨慎地找遍每一处代码。如果一旦漏掉，那么可能损失巨大。

6.6 checked 异常（可控异常）

当方法想表达调用出现了异常时，比如参数为空，或者参数不在给定的范围内，除了使用返回值表示异常，还有一种办法是 Java 语言支持抛出 Exception。在 Java 早期的版本中，方法在需要抛出 Exception 的时候被鼓励抛出一个可控异常（checked Exception），方法调用者必须显式地捕捉异常。

可控异常是一个很好的契约，告诉方法调用者可能会出现某种错误，方法调用者必须强制进行处理，这给了方法调用者恢复错误或中断处理的机会。

可控异常强制性看似设计得很完美，但实际的业务系统通常有多层架构，如果普遍使用可控异常，那么带来的麻烦会比较多。因为大部分异常实际上不可恢复，比如一个 SQLException 异常，在 Dao 层抛出，Service 层和 Controller 都不可能恢复错误，最后必须抛出到 View 层，异常信息显示在 HTML 页面中。业务系统可能会把 SQLException 转化为一种命名更优化的可控异常，比如 ApplicationException，但本质上都一样，系统各层都无法处理异常，不得不向上抛出这个异常。以下是一个简单的例子，每个方法都不得不抛出 checked 异常。

```java
public class UserDao {
  //Dao 层，抛出一个 JDBC 的异常
  public void addUser(User user) throws SQLException{

  }
}

public class UserService{
  UserDao userDao = ...
    //Service 层抛出一个封装的 checked 异常
    public void addUser(User user) throws ApplicationException{
    try{
      userDao.addUser(user);
    }catch(SQLException ex){
      throw new ApplicationException(ex);
    }
  }
}

public class UserController{
  UserService userSerive = ...
    @PostMapping("/addUser")
    public JsonResult<User> addUser(User user,HttpSerlvetReqeust request)
    throws ApplicationException(ex){
    try{
      userSerive.addUser(user);
    }catch(ApplicationException ex){
      throw ex;
    }
  }
}
```

方法签名支持声明多个 checked 异常,这种设计的好处是方法异常一目了然。然而,由于 checked 异常通常不得不再往上抛,如果某一个方法签名增加了一种新的 checked 异常,那么调用此方法的所有方法及上一层方法都可能需要声明这种调用异常,这就违反了设计原则中的开放和闭合原则——底层改动导致所有层改动。比如上面的例子,假设 JDBC 操作不但抛出 SQLException,还抛出 DBNetworkException(假设是一种新的异常,表示数据库网络连接异常),则可能导致系统的所有代码都要被调整。

```java
public class UserDao {
  //Dao 层,抛出一个 JDBC 的异常
  public void addUser(User user) throws SQLException,DBNetworkException{
  }
}

public class UserService{
    UserDao userDao =  ...
    //Service 层抛出一个封装的 checked 异常
    public void addUser(User user) throws ApplicationException{
    try{
      userDao.addUser(user);
    }catch(SQLException ex){
      throw new ApplicationException(ex);
    }catch(DBNetworkException ex){
      //新增封装 DBNetworkException 到 ApplicationException
      throw new ApplicationException(ex);
    }
   }
  }
}
```

UserService 的 addUser 方法签名使用了 ApplicationException(一种统一封装了各种异常的异常),能有效避免 Checked 异常违反开放和闭合原则。这是"上古时期"的一种处理 checked 异常的办法。

现在更推荐使用运行时异常(RuntimeException),RuntimeException 可以直接从方法中抛出而不需要在方法签名中声明。这种方式非常适合业务系统,也就是各层都不需要关心异常,只需要在顶层处理异常即可,比如 MVC 框架有专门的异常处理类来处理异常,显示错误信息到页面中。

```java
//定义一个 RuntimeException
public class ApplicationException extends RuntimeException{
}

public class UserDao {
  public void addUser(User user) {
    try{
      ...
    }catch(SQLException ex){
      //转为 RuntimeException
      throws new ApplicationException(ex);
    }
  }
}

public class UserService{
    UserDao userDao = ...
    public void addUser(User user) {
      userDao.addUser(user);
  }
}

public class UserController{
    UserService userSerive = ...
    @PostMapping("/addUser")
    public JsonResult<User> addUser(User user,HttpSerlvetReqeust request) {
      userSerive.addUser(user);
  }
}
```

UserService 和 UserController 的代码很简洁，UserController 会抛出一个运行时异常。成熟的 MVC 框架具有统一的异常处理机制，以 Spring Boot 为例，所有抛出的异常都会交给一个 /error 的 Controller 来处理：

```java
@Controller
public class ErrorController extends AbstractErrorController {
  Log log = LogFactory.getLog(ErrorController.class);
  @RequestMapping("/error")
```

```
    public ModelAndView getErrorPath( HttpServletRequest request,
HttpServletResponse response) {
        Throwable cause =getCause(request);
        log.info(cause.getMessage(),ex);
        ModelAndView view = new ModelAndView("/common/error.html");
        view.addObject("msg","系统错误，请联系管理员");
        return view;
    }
}
```

如果不得不显式地声明 checked 异常，比如工具类的 API 方法签名，则通常好的实践是只声明一个 checked 异常，比如所有的 JDBC 操作都只会抛出 SQLException，在 JDBC 中，有数十个 checked 异常继承了 SQLException。统一成一个 checked 异常极大地减少了调用者处理异常的负担。

系统内部优先通过 Exception 处理错误，在分布式系统、微服务系统之间，优先使用错误码表示异常。如果考虑抛出异常带来的性能问题，则可以使用错误码表示系统异常。

以下定义了一个微服务调用结果：

```
public class  CallResult <T> {
    int code;
    String msg;
    T result;
}
```

6.7 其他事项

6.7.1 避免自动格式化

IDE 提供了自动格式化功能，在一定程度上会扰乱格式，导致阅读障碍。以下代码如果使用 IDE 的自动格式化功能，则可能看起来会不太舒服：

```
    public void genSql(){
      StringBuilder sb =  new StringBuilder();
      sb.append("select u.name,u.id,u.type,d.name,d.type orgType  from user u " +
        "left join department d on u.orgId=d.id  where id=?");
    }
```

这样使得代码不是很清晰,最好自己换行,把 SQL 中的查询返回列、关联表,以及查询条件分成 3 行:

```java
public void genSql(){
    StringBuilder sb =  new StringBuilder();
    sb.append("select u.name,u.id,u.type,d.name,d.type orgType  " +
              "from user u left join department d on u.orgId=d.id  " +
              "where id=?");
}
```

6.7.2　关于 null

关于 null,最重要的就是不要用它,无论入参,还是返回值。如果代码块得到了非期望的结果,那么最好的办法是抛出异常。如果抛出异常会影响性能,则可以考虑返回一个"结果"对象来指明具体的错误值。下面是一段返回 null 的糟糕代码:

```java
public ProductInfo query(String id){
    try{
        return rpc.queryProduct(id);
    }catch(Exception ex){
        return null;
    }

}
```

调用者不得不检测返回值是不是为空,实际上很多开发团队普遍认为:**调用者应该负责对 null 进行检测**。

```java
ProudctInfo info = query(id);
if(info==null){
   return ;
}
List<SkuInfo> skus = querySku(info);
if(sku!=null){
  for(SkuInfo sku:skus){
    ...
  }
}
```

如果 query 方法和 querySku 在调用的时候抛出一个空指针异常，则调用代码就简单得多：

```
ProudctInfo info = query(id);
List<SkuInfo> sku = querySku(info);
for(SkuInfo sku:skus){
        ...
}
```

如果考虑抛出异常对性能有影响，则可以考虑返回一个 CallResult 对象：

```
public class  CallResult <T> {
  int code;
  String msg;
  T result;
}
```

微服务系统之间的调用也可以使用这种 CallResult 作为唯一的响应结果，服务提供方不应该将异常通过分布式系统抛给调用者。一方面序列化这种异常到调用者非常耗时；另一方面如果客户端不识别服务端抛出的异常，那么在反序列化过程中，微服务框架很可能抛出 ClassNotFoundException。这就让调用者困惑了，一个业务上的异常导致出现了一个莫名其妙的异常。

一个简单的例子如下，订单查询返回 Order 对象，假设服务提供方提供了一个 OrderException，表示订单查询异常：

```
public Order queryOrder(String orderId) throws OrderException;
```

那么订单调用方必须有这个 OrderException 类存在，才可能在调用的时候正确反序列化这个异常。如果某一天，因为需求更改，一个程序员在 queryOrder 方法的实现中抛出了一个 OrderException 的子异常 OrderNotFoundException，那么这个改动对服务端没有任何影响，但这个类在调用方并不存在，会导致序列化出问题。

正确的改动是使用 CallResult，并且保证 queryOrder 不会抛出任何异常。

```
public CallResult<Order> queryOrder(String orderId){
    try{

    }(CheckedException ex){
    //处理 checked 异常
       return error(ex)
```

```
    }(RuntimeExcpetion ex){
    //处理运行时刻异常
       return error(ex)
    }(Throwable ex){
    //其他异常，比如内存溢出异常
       return error(ex)
    }
}

protected CallResult<Order>  error(Exception ex){
    CallResult result = new CallResult();
   result.setCode(1);
   result.setMsg(ex.getMessage());
   return result;
}
```

> 一位技术社区的朋友给笔者讲过一个故事，他们的系统以前发生过一个严重事故，有个程序员在改写微服务端代码的时候，因为增加了一行校验逻辑，原本 108 行抛出的异常，变成了 109 行抛出异常，结果导致大量客户端崩溃。原因是这些客户端根据异常栈标注的行数来判断业务的错误类型。

第 7 章
JIT 优化

通过 Javac 将程序源代码进行编译，转换成 Java 字节码，JVM 通过模板方式把字节码翻译成对应的机器指令，逐条读入，逐条解释翻译，执行速度必然比可执行的二进制字节码程序慢得多。为了提高执行速度，引入了 JIT 技术。

JIT 是 JVM 的重要组成部分，JIT 通过分析程序代码，找到热点的执行代码，把部分字节码编译成机器码保存起来用于下次调用。对于较小的方法，会尝试进行内联展开。本章将介绍 JIT 的概念，以及如何通过配置影响 JIT，并介绍通过 JITWatch 来观察代码是否被 JIT 优化。

应用程序在大部分情况下很少考虑 JIT 的优化，这是一个自动过程。不过对于性能要求极高的工具或关键服务类，还是可以考虑 JIT 对代码优化的影响，有时候性能能提高数百倍。

7.1 编译 Java 代码

Java 的编译通常有如下方式：

- 前端编译 Javac，将 Java 源码编译成字节码。
- 即时编译 JIT（Just-In-Time），字节码在执行过程中，动态编译成机器码的过程。JIT 通常会分析系统的热点，对热点代码会再次尝试更加激进的优化措施从而提高 Java 系统性能，这是本章的重点。
- 提前编译 AOT，将 Java 源码编译成机器码，优点是执行速度快，缺点是牺牲了平台无关性，有些优化需要在运行过程中分析确认，AOT 做不到。系统中不常用的代码也编译了。Java 9 后提供了 jaotc。

这里的前端编译是指将 Java 源码编译成 Java 字节码的过程，JDK 提供 javac 命令将 Java

源程序编译成 java class，命令格式是 javac [options] [sourcefiles-or-classnames]。

比如，编译 Hello.java：

${java_home}/bin/javac Hello.java

前端编译 Java 程序不一定是文件，比如，可以使用 javax.tools.JavaCompiler（JDK 6 开始支持）类，将 getSource 返回的字符串源码编译成字节码并保存到 class 文件中：

```java
//CompileString.java
public static void main(String[] args) throws IOException {
    JavaCompiler compiler = ToolProvider.getSystemJavaCompiler();

    DiagnosticCollector<JavaFileObject> diagnostics =
            new DiagnosticCollector<>();
    StandardJavaFileManager fileManager =
compiler.getStandardFileManager(diagnostics, null, null);
    JavaStringObject stringObject =
            new JavaStringObject("Test.java", getSource());

    String classes = System.getProperty("user.dir")+"/compile/javac/target/classes";
    File classesFile = new File(classes);
    fileManager.setLocation(CLASS_OUTPUT,Arrays.asList(classesFile));

    JavaCompiler.CompilationTask task = compiler.getTask(null,
            fileManager, diagnostics, null, null, Arrays.asList(stringObject));

    boolean success = task.call();
    System.out.println(success?"编译成功":"编译失败");
    diagnostics.getDiagnostics().forEach(System.out::println);

}

public static String getSource() {
    return "public class Test {"
        + "  }";
}
```

JavaCompiler 用于编译 Java 代码，javac 命令也会调用 JavaCompiler。diagnostics 用于在编译过程中保留调试、警告或者错误信息。

StandardJavaFileManager 对象用于管理源码和编译后输出的文件。本例子中设定了 CLASS_OUTPUT 目录。JavaStringObject 是自定义的一个对象，继承了 SimpleJavaFileObject，用于代表 Java 源代码，定义如下：

```java
public class JavaStringObject extends SimpleJavaFileObject {
    private final String source;
    protected JavaStringObject(String name, String source) {
        super(URI.create(name), Kind.SOURCE);
        this.source = source;
    }

    @Override
    public CharSequence getCharContent(boolean ignoreEncodingErrors)
            throws IOException {
        return source;
    }
}
```

JavaStringObject 最重要的方法是实现了 getCharContent，提供 Java 源码。在这个例子中，Java 代码以字符的形式提供，而不是文件。

为了编译 JavaStringObject，需要创建 CompilationTask，并执行 call 方法，代码如下：

```java
JavaCompiler.CompilationTask task = compiler.getTask(null,fileManager,
diagnostics, options, null, Arrays.asList(stringObject));
boolean success = task.call();
System.out.println(success?"编译成功":"编译失败");
diagnostics.getDiagnostics().forEach(System.out::println);
```

如果 task.call 返回 true，则表示编译成功，可以在/compile/javac/target/classes 下找到编译好的 Test.class。

代码的最后打印出编译过程中的调试、告警或者错误信息。

7.2 处理语法糖

Java 在编译的时候通过 com.sun.tools.javac.comp.Lower 处理语法糖，下面列举了 Java 常用的语法糖。

1）条件编译

如下代码中 FLAG 是 final 类型，因此编译后可以省去这个代码：

```java
static final boolean  FLAG = false;
public void run(){
  if(FLAG){
    System.out.println("hello");
  }
}
```

通过 com.sun.tools.javac.comp.Lower.visitIf 来处理。

编译结果如下，run 方法是个空方法：

```java
public void run() {
}
```

如果了解 com.sun.tools.javac.comp.Lower.visitIf 源码，则可以在 visitIf 代码中打上断点，并修改第一节中的 CompileString 的 getSouce 方法，代码如下：

```java
public static String getSource() {
        return " public class Test {"
            +"static final boolean  FLAG = false;"
            + " public void run(){"
            + "  if(FLAG){"
            + "    System.out.println(\"hello\");"
            + "  }"
            + "}"
            + "}";
    }
```

以 Debug 方式运行 CompileString，可以看到 JavaCompile 进入了 visitIf 代码的 cond.type.isFalse()分支：

```java
public void visitIf(JCIf tree) {
  JCTree cond = tree.cond = translate(tree.cond, syms.booleanType);
  if (cond.type.isTrue()) {
    result = translate(tree.thenpart);
    addPrunedInfo(cond);
```

```
      } else if (cond.type.isFalse()) {
        if (tree.elsepart != null) {
          result = translate(tree.elsepart);
        } else {
          result = make.Skip();
        }
        addPrunedInfo(cond);
      } else {
        //Condition is not a compile-time constant.
        tree.thenpart = translate(tree.thenpart);
        tree.elsepart = translate(tree.elsepart);
        result = tree;
      }
    }
```

JCTree 是 AST 的抽象类，JCIf 是其子类，本书限于篇幅没有更深入地讲解 Javac 的完整过程，本书介绍了通过 Debug 代码 CompileString 来学习 Java 如何编译源码的方法。

2）常见的语法糖之一是 foreach

代码如下：

```
List<Integer> list = Arrays.asList(1,2);
for(Integer key:list){
  System.out.println(key);
}
```

编译成 class 后，用 Eclipse 或者 IDEA 等 IDE 直接打开 class，可以看到反编译后的代码：

```
List<Integer> list = Arrays.asList(1, 2);
Iterator var2 = list.iterator();

while(var2.hasNext()) {
  Integer key = (Integer)var2.next();
  System.out.println(key);
}
```

这段代码通过 com.sun.tools.javac.comp.Lower.visitIterableForeachLoop 方法处理，可以在此方法上打 Debug 断点了解 for each 语法糖的实现。

3）常量折叠

代码如下：

```
static final int  b = 3;
public void run(){
  int a = 1+b;
  System.out.println(a);
}
```

编译代码后是 com.sun.tools.javac.comp.ConstFold.fold：

```
public void run() {
  int a = 4;
  System.out.println(a);
}
```

4）装箱和拆箱

这个功能是在代码 com.sun.tools.javac.comp.Lower.unBox 中处理的：

```
Integer i = 1;
```

编译代码后：

```
Integer i = Integer.valueOf(1);
```

其他如 Lambda、断言 Assert、枚举，以及对 String 支持的 switch 等，都可以在 com.sun.tools.javac.comp.Lower 中找到其实现过程。

字符串拼接使用"+"，这也是最常用的语法糖，这个并不是在 com.sun.tools.javac.comp.Lower 中实现的，而是在输出字节码阶段转成的。

需要注意的是，通过 Eclipse、IDEA 这样强大的工具的反编译功能，会反编译代码并还原成语法糖，比如：

```
String str = a+c;
```

实际编译后的 class 如下：

```
String str = new SringBuilder().append(a).append(c).toString();
```

IDEA 反编译后并不会显示以上代码，而是还原了语法糖 String str = a+c。

7.3 解释执行和即时编译

Java VM 使用了 JIT 编译器，在运行时刻将字节码通过模板方式转为高效的机器码，也可以在运行时进一步编译成更加高效的机器码，因此现在的 Java 程序，已经能跟 C 和 C++ 程序具有一样的性能。

操作系统识别的是机器码指令，因此像 C、C++等高级语言都是将源程序编译成二进制码目标文件，然后链接成库文件或可执行文件，这些二进制文件在特定的平台上运行，比如 Windows、Linux，这种方式称为 AOT（Ahead-of-time，在执行前编译）。PHP 则采用解释执行的方式，可以运行在任何平台上，只要在平台上安装正确的解释器即可。解释器会将 PHP 代码翻译成二进制代码执行，如果 PHP 代码被反复执行，则需要一遍又一遍地翻译成机器码。解释执行的效率比编译后执行的效率低得多。

注：PHP 8 也开始支持 JIT。

解释执行的优点是可以直接在任何平台上运行代码，不需要再编译。另外，如果代码更改，则可以直接解释执行而不需要将代码再次编译成目标平台的机器码。

JVM 的解释执行使用基于模板的解释器，比如，对于以下字节码：

```
iload_1
invokestatic ...
```

第一个字节码 iload_1 映射成机器码：

```
MOV     -0x8(%r14), %eax    # ILOAD_1
movzbl  0x1(%r13),  %ebx   # 下一个指令
inc     %r13
mov     $0xff40,%r10
jmpq    *(%r10,%rbx,8)
```

虚拟机会将常用的代码编译成机器码放到"Code Cache"（代码缓存）中，如下图所示。

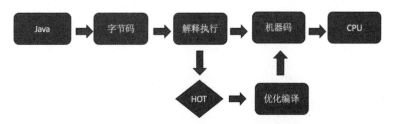

JIT 也会做其他优化,比如,对于多态调用,采用的是在虚方法表中查找调用方法入口。在 JIT 执行多次后,如果收集到足够的信息,则会取消多态调用的代码,改为直接调用。如果随后发现存在多态调用,则可能取消这部分优化,称之为逆优化(Deoptimization)。

对于小的方法,JIT 也可以优化为内联调用,比如属性字段的 getter 和 setter 方法:

```java
public int getAge(){
  return age;
}
```

当调用 user.getAge()的时候,JIT 会将 getAge()方法调用直接优化成 user.age 对应的机器码。

通过虚拟机选项-Xint 可以强制使用解释执行,以下 JMH 测试用于对比解释执行和编译机器码执行的性能:

```java
@BenchmarkMode(Mode.AverageTime)
@Warmup(iterations = 10)
@Measurement(iterations = 10, time = 1, timeUnit = TimeUnit.SECONDS)
@Threads(1)
@OutputTimeUnit(TimeUnit.NANOSECONDS)
@State(Scope.Benchmark)
public class ClientTest {

  int x=0,y=0;
  @Benchmark
  @Fork(value=1,jvmArgsAppend="-Xint")
  @CompilerControl(CompilerControl.Mode.DONT_INLINE)
  public int bytecode(){
    return x+y;
  }

  @Benchmark
  @Fork(value=1)
  @CompilerControl(CompilerControl.Mode.DONT_INLINE)
  public int machinecode(){
    return x+y;
  }
}
```

bytecode 使用了@Fork(value=1,jvmArgsAppend="-Xint")方法，解释执行代码后，其性能远远低于 machinecode 方法：

```
Benchmark                          Mode    Score    Units
c.i.c.j.ClientTest.bytecode        avgt    202.944  ns/op
c.i.c.j.ClientTest.machinecode     avgt    2.724    ns/op
```

7.4 C1 和 C2

虚拟机有两种运行模式，一种是 client 模式，另一种是 server 模式，前者使用-client 启动虚拟机，后者使用-server，模式的名字也是由这两个参数名字而来的。client 模式使用 C1 编译器，有较快的启动速度，简单地将字节码编译为机器码，一些 Java UI（如 NetBean）使用这种模式。Web 应用通常使用 server 模式，server 模式采用 C2 编译器，C2 比 C1 编译器的性能更高。C2 提供了内联优化、循环展开、Dead-Code 删除、分支预测等优化功能。

启动 client 模式：

java -clinet

启动 server 模式：

java -server

通常来说，在服务器或 64 位机器上，默认都是以 server 模式启动的，32 位机器默认采用 client 模式。有些服务器上甚至没有 client 模式。究竟虚拟机运行在何种模式下，可以通过 java -version 命令进一步确定：

```
$ java  -version
java version "1.8.0_45"
Java(TM) SE Runtime Environment (build 1.8.0_45-b14)
Java HotSpot(TM) 64-Bit Server VM (build 25.45-b02, mixed mode)
```

在 JDK 7 版本中，server 模式还存在一种选项——开启 TieredCompilation。这种模式默认开启 client 以获得较快的性能，一旦程序运行起来，则采用 C2 编译器。JDK 8 以上版本默认开启了这种模式。

以 Spring 框架为例，通常启动 Spring 框架的时候，会启动容器加载被@Controller、@Service、@Configuration 等注解的类，这种类的构造函数或初始化方法在加载执行一次后，在 Spring 应用中就很少再被调用，JVM 不再优化这部分代码。因此使用 TieredCompilation 模式对于 Java Web

应用来说，是非常合适的选择。

一般来讲，虚拟机会监控执行的方法，设定方法调用计数器，执行得频繁的方法称为 Hot Method，也是 Hotpot VM 名称的由来。在 server 模式下，默认执行 10000 次，那么这个方法的优化操作会被 JIT 作为一个任务放到一个优化的队列中进行异步优化。C1 队列或 C2 队列并非先进先出的队列，而是按照调用次数判断优先级，调用次数多，优先级高，优先级高的先编译，编译线程的个数取决于 CPU 的数量。默认的编译线程个数如下表所示。

P	C1 编译线程个数	C2 编译线程个数
1	1	1
2	1	1
4	1	2
8	1	2
16	2	6
32	3	7
64	4	8
128	4	10

被优化的代码会被放到代码缓存（Code Cache）中，这样再次执行代码的时候，JVM 将使用新的优化代码。

对于 for 循环执行频繁的代码块，JIT 也会为其维护一个回边计数器，当超过设定阈值时，会进行优化编译，这种编译叫作栈上替换（OSR），因为即使循环代码块被编译了，JVM 也必须在循环中执行已被编译的版本。换句话说，当循环的代码被编译完成后，循环的下一个迭代将执行最新的被编译版本。

可以通过下图来理解解释执行，以及 C1 和 C2 对性能的影响。

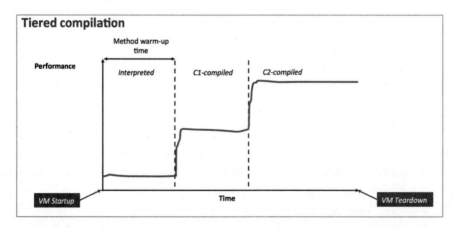

上图纵坐标表示性能，横坐标表示虚拟机的执行时间，interpreted、C1-compiled 和 C2-compiled 分别表示解释执行、C1 和 C2 三个阶段。可以看到 C2 阶段应用的性能最好。

如果想理解 JIT 的过程，那么最好的办法是通过 JIT 日志观察，可以使用-XX:+PrintCompilation 开启 JIT。虚拟机运行的时候，编译日志会输出到标准控制台。启用-XX:+PrintCompilation：

```
public class HelloWorld {
  public static void main(String[] args){
    HelloWorld say = new HelloWorld();
    for(int i=0;i<20000;i++){
      say.sayHello();
    }

  }
  public void sayHello(){
    String msg = getMessage();
    String output = "hello"+msg;
  }
  public synchronized  String getMessage() {
    return "world";
  }
}
```

控制台有如下输出：

```
    209    1     n 0       java.lang.System::arraycopy (native)   (static)
    239    2       4       java.lang.Object::<init> (1 bytes)
    240    3       3       java.lang.String::equals (81 bytes)
    241    5       4       java.lang.String::charAt (29 bytes)
    241    6       3       sun.nio.cs.UTF_8$Encoder::encode (359 bytes)
    242    4       3       java.lang.System::getSecurityManager (4 bytes)
    249    7       4       java.lang.String::indexOf (70 bytes)
    250    8       4       java.lang.String::hashCode (55 bytes)
    253    9       3       java.lang.Math::min (11 bytes)
    253   10       3       java.lang.String::startsWith (7 bytes)
    253   11       3       java.lang.String::toCharArray (25 bytes)
    256   12       1       java.net.URL::getQuery (5 bytes)
    256   13       3       java.lang.AbstractStringBuilder::append (50 bytes)
```

256	14	3	java.lang.String::getChars (62 bytes)
257	15	3	java.lang.String::indexOf (166 bytes)
258	16	3	java.lang.String::startsWith (72 bytes)
260	17	1	java.io.File::getPath (5 bytes)
261	19	3	java.lang.String::<init> (62 bytes)
261	20	3	java.lang.StringBuilder::append (8 bytes)
262	23	3	java.util.Arrays::copyOfRange (63 bytes)
262	18	3	java.lang.AbstractStringBuilder::<init> (12 bytes)
263	21	3	java.lang.StringBuilder::toString (17 bytes)
263	22	3	java.lang.StringBuilder::<init> (7 bytes)
263	24 s	1	com.ibeetl.code.jit.HelloWorld::getMessage (3 bytes)
263	25	3	com.ibeetl.code.jit.HelloWorld::sayHello (26 bytes)
264	26	4	java.lang.AbstractStringBuilder::append (50 bytes)
268	27	4	java.lang.String::getChars (62 bytes)
269	14	3	java.lang.String::getChars (62 bytes) made not entrant
270	13	3	java.lang.AbstractStringBuilder::append (50 bytes) made not entrant
270	28	4	java.util.Arrays::copyOfRange (63 bytes)
271	29	4	java.lang.String::<init> (62 bytes)
273	23	3	java.util.Arrays::copyOfRange (63 bytes) made not entrant
274	19	3	java.lang.String::<init> (62 bytes) made not entrant
274	30	4	com.ibeetl.code.jit.HelloWorld::sayHello (26 bytes)
276	25	3	com.ibeetl.code.jit.HelloWorld::sayHello (26 bytes) made not entrant

第一列的数字表示时间，从虚拟机启动开始计算，这一列说明了 JIT 的优化时间点。第二列是 JIT 的优化代码块分配的一个 ID。第三列是 JIT 的编译器代号：

- 0，解释执行（Interpreted Code）。
- 1，简单的 C1 编译代码（Simple C1 Compiled Code）。
- 2，受限的 C1 编译代码（Limited C1 Compiled Code）。
- 3，完整的 C1 编译代码（Full C1 Compiled Code）。
- 4，C2 编译代码（C2 Compiled Code）。

C1 编译器有三个执行阶段，而 C2 编译器只有一个。通常来说，编译优化时会从 0 阶段到 3 阶段然后到 4 阶段进行优化。1 阶段和 2 阶段指的是有限优化，限于篇幅，不再详细介绍 C1 的具体编译过程。

在第二列和第三列的中间，有符号对方法进行补充说明，例如 n 表示这是一个 native 调用，s 表示这是一个同步方法。最后一列是编译的方法，数字部分表示字节码大小。比如 ID 为 24 的方法是 getMessage，在 263 毫秒后使用 C1 编译，getMessage 的字节码的大小是 3 个字节：

```
263    24  s    1         com.ibeetl.code.jit.HelloWorld::getMessage (3 bytes)
```

getMessage 方法的字节码如下：

```
LDC "world"
ARETURN
```

LDC 指令占用 1 个字节，表示把常量池的数据放到操作栈中，LDC 的参数占 1 个字节，指向当前类的常量池，这里就是常量"world"。ARETURN 取出栈里的数据并返回，因此总共 3 个字节。

尽管有些方法没有被调用，但这些方法在虚拟机初始化过程中早已经被调用，比如 String.indexOf、String.hashCode 等，这些方法会最早地被编译成机器码。

查看 sayHello 方法，JIT 的日志如下：

```
263    25       3         com.ibeetl.code.jit.HelloWorld::sayHello (26 bytes)
274    30       4         com.ibeetl.code.jit.HelloWorld::sayHello (26 bytes)
276    25       3         com.ibeetl.code.jit.HelloWorld::sayHello (26 bytes)    made not entrant
```

可以看到 263 毫秒时使用了 C3 进行编译，274 毫秒时使用了 C4 编译，276 毫秒时 sayHello 方法后面指示 "made not entrant"，表示 C3 编译的结果无效，这里表示被 C4 编译的机器码替换了。

如果想进一步观察内联信息，可以为虚拟机增加以下参数：

```
-XX:+UnlockDiagnosticVMOptions -XX:+PrintCompilation  -XX:+PrintInlining
```

再次运行 Hello World 程序，会有更丰富的信息输出。以下是一个关于 getMeesage 的片段：

```
4       com.ibeetl.code.jit.HelloWorld::sayHello (26 bytes)
          @ 1   com.ibeetl.code.jit.HelloWorld::getMessage (3 bytes)    inline
          @ 9   java.lang.StringBuilder::<init> (7 bytes)    inline (hot)
          @ 14  java.lang.StringBuilder::append (8 bytes)    inline (hot)
          @ 18  java.lang.StringBuilder::append (8 bytes)    inline (hot)
```

```
          @ 21    java.lang.StringBuilder::toString (17 bytes)    inline (hot)
  3    com.ibeetl.code.jit.HelloWorld::sayHello (26 bytes)    made not entrant
```

可以清楚地看到在 C4 阶段 getMessage 方法内联了，同时 sayHello 方法调用 StringBuilder 完成字符串操作的所有方法都已经内联。

7.5　代码缓存

代码经过 JIT 编译后，会放入一个叫代码缓存（Code Cache）的地方。在 JDK 8 32 位机器上、client 模式下，代码缓存的固定大小为 32MB，在 64 位机器上，代码缓存的大小为 240MB。代码缓存对性能的影响非常大，如果缓存不够，那么一些优化后的代码不得不被清空以让其他优化代码进入代码缓存。

可以通过 XX:+PrintFlagsFinal 来打印平台所有参数的默认值，比如，笔者的 Mac 机器上有如下输出：

```
InitialCodeCacheSize              = 2555904
ReservedCodeCacheSize             = 251658240
CodeCacheExpansionSize            = 65536
```

代码缓存默认的初始化大小为 2555904 个字节，每次增长 6536 个字节，代码缓存大小为 251658240 个字节。

-XX:+PrintCodeCache 用于打印代码缓存的使用情况，以下是在程序退出时将代码缓存的使用情况打印到控制台：

```
CodeCache: size=245760Kb used=1128Kb max_used=1147Kb free=244632Kb
 bounds [0x0000000106e00000, 0x0000000107070000, 0x0000000115e00000]
 total_blobs=291 nmethods=35 adapters=170
 compilation: enabled
```

size 表示代码缓存的大小，这并不是实际使用值，而是一个最大值，used 表示实际占用的内存大小，max_used 比 used 大，表示实际占用的内存大小，需要参考这个指标作为设定 Code Cache 大小的依据，free 是 `size-used` 的值。

当代码缓存满的时候，JIT 通常会清理一部分 Code Cache，使用 UseCodeCacheFlushing 来进行控制：

```
UseCodeCacheFlushing = true
```

可以使用 XX:-UseCodeCacheFlushing 关闭自动清理，这样 JIT 将停止编译新的代码。

另外一个清理 Code Cache 的原因是，JIT 认为某些优化是无效的，会取消优化代码，比如虚方法调用出现的逆优化，这部分内容会在 7.8 节详细说明。

可以通过 -XX:ReservedCodeCacheSize=*N* 来设置代码缓存，通常不需要这么做，除非通过打印代码缓存，认为 Code Cache 过大或过小：

```
java -XX:ReservedCodeCacheSize=24960K
```

显然，内联策略也会影响代码缓存的大小，比如设置内联嵌套层次、最大的内联代码大小等，这部分内容将在 7.7 节详细说明。

7.6　JITWatch

JITWatch 是 JIT 日志分析工具，这是一个分析展现 JIT 日志等的图形界面工具，其为开源工具，源代码放在 GitHub 上。安装 JITWatch：

```
git clone git@github.com:AdoptOpenJDK/jitwatch.git
cd jitwatch
mvn clean install -DskipTests=true
./launchUI.sh  # 或者 launchUI.bat
```

启动界面如下图所示。

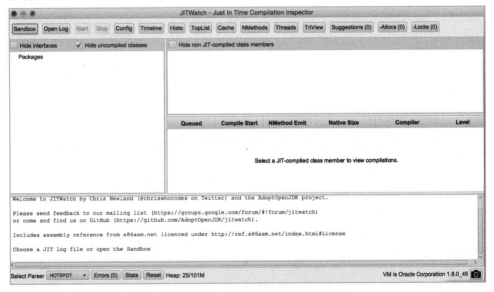

为了获得 JIT 日志，需要在启动应用程序的虚拟机中增加一个参数：

```
-XX:+LogCompilation
```

虚拟机会在程序运行的目录中生成一个 hotspot_pidXXX.log 的 XML 文件，XXX 是进程 ID，日志文件为 XML 格式，记录了 JIT 的优化过程，其内容很难看懂。但通过 JITWatch，可以可视化地分析日志文件。

"Open Log" 按钮用于加载日志，单击该按钮，选择日志文件即可成功加载日志。JITLog 窗口的下方面板是控制台，输出以下内容表示加载成功：

```
Selected log file: /Users/xiandafu/git/code/ch8/hotspot_pid51119.log
Using Config: Default
Click Start button to process the JIT log
```

在单击"Start"按钮前，还需要配置以下 JITWatch，告诉程序的源代码位置和编译后的 class 位置，单击"Config"按钮，如下图所示。我们以本章附带的例子 Hello World 为例。

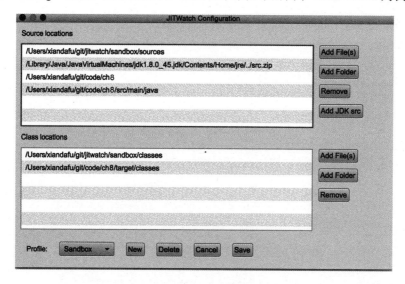

JITWatch 默认包含 JDK 的代码和 class，我们需要增加自己项目的源代码和 class。

配置好项目源代码和 class，单击"Start"按钮，JITWatch 会消耗数秒来分析日志。显示结果如下图所示。

第 7 章　JIT 优化　　271

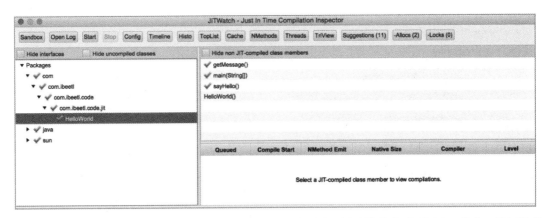

左边是一个按照 Java 包组织的类视图，所有参与编译的类都在这里，我们可以找到 HelloWorld。右边面板显示了编译的方法，绿色打钩的类或包意味着 JIT 进行了编译优化。在上图中，getMessage 方法、main 方法和 sayHello 都被编译了，因为 HelloWold()是构造函数，所以只执行了一次，没有被 JIT 编译。

单击右边面板的 sayHello 方法，会弹出新的窗口，从左到右包含三个面板，分别是方法的源码、字节码和编译后的机器码，如下图所示。要获取机器码，需要为虚拟机安装 hsdis 插件并开启-XX:PrintAssembly，查看机器码超出了本书的范畴，就不再介绍。

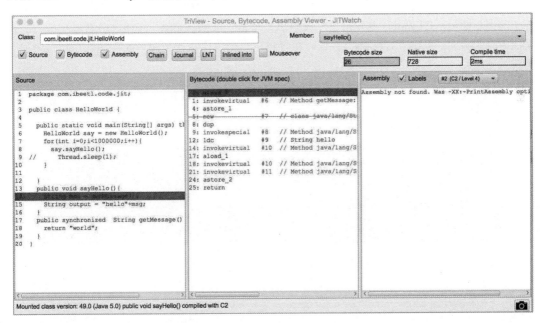

单击工具栏的"Chain"按钮，JITWatch 会打开一个新的面板，列出 sayHello 方法的优化明细，如下图所示（彩色图片请扫描封底二维码获取）。

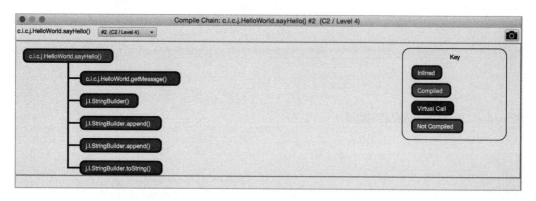

上图右侧面板 Key 的解释：

- Inlined，绿色表示 inline，比如 getMessage 方法已经内联到 sayHello 方法中了。我们在前面分析过，getMessage 的字节码只占用 3 个字节，很容易被内联。
- Compiled，红色表示编译，sayHello 被 JIT 编译，但是否被内联，还需要查看其调用者的 mian 方法。查看 main 方法的 chain，可以看到 sayHello 也被内联了。
- Virtual Call，表示虚方法调用，我们会在 7.8 节解释虚方法调用。简单来说，虚拟机需要查询一个虚表才能知道方法调用的是具体哪个类的哪个方法，这样性能就比较慢了。我们在第 5 章中也提到了，静态方法有最快的调用效率。

回到主面板，JITWatch 也提供了汇总信息，单击 "Suggestions" 按钮，会给出一些方法未采用内联的原因，单击 "Threads" 按钮，可以给出一个优化队列和编译线程的汇总信息，如下图所示。

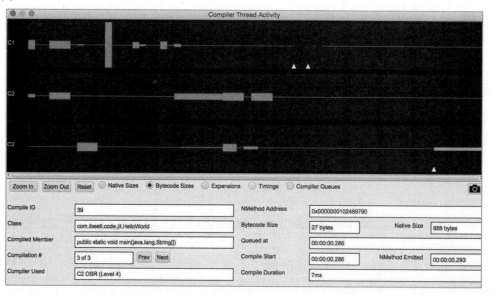

面板上方有 3 个线程，一个是 C1 的编译线程，两个是 C2 的编译线程，单击任意一个方块，会在下方面板中显示编译任务的详细信息：

- Compile ID，编译任务的 ID。
- Class，编译的类。
- Compiled Member，编译的方法。
- Compilation #，表示编译的阶段。
- Compiler Used，采用的编译方式，比如 HelloWorld.Main 是一个循环调用，因此采用 OSR 优化方式。
- Queued at，表示这次编译任务进入队列的时间。
- Compile Start，JIT 编译的开始时间。
- Compile Duration，编译的时长。
- Bytecode Size，字节码大小。
- Native Size，编译的机器码大小。

主面板的 TopList 也是一个值得关注的汇总信息，单击 "TopList" 按钮后，弹出一个新的面板，如下图所示。

Bytes	Member
359	public int sun.nio.cs.UTF_8$Encoder.encode(char[],int,int,byte[])
81	public boolean java.lang.String.equals(java.lang.Object)
75	public java.lang.String java.io.UnixFileSystem.normalize(java.lang.String)
72	public boolean java.lang.String.startsWith(java.lang.String,int)
70	public int java.lang.String.indexOf(int,int)
63	public static char[] java.util.Arrays.copyOfRange(char[],int,int)
62	public void java.lang.String.getChars(int,int,char[],int)
62	public java.lang.String(char[],int,int)
55	public int java.lang.String.hashCode()
50	public java.lang.AbstractStringBuilder java.lang.AbstractStringBuilder.append(java.lang.String)
29	public char java.lang.String.charAt(int)
27	public static void com.ibeetl.code.jit.HelloWorld.main(java.lang.String[])
26	public void com.ibeetl.code.jit.HelloWorld.sayHello()
25	public char[] java.lang.String.toCharArray()
20	static final int java.util.HashMap.hash(java.lang.Object)
17	public java.lang.String java.lang.StringBuilder.toString()

比如默认降序按方法的字节码大小排列。其他可选的列表项如下。

- Compilation Order：编译顺序。
- OSR：OSR 的顺序。
- Inlining Failure REASON：内联失败原因，比如 "callee is too large" 表示调用方法太大。
- Most Decompiled Method：逆优化方法列表。

7.7 内联

为了避免增加调用的方法成本，我们期望方法尽可能小，从而能内联到调用者，这样能提高数倍性能。以下例子测试了同一个方法 dataAdd(int,int) 被内联和没有内联的性能。

```java
@BenchmarkMode(Mode.AverageTime)
@Warmup(iterations = 10)
@Measurement(iterations = 10, time = 1, timeUnit = TimeUnit.SECONDS)
@Threads(1)
@Fork(1)
@OutputTimeUnit(TimeUnit.NANOSECONDS)
@State(Scope.Benchmark)
public class InlineTest {

  int x=0,y=0;
  //通过 CompilerControl 指示不要内联
  @Benchmark
  @CompilerControl(CompilerControl.Mode.DONT_INLINE)
  public  int   add(){
    return add(x,y);
  }

  //内联方法
  @Benchmark
  public  int  addInline(){
    return add(x,y);
  }

  private int  dataAdd(int x,int y){
    return x+y;
```

```
}

@Setup
public void init(){
  x =1;
  y= 2;
}

public static void main(String[] args) throws RunnerException {
  Options opt = new OptionsBuilder()
    .include(InlineTest.class.getSimpleName())
    .build();
  new Runner(opt).run();
}
}
```

add 方法和 addInline 方法是要测试的方法，都调用了 dataAdd 方法，前者使用 CompilerControl，告诉 JIT 不内联。按照每次操作消耗的纳秒值进行统计，结果如下：

```
Benchmark                         Mode    Score    Units
c.i.c.j.InlineTest.add            avgt    4.381    ns/op
c.i.c.j.InlineTest.addInline      avgt    2.951    ns/op
```

可以看到，内联对性能的提升还是非常大的。

通过 -XX:+PrintFlagsFinal 可以看到 JIT 对内联的默认设定，在笔者的 64 位 Mac 的 JDK8 上，有如下值：

- MaxInlineSize，一个方法能被内联的最大字节，默认为 35 个字节，可以设定较小的值，比如 6，保证只有一些简单方法被内联。设定较大字节，能使得一些较大方法被内联，从而提升性能。

- MinInliningThreshold，一个计数，默认为 250 次，超过这个次数，JIT 决定内联，较小的方法不受这个参数影响。

- MaxInlineLevel，默认配置为最多允许 9 层嵌套的方法被内联，比如 a() 调用 b()、b() 调用 c()，因此，a() 在内联 b 的时候可以内联 c。

- InlineSmallCode，默认为 2000 个字节，一个阈值，当要内联一个已经被编译的方法时，其机器码的最大字节数不超过此值，否则直接调用此方法。

- FreqInlineSize，325 个字节，调用频繁的方法能被内联的最大字节码大小。

查看 JIT 的内联日志需要启用以下虚拟机参数：

`-XX:+PrintCompilation -XX:+UnlockDiagnosticVMOptions -XX:+PrintInlining`

比如本章的 HelloWorld 的输出：

```
 java.lang.StringBuilder::append (8 bytes)
     @ 2   java.lang.AbstractStringBuilder::append (50 bytes)   callee is
     @ 18  java.lang.StringBuilder::append (8 bytes)
     @ 2   java.lang.AbstractStringBuilder::append (50 bytes)   callee is
     @ 21  java.lang.StringBuilder::toString (17 bytes)
     @ 13  java.lang.String::<init> (62 bytes)   callee is too large
com.ibeetl.code.jit.HelloWorld::main @ 10 (27 bytes)
     @ 17  com.ibeetl.code.jit.HelloWorld::sayHello (26 bytes)   inline (hot)
     @ 1   com.ibeetl.code.jit.HelloWorld::getMessage (3 bytes)   inline (ho
     @ 9   java.lang.StringBuilder::<init> (7 bytes)   inline (hot)
     @ 14  java.lang.StringBuilder::append (8 bytes)   inline (hot)
     @ 18  java.lang.StringBuilder::append (8 bytes)   inline (hot)
```

内联通常会显示以下信息，指示内联是否成功：

- inline (hot)，表示方法被标记为内联。
- callee is too large，C1 打印出来的信息，指示方法大小超过 MaxInlineSize 不能内联。
- hot method too big，C2 打印出来的信息，指示方法大小超过 FreqInlineSize。
- already compiled into a big method：内联一个已经编译的方法，大小超过了 InlineSmallCode 值。

我们也可以通过 JITWatch 来观察方法是否被内联，以及没有被内联的原因。

7.8 虚方法调用

调用方法的另外一个成本来自虚方法调用，Java 支持多态，在运行时具体调用哪个方法，需要查询一张 vtable，这是一个耗时的操作。vtable 是虚拟函数表，每个类都维护一个 vtable，包含自有函数（非 final，非 static，非 private）和父类的函数虚拟表。以下两个类：

```
class Foo {
    int  say(int x) {
    return x+2;
```

```
    }
    int  say() {
      return0;
    }
}
class Bar extends Foo{
    int  say(int x) {
      return x+1;
    }

}
```

对于 Foo 类，vtable 如下：

- say(int)->Foo.say(int)。
- say() ->Foo.say()。
- hasCode()->Object.hasCode。
- 忽略其他 Object 方法。

对于 Bar 类，vtable 如下：

- say(int)-> Bar.say(int)。
- say() ->Foo.say()。
- hasCode()->Object.hasCode。
- 忽略其他 Object 方法。

当在 Java 中调用方法的时候，并不知道具体调用的是哪一个方法，比如对应如下代码片段的 foo.say()调用，字节码使用的是 INVOKEVIRTUAL：

```
public void test() {
  Foo foo =  getFoo();
  foo.say();
}

public  Foo getFoo(){
  return new Bar();
}
```

foo.say() 的虚拟机指令如下：

INVOKEVIRTUAL com/ibeetl/code/jit/Foo.say ()V

这意味着运行时，JVM 不能直接调用 INVOKEVIRTUAL 后面的参数作为方法的入口地址，需要查询 foo 变量对应的类的虚方法，也就是 Bar 类虚方法表中 say() 的调用地址。

如果发现虚方法总是调用同一个方法，则会尝试优化成直接调用。如果后期发现实例改变，则会退出优化，可以通过 JMH 测试进行验证。以下只测试 call 方法的性能，先测试 virtual 为 false 的情况，即 getFoo 总是返回 Foo 对象，然后测试 virtual 为 true 情况，在迭代调用超过 MAX 次后，返回 Bar 对象。

```java
@BenchmarkMode(Mode.AverageTime)
@Warmup(iterations = 10)
@Measurement(iterations = 10, time = 1, timeUnit = TimeUnit.SECONDS)
@Threads(1)
@Fork(1)
@OutputTimeUnit(TimeUnit.NANOSECONDS)
@State(Scope.Benchmark)
public class VirtualCallTest {

    @Param({"false","true"})
    boolean virtual;
    int x = 1;
    static final int  MAX = 2000;
    int count = 0;

    @Benchmark
    public int  call(){
      return justCall();
    }

    private int justCall(){
      Foo foo = getFoo();
      return foo.say(x);
    }
```

```
//
private Foo getFoo() {
  count++;
  if (virtual) {

    //在调用超过 MAX 次后，JIT 会退出优化，因为类型不再为 Foo 方法
    if(count>MAX){
      return new Bar();
    }else{
      return new Foo();
    }

  }else{
    //为 false，总是返回同一个对象
    if(count>MAX){
      return new Foo();
    }else{
      return new Foo();
    }
  }
}
```

测试结果跟我们的预期一样，输出如下：

Benchmark	(virtual)	Mode	Score	Units
c.i.c.j.v.VirtualCallTest.call	false	avgt	2.292	ns/op
c.i.c.j.v.VirtualCallTest.call	true	avgt	3.592	ns/op

事实上，JIT 的优化速度接近静态调用。为 Foo 类增加一个静态调用方法：

```
static int say2(int x){
  return x+2;
}
```

在 JMH 中，加入静态调用方法测试：

@Benchmark

```
public int staticCall(){
  //代码同 call 方法,最后采用了静态调用
  Foo foo = getFoo();
  return Foo.say2(x);
}
```

会发现 JIT 优化后的虚方法调用跟静态调用的性能几乎是一样的:

Benchmark	Mode	Score	Units
c.i.c.j.v.VirtualCallTest.staticCall	avgt	2.116	ns/op

可以打开编译日志查看到底发生了什么:

```
@Benchmark
@Fork(value=1,jvmArgsAppend = "-XX:+PrintCompilation")
public int call(){
  return justCall();

}
```

输出的信息较多,节选一段出现虚拟调用时的日志,日志中出现了 "made zombie",这个与 made not entrant 一样,都是指示 JIT 退出优化。不同的是,made zombie 通常是虚方法调用的退出优化指示。

```
24681  340    3      com.ibeetl.code.jit.virtuals.VirtualCallTest::call (5 bytes)
made zombie
24681  342    3      com.ibeetl.code.jit.virtuals.VirtualCallTest::getFoo (69 bytes)
made zombie
24681  427    3      java.util.Vector::ensureCapacityHelper (16 bytes)
24681  345    3      org.openjdk.jmh.infra.Blackhole::consume (39 bytes)   made zombie
24681  346    3      com.ibeetl.code.jit.virtuals.Bar::<init> (5 bytes)    made zombie
24681  347    3      com.ibeetl.code.jit.virtuals.Bar::say (4 bytes)       made zombie
```

第 8 章
代码审查

本章列出了 32 个代码片段，有的代码片段需要微调以提升性能或可读性，有的代码片段完全没有实现预期的功能，或者在某些场景下运行时会出错。读者可以先阅读代码片段有一个自己的判断，再对照随后的答案。

8.1 ConcurrentHashMap 陷阱

以下代码使用 Watcher 来记录特定 Key 的调用次数，考虑到线程安全，使用了 ConcurrentHashMap，这段代码真的能实现线程安全吗？

```java
public class Watcher
{
    private ConcurrentHashMap<String, Integer> map = new ConcurrentHashMap<>();

    public void add(String key)
    {
        Integer value = map.get(key);
        if(value == null)
        {
            map.put(key, 1);
        }
        else
        {
```

```
            map.put(key, value + 1);
        }
    }
}
```

答案：这个代码片段是线程非安全的，比如 A、B 两个线程同时调用 add("newKey")方法，如下表所示。

时　　间	线　程　A	线　程　B
T1	map.get("newKey"),返回 null	
T2		map.get("newKey"),返回 null
T3	map.put("newKey",1)	
T4		map.put("newKey",1)

在 T4 时刻时，线程 B 覆盖了线程 A 在 T3 时刻的值，系统调用了 add("newKey")两次，但 "newKey" 的值为 1。

以下是一个正确的代码片段：

```
private ConcurrentHashMap<String, AtomicInteger> countMap
    = new ConcurrentHashMap<String, AtomicInteger> ();
public void add(String key){
    AtomicInteger count = countMap.computeIfAbsent(key k->new AtomicInteger());
    //自增
    count.incrementAndGet();
}
```

8.2　字符串搜索

以下代码的作用是搜索"{"出现的位置，是否有性能更好的替代方法？

```
String str = ...;
int index = str.indexOf("{");
```

答案：考虑到只搜索单个 char，String 还提供了根据 char 来搜索的 API。高效代码如下：

```
int index = str.indexOf('{');
```

类似的还有 String.replace(char,char)、StringBuilder.append(char)，比如拼接一个 JSON，可

以使用 append(char)方法：

```
StringBuilder sb = new StringBuilder();
sb.append('{')...append(':')...apend('}')
```

8.3　I/O 输出

以下代码输出 HTML，从性能的角度考虑有没有调整的地方？

```
try {
  writer.write("<html>");
  writer.write("<body>");
  writer.write("<h1>"+topic.getTitle+"</h1>");
  writer.write("</body>");
  writer.write("</html>");
} catch (IOException e) {
  throws e;
}
```

答案：可以考虑合并输出，减小 write 方法的调用次数。Writer 类内部的一些操作可能会影响性能，比如，如果 Writer 是一个 StringWriter 实例，那么 write 方法内部还会有扩容操作。如果是一个 Servlet 的 Writer，则可能会检测是否需要输出到客户端。合并调用有助于提高性能：

```
writer.write("<html><body>");
writer.write("<h1>"+topic.getTitle+"</h1>");
writer.write("</body></html>");
```

另一方面，可以考虑使用模板技术，比如模板引擎。编写一个模板：

```
<html>
  <body>
    <h1>${topic.title}</h1>
  </body>
</html>
```

模板使得输出内容更容易维护。同时模板引擎也非常高效，性能几乎跟采用 StringBuilder 拼接字符串一样高。

大部分模板引擎都会合并静态文本，但很多 Web 服务器的 JSP 在反编译的时候却没有合并静态文本，可以查看第 5 章了解技术细节。

8.4　字符串拼接

以下代码需要把对象的地址列表拼接成一个字符串，如何提高性能？

```java
public String buildProvince(List<Org> orgs){
  StringBuilder sb = new StringBuilder();
  for(Org org:orgs){
    if(sb.length()!=0){
      sb.append(",")
    }
    sb.append(org.getProvinceId())
  }
  return sb.toString();
}
```

答案：可以考虑预先指定一个 StringBuilder 的容量，如果 provinceId 的长度不超过 3 位，那么可以估算出 StringBuilder 的容量。使用逗号分隔，可以将 append(",")改成 append(',')。最后，也可以预先将 provinceId 对应的 int 转为字符串以避免 int 转 String 的性能消耗。调整后的代码如下：

```java
//建立一个缓存
static int cacheSize = 1024;
static String[] caches = new String[cacheSize];
static {
  for(int i=0;i<cacheSize;i++){
    caches[i] = String.valueOf(i);
  }
}

public String buildProvince(List<Org> orgs){
  if(orgs.isEmpty()){
    return "";
  }
  StringBuilder sb = new StringBuilder(orgs.size()*4);
```

```
    for(Org org:orgs){
      if(sb.getLength!=0){
        sb.append(',')
      }
      sb.append(int2String(org.getProvinceId()))
    }
    return sb.toString();
  }

  public static String int2String(int data) {
    if (data < cacheSize) {
      return caches[data];
    } else {
      return String.valueOf(data);
    }
  }
```

8.5　方法的入参和出参

以下这段代码是否有改善的地方？

```
public Map<String, Object> queryPathInfo(Map<String, Object> param) {
    return Dao.selectOne(basepath + "selRedeemInfo", param);
}
```

类似的，有的方法使用 JsonObject 作为输入参数或返回值：

```
JsonObject funcName(Context req, JsonObject params)
```

答案：无论使用 Map，还是使用 JsonObject，作为入参或返回值，都非常难以阅读。除非再次阅读方法的完整实现过程，才会知道 Map 或 JsonObject 到底包含什么样的数据。建议使用具体的对象代替这种理解较为抽象的类：

```
public PathInfo queryPathInfo(PathQuery param) {
    //大部分 Dao 框架都支持映射数据库结果集到一个个具体的类上
    return Dao.selectOne(basepath + "selRedeemInfo", param, PathInfo.class);
}
```

8.6 RPC 调用定义的返回值

一个 RPC 框架的返回值的定义如下，使用 Object 数组是否可行？

```
public Object[] rpcCall(Request request ){
  try{
    Object ret = proxy.query(request);
    return new Object[]{true,ret};
  }catch(Exception ex){
    return new Object[]{false};
  }
}
```

类似的，一个 JPA 的查询结果如下：

```
@Query("select t.itemtype, count(t.id) from TxxItem t  where  t.parentCode like ?1 and t.state='1'  group by t.itemtype  ")
public  List<Object[]> getFaciCount(String parentCode );
```

答案：8.5 节有类似的解决方法，使用对象，而不要使用数组。

```
public CallResult rpcCall(Request request){}
class CallResult{
  boolean success;
  Object ret;
}
```

JPA 的查询结果返回 List，这也使得维护者不得不阅读 SQL 才知道返回的值，而且对于数字类型，count 返回的结果根据驱动或数据库的不同而不同，有的返回 BigDecimal，有的返回 BigInteger，这种写法带来了隐患。

8.7 Integer 的使用

以下代码判断两个整数是否相等，代码是否有问题？

```
public boolean isEqual(Integer a,Integer b){
return a==b;
}
```

下面这段代码的最终结果是 null 吗？

```
Double a = 1D;
Double b = 2D;
Double c = null;
Double d = isSuccess() ? a*b : c;
```

答案：这里涉及装箱和拆箱，第一个例子使用 "==" 比较两个对象是否是同一个，在数字 -128 到 127 之间，因为这个范围的装箱都使用了缓存，因此可以这么用，如果数字不在这个范围内，则应该用 equals 进行比较。

应该改成如下代码：

```
public boolean isEqual(Integer a,Integer b){
  if(a==b){
    return true;
  }
  if(a==null||b==null){
    return false;
  }
  return a.equals(b);
}
```

在三元表达式中，如果 isSuccess() 返回 false，则代码片段会抛出空指针。字节码如下：

```
INVOKESTATIC com/ibeetl/code/style/Test1.isSuccess ()Z

IFEQ L0
//比较，如果为 true
  ALOAD 1 //变量 a
  INVOKEVIRTUAL java/lang/Double.doubleValue ()D
  ALOAD   //变量 b
  INVOKEVIRTUAL java/lang/Double.doubleValue ()D
  //a*b
  DMUL
  GOTO L1
L0
//false:
  ALOAD 3 //变量 c，拆箱导致空指针
```

```
    INVOKEVIRTUAL java/lang/Double.doubleValue ()D
L1
    INVOKESTATIC java/lang/Double.valueOf (D)Ljava/lang/Double;
    ASTORE 4
    RETURN
```

可以看到，在三元表达式中，由于 a*b 有拆箱，因此变量 c 也会拆箱，导致空指针。可以改成以下代码：

```
Double d = null;
if(isSuccess()){
  d = a*b;
}else{
  d = c;
}
```

8.8 排序

以下代码实现了 Task 对象的排序，是否会有性能问题，如何完善？

```
Collections.sort(list,new Comparator<Task>(){
  @Override
  public int compare(Task a,Task b){
   if(a.getName.equals("start")){
     return 1
   }else  if(a.getName.equals("end")){
     return -1
   }else{
     ...
   }
  }
})
```

答案：在排序的时候，compare 方法会被多次调用，因此需要尽快执行完 compare 方法才能保证排序性能。此代码块在每次比较的时候，都需要调用 String.equals 方法，导致效率较差。建议重构 Task 类，例如：

```
public class Task{
    String  name = null;
    boolean start;
    boolean end;
    public Task(String name){
        this.name = name;
        if(name.equals("start")){
            start = true;
        }else if(name.equals("end")){
          end = true;
        }
    }
}
```

因此，compare 方法可以改成如下代码：

```
public int compare(Task a,Task b){
  if(a.isStart()){
    return 1
  }else if(a.isEnd()){
    return -1
  }else{
    ...
  }
}
```

8.9　判断特殊的 ID

某些特殊产品的 ID 是以 11 开头的长度为 9 的数字，下面这段代码是否有问题？

```
public boolean isLSPType(Integer skuId){
  String str = String.valueOf(id);
  return str.length==9&&str.startWith("11")
}
```

答案：这是一个性能可以提升的代码块，没有必要先将 int 转为字符串，然后利用字符串提供的功能实现特殊 ID 判断。可以直接调整为如下代码：

```
public boolean isLSPType(Integer skuId){
   return skuId>=110_000_000&&skuId<120_000_000)
}
```

8.10　优化 if 结构

如何让下面的代码阅读起来更加清晰？

```
CallInfo info = ...;
if(info!=null){
    if(info.getCode()==1||info.getCode()==2){
        return true
    }else{
        log.info(xxxx);
        return false;
    }
}else{
    log.info(yyy);
    return false;
}
```

答案：优化 if 结构在第 7 章已经说明，可以优先处理异常情况。

```
CallInfo info = ...;
if(info==null){
    log.info(yyy);
    return false;
}
if(!info.isSuccess()){
    log.info(xxxx);
    return false;
}
return true;
```

8.11　文件复制

下面的代码是否能提升性能？

```java
private static void copyFileUsingFileStreams(File source, File dest)
  throws IOException {
  InputStream input = null;
  OutputStream output = null;
  try {
    input = new FileInputStream(source);
    output = new FileOutputStream(dest);
    byte[] buf = new byte[1024];
    int bytesRead;
    while ((bytesRead = input.read(buf)) > 0) {
      output.write(buf, 0, bytesRead);
    }
  } finally {
    input.close();
    output.close();
  }
}
```

答案：可以略微提升性能。

这是一个文件复制的例子，从 InputStream 中读取内容到一个 buf，然后 OutputStream 输出此 buf。可以考虑使用 ThreadLocal 预先分配一个这样的 buf，避免每次调用都创建一个数组。

```java
private ThreadLocal<byte[]> cacheLocal = new ThreadLocal<byte[]>(){
  protected byte[] initialValue(){
    return new byte[1024];
  }
};
private static void copyFileUsingFileStreams(File source, File dest)
  throws IOException {
  ...
  byte[] buf = cacheLocal.get();

}
```

8.4 节的字符串拼接也可以使用类似的方法进一步提升性能。

8.12 switch 优化

如何进一步优化如下 switch 语句以提高性能？

```
String a = "bw";
switch(a){
  case "a":{doyX();break;}
  case "b":{doXX();break;}
  case "c":{doX();break;}
  case "d":{...;}
  case "ef":{...;}
  case "g":{...;}
  case "h":{...;}
  case "k":{...;}
  case "z":{...;}
  case "zt":{...;}
  case "za":{...;}
  case "bk":{...;}
  case "bc":{...;}
  case "bt":{...;}
  case "bw":{...;}
  case "ck":{...;}
  case "t":{...;}
  case "t1":{...;}
  case "t2":{...;}
  case "t3":{...;}
  case "t4":{...;}
  default :{...;}
}
```

答案：可以使用 int 来代替 String。例如：

```
String a = ...
int hashCode = a.hashCode();
switch(hashCode){
  case 97:{doyX()}

}
```

可以参考 4.4 节了解如何优化 switch 调用。

8.13 Encoder

以下代码片段把数字转码为字符串,是否可以完善?

```
public class Encoder{
  Map<Integer,String> map = new HashMap<>();
  public Encoder(){
    map.put(1,"abc");
    map.put(2,"&");
    map.put(3,"*");
    map.put(6,"ck");
  }

  public String encode(int code){
    return map.get(code)
  }

}
```

答案:建议使用数组来维护数字到符号的映射关系。例如:

```
String[] array = new String[]{null,"abc","&","*",null,null,"ck"}
```

缺点是使用数组使得 Key 和 Value 的关系不明显,比如,想知道数字 6 对应的转码,不得不数一下 array 数组。可以先维护一个 Map,然后转成数组,用于真正的映射。

```
//TreeMap,遍历后按照 Key 的排序输出
TreeMap<Integer,String> map = new TreeMap<Integer,String>();
map.put(1,"abc");
map.put(2,"&");
map.put(3,"*");
map.put(4,null);
...
String[] array = new String[map.size()];
for(Map.Entry<Integer,String> entry:map.entrySet()){
  array[entry.getKey()-1] = entry.getValue();
}
```

8.14 一个 JMH 例子

下面的 JMH 测试示例是否能准确测试 call 方法的性能？

```
@BenchmarkMode(Mode.AverageTime)
@Warmup(iterations = 3)
@Measurement(iterations = 3, time = 1, timeUnit = TimeUnit.SECONDS)
@Threads(1)
@Fork(1)
@OutputTimeUnit(TimeUnit.NANOSECONDS)
@State(Scope.Benchmark)
public class DeadCodeTest {
  int a = 10;

  @Benchmark
  public void calc() {
    call();
  }

  private double call() {
    int c = a * 30;
    int d = c+2*c;
    double e = d/0.9;
    return e;
  }

}
```

答案：不能。

这是因为 JIT 判断 call 方法的返回值对 calc 方法没有任何影响，不再调用 call 方法，因此这段代码测试的效果跟以下 baseline 方法没有区别：

```
@Benchmark
public void baseline() {

}
```

```
@Benchmark
public void calc() {
    call();
}
```

calc 可以定义一个返回值,这样 JIT 就不会消除 call 代码了。也可以使用 JMH 提供的 Blackhole:

```
//定义返回值
@Benchmark
public double calc() {
  return  call();
}

//或者使用 Blackhole
@Benchmark
public void calc(Blackhole hole) {
  hole.consume (call());
}
```

8.15　注释

考虑是否要删除以下代码中的注释,如果删除了,那么如何找到被删除的代码?

```
/* 不要删除, by 静静,2007.8.1
int c = getBalance(userId);
if(isGreat(date){

}
*/
int c = getBalance(userId);
```

答案:如果需要恢复被删除的注释,可以从代码的历史版本中找到。

8.16　完善注释

考虑如何完善对 gender 的注释:

```
public class User{
  //0 表示性别为女，1 表示性别为男，默认值是 0
  int gender = 0;
  static final int age = 100;
}
```

答案：在 Javadoc 中，第一句话表示概要，原来的注释缺少概要。另外，"默认值是 0" 这句话因为代码逻辑变化而没有同步更改，可以改为如下代码：

```
public class User{
  /** 性别. 0 表示性别为女，1 表示性别为男，默认值是{@value } */
  int gender = 0;
}
```

也可以考虑用枚举来维护 gender，这样就能取消注释，因此还可以改成如下代码：

```
Gender gender = Gender.MANO;
```

另外一个需要完善的例子如下：

```
LoadingCache<String, SkuInfo> cache = Caffeine.newBuilder()
  .maximumWeight(10)//设置最大权重为 10
  .weigher((k, v) -> ((SkuInfo) v).getKey().length() * 4)
  .build(k -> service.query(k));
```

这个例子的问题在于缓存的权重很可能会调整为其他值，但注释却忘记更改，或者懒得更改（认为不影响程序运行）。上面这段注释只要注明"设置最大权重"即可。

8.17 方法抽取

下面这段代码是否可以完善？

```
public void handle(Order order){
  if(order==null){
    throw new IllegaArgmentException("订单对象空")
  }
```

```
    if(order.getId()==null||order.getId()<1000){
      throw new IllegaArgmentException("id "+order.getId()+" 不合法")
    }

    if(order.getNum()<=0){
      throw new IllegaArgmentException("id "+order.getId()+" 订单数量 "+order.getNum);
    }

    dao.save(order);
    dao.updateUser(order.getUserId(),order.getId());

}
```

答案：校验代码太长，影响了正常代码的阅读。方法体内容应该突出主要逻辑代码。可以把校验代码抽取出来：

```
public void handle(Order order){
  check(Order order);
  dao.save(order);
  dao.updateUser(order.getUserId(),order.getId());
}

private void check(Order order){
    ...
}
```

8.18 遍历 Map

以下代码遍历 Map，有什么问题？

```
Map<String,String> map = ...;
for(String key:map.keySet()){
  String value = map.get(key);
  ...
}
```

答案：此代码的性能略有问题，建议遍历 Entry，从 entry 中直接取得 key 和 value。

```
Map<String,String> map = ...;
for(Entry<String,String> entry:map.entrySet()){
  String key = entry.getKey();
  String value = entry.getValue();
  ...
}
```

8.19 日期格式化

使用一个通用的 CommonUtil 来把 Date 对象格式化成字符串，有什么问题？

```
public class CommonUtil {
    static SimpleDateFormat sdf = new SimpleDateFormat("yyyy-MM-dd");
    public static String format(Date d){
      return sdf.format(d);
    }
    public static Date parse(String str){
      try{
        return sdf.parse(str);
      }catch(Exception ex){
        throw new IllegalArgumentException(str);
      }
    }
}
```

答案：SimpleDateFormat 是一个线程非安全类，在第 3 章已经说明了对应的解决方法，可以移出 SimpleDateFormat 并作为类变量定义在方法中。

```
public static String format(Date d){
  SimpleDateFormat sdf = new SimpleDateFormat("yyyy-MM-dd");
  return sdf.format(d);
}
```

考虑到每次构造 SimpleDateFormat 都比较耗时，可以使用 ThreadLocal 保存构造好的 SimpleDateFormat：

```
private  ThreadLocal<SimpleDateFormat> local = new ThreadLocal<SimpleDateFormat>(){
   protected  SimpleDateFormat initialValue(){
     return new SimpleDateFormat("yyyy-MM-dd");
   }
};

public  String format(Date d){
   return local.get().format(d);
}
```

8.20 日志框架

下列代码来自两个日志输出框架 SLF4J 和 CommonLog，前者有占位符，后者有字符串拼接，你觉得哪个好，为什么 Spring 源码中使用了后者？

```
log.info(" order id {}, user id {}",order.getId(),order.getUserId());
//Spring 使用
log.info(" order id "+order.getId()+", user id "+order.getUserId());
```

Spring 使用后者的主要原因是性能问题，前者的占位符使得程序更容易读懂，但占位符解析需要耗费时间。

再看看 SLF4J 关于 info 的接口和定义，你觉得前两个方法的定义是多余的吗，只要 Object... var2 即可？

```
void info(String var1, Object var2);
void info(String var1, Object var2, Object var3);

void info(String var1, Object... var2);
```

答案：对于 Object... var2，var2 是一个一维数组。在调用此方法前，字节码自动构造数组作为入参（参考第 9 章），SLF4J 从性能微优化角度，分别定义了当参数有且只有一个和参数只有两个的 API 方法，避免创建数组。

在实际项目中，对象转化为 String 耗时会导致日志调用方法的耗时，比如如下输出就非常耗时：

```
log.debug("hell0 "+JSON.toJSONString(myHugeObject));
//log.debug("hell0 "+ myHugeObject.toString()); toString 也可能带来潜在问题
```

因为在调用 log.debug 方法前，需要把 myHugeObject 对象转化为 JSON 字符串作为 Debug 方法参数，这是一个非常耗时的操作，可能远远超过了调用 log 方法本身。可以通过判断日志级别来避免这种情况：

```
if(log.debugEnable()){
    log.debug("hell0 "+JSON.toJSONString(myHugeObject));
}
```

或者仅输出需要打印的信息：

```
log.debug("hell0 "+myHugeObject.getId()+":"+myHugeObject.getName());
```

除了上述使用 log 的常见问题，也要当心滥用 log 导致系统性能急剧下降的情况。

一方面，大量输出日志，会对磁盘 I/O 产生影响，特别是日志配置了压缩功能，日志在压缩的时刻，会耗费 CPU 资源。笔者遇到的一个系统就曾经每隔一段时间，请求响应时间变长，观察发现 CPU 使用率非常高，然而请求量在正常范围内。后来才发现每当日志量达到一定阈值时，就会压缩日志。去掉日志压缩功能后，系统就恢复正常了。

注：尤其在云计算环境中，云服务器的磁盘性能较差，磁盘操作会导致主机性能急剧下降。

另一方面，log 的 API 是异步输出的，但在大并发访问的情况下，log 框架为了保证消息的顺序输出，仍然有锁操作。以 Logback 为例子，在 Logback 1.1.8 以前，使用的公平锁 ch.qos.logback.core.OutputStreamAppender 的代码如下：

使用 true 构造公平锁使得公平锁本身的性能下降：

```
protected final ReentrantLock lock = new ReentrantLock(true);

private void writeBytes(byte[] byteArray) throws IOException {
    if (byteArray != null && byteArray.length != 0) {
        this.lock.lock();

        try {
```

```
      this.outputStream.write(byteArray);
      if (this.immediateFlush) {
        this.outputStream.flush();
      }
    } finally {
      this.lock.unlock();
    }

  }
}
```

公平锁会导致在高并发情况下，系统性能急剧下降。关于公平锁的内容可以参考第 3 章。

8.21 持久化到数据库

以下代码片段中添加了多个订单到数据库，是否从性能上可以优化？

```
@Autowired
OrderDao dao = ... ;
public void save(List<Order> orders){
        for(Order order : orders){
            saveOrder(order);
        }
}

private void saveOrder(Order order){
    dao.insert(order);
}
```

答案：大部分 Dao 工具都具备批处理更新功能。这样会将需要更新的数据一次性提交到数据库，避免了单独处理一次数据库操作的性能消耗。以下代码使用了 JDBC 的 executeBatch 完成批处理更新操作：

```
String sql = "INSERT INTO ORDER " +
                "(ID, NAME, TYPE) VALUES (?, ?, ?)";
PreparedStatement pstmt = conn.prepareStatement(sql);

for (Order order : orders) {
```

```
    pstmt.setLong(1, order.getId());
    pstmt.setString(2, order.getName());
    pstmt.setInt(3, order.getType() );
    pstmt.addBatch();
}
int[] count = stmt.executeBatch();
conn.commit();
```

需要注意的是，数据库对批处理操作有一定数量的限制，因此，需要控制每次批处理提交的数量，比如 Oracle 每次最多处理 5 万条数据。

8.22　某个 RPC 框架

以下是国内某互联网公司开发团队开源的 RPC 框架，以下单例实现会有什么问题？

```
private static volatile List<TAsyncClientManager> asyncClientManagerList = null;
public Object getInterfaceClientInstance(TTransport socket,String server) {
  if (null == asyncClientManagerList) {
    //第一次调用的时候，初始化
    synchronized (this) {
      if (null == asyncClientManagerList) {
        asyncClientManagerList = new ArrayList<> ();
        for (int i = 0; i < asyncSelectorThreadCount; i++) {
          try {
            asyncClientManagerList.add(new TAsyncClientManager());
          } catch (IOException e) {
            e.printStackTrace ();
          }
        }
      }
    }
  }
  ...
}
```

答案： 这段代码的问题在于 asyncClientManagerList = new ArrayList<> ()调用完毕后，asyncClientManagerList 为非 null，但后续还要接着初始化，这样会导致其他线程读取的是一个未被初始化好的 asyncClientManagerList。

另外，异常处理过于简单，如果可以忽略 IOException，则需要加上注释说明。可以调整为以下代码：

```
private static volatile List<TAsyncClientManager> asyncClientManagerList = null;
public Object getInterfaceClientInstance(TTransport socket,String server) {
  if (null == asyncClientManagerList) {
    build();
  }
  ...
}

private synchronized build(){
  //第一次调用的时候，初始化
  if(asyncClientManagerList!=null){
    return asyncClientManagerList;
  }
  //定义临时变量
  List temp = new ArrayList<> ();
  for (int i = 0; i < asyncSelectorThreadCount; i++) {
    try {
      temp.add(new TAsyncClientManager());
    } catch (IOException e) {
      //忽略此信息
      e.printStackTrace ();
    }
  }
  asyncClientManagerList = temp;
}
```

8.23 循环调用

以下代码是否有微调的可能？

```
for(int i=0;i<list.size();i++){
}
```

答案：性能可以稍微优化一下。

改成以下代码：

```
for(int i=0,size=list.size();i<size;i++){

}
```

8.24　lock 的使用

以下 lock 的使用存在问题，怎么解决？

```
public class Scheduler {
  public void doSomething() {
    Lock lock = new Lock();
    lock.lock();
     //...
    lock.unlock();
  }
}
```

答案：lock 应该定义为类变量，另外 lock 可以保证程序异常时也能释放锁资源。正确代码如下：

```
public class Scheduler {
  Lock lock =  new ReentrantLock();
  public void doSomething() {
    lock.lock();
    try{
       //需要同步的代码
    }finally {
      lock.unlock();
    }
  }
}
```

8.25　字符集

以下字符集转化时有哪些可以微小调整的地方？

```
List<String> strs = ...;
OutputStream os = ...;
for(String str:strs){
  if(str!=null){
    byte[] bs = str.getBytes("utf-8");
    os.write(bs);
  }
}
```

答案：性能上可以略微调整。

使用 Charset 对象表示 Java 字符集，可以预先定义好：

```
Charset utf8 =Charset.forName("utf-8");
for(String str:strs){
  if(str!=null){
    byte[] bs = str.getBytes(utf8);
    os.write(bs);
  }
}
```

8.26　处理枚举值

根据返回的枚举值进一步处理，如何完善下面的代码？

```
TypeEnum type = getType(obj);
switch(type){
  case TypeEnum.Order: handleOrder(obj);...;
  case TypeEnum.Customer:handlerCustomer(obj);...;
}
```

答案：从性能的角度考虑，少量分支使用 switch 方式并不划算。从可读性的角度考虑，更好的方式是 TypeEnum 提供一个 handle 方法，Order 和 Customer 已实现 handle 方法，代码如下：

```
TypeEnum type = getType(obj);
type.handle(obj);
//枚举定义
enum TypeEnum{
    Order{
```

```
    @Override
    public void handle(Object o){

    }
  },Customer{
    public void handle(Object o){

    }
  };
  public abstract  void handle(Object o);
}
```

8.27　任务执行

如果以下 Task 可以并行执行，那么如何完善代码？

```
public class TaskExecutor{
  private Task[] tasks ;
  public void run(){
    for(int i=0;i<tasks.length;i++){
      tasks[i].execute();
    }
  }
}
```

答案：可以使用线程池，并行执行任务。

```
ThreadPoolExecutor poolExecutor = ...
public void run(){
  for(int i=0;i<tasks.length;i++){
    pool.exuecte(()->tasks[i].execute());
  }
}
```

当任务拆分成并行任务执行时，需要注意任务之间不会有依赖关系，不会出现资源竞争而导致死锁。

或者可以使用 CompletableFuture：

```
List<CompletableFuture > list = new ArrayList<CompletableFuture >();
 for(int i=0;i<tasks.length;i++){
   CompletableFuture f1 = CompletableFuture.runAsync(()->{
        tasks[i].execute()
   }
   list.add(f1);
}
CompletableFuture all = CompletableFuture.allOf(list.toArray(new CompletableFuture[0] ));
//200 毫秒内返回
try{
 all.get(200,TimeUnit.MILLISECONDS)
}catch(TimeoutException ex){
  //降级处理
}
```

关于 CompletableFuture 类的内容可以参考第 3 章。

8.28 开关判断

getInt 用于获取系统配置，假设在系统中调用很普遍，一次业务查询可能需要调用 30 多个这样的开关，有没有优化办法？

```
ConcurrentHashMap<String,Object> config = ...;
public int getInt(String key){
  if(config.contains(key)){
    return (Integer)config.get(key);
  }
  //...
}
```

答案：考虑到 contains 和 get 方法都会查找一遍 Key，因此只使用 get 方法。改成如下代码：

```
ConcurrentHashMap<String,Object> config = ...;
public int getInt(String key){
  Integer a = (Integer)config.get(key);
  if(a=null){
    return a;
  }
```

```
        //...
}
```

8.29 JDBC 操作

以下 JDBC 操作的代码是否有改善空间？

```
Connection conn = null;
PrepareStatement ps = null;
try {
  conn = ...
   ps = conn.prepareStatement(sql);
   this.setPreparedStatementPara(ps, objs);
   rs = ps.executeUpdate();
} catch (SQLException e) {
  e.printStackTrace();
} finally
  try{
    if(ps!=null){
      ps.close()
    }
    if(conn!=null){
      conn.close();
    }
  }catch(Exception ex){
    e.printStackTrace();
  }
}
```

答案：不应该简单打印此代码的异常处理，而是应该抛出异常，告诉调用者数据库插入失败。另外 finally 关闭数据库连接操作最好抽取为一个单独的方法，这样不会"喧宾夺主"，影响主要逻辑。改成如下代码：

```
Connection conn = null;
PrepareStatement ps = null;
try {
  ...
} catch (SQLException e) {
```

```
        throw e;
    } finally
     clean(conn,ps)
    }
```

8.30 Controller 代码

某处 MVC 的 Controller 代码的写法如下：

```
String orderId = ...
try{
    return "success.html"
}catch(Throwable ex){
    logger.info("访问出错"+ordeId)
    return "error.html"
}
```

答案：这个代码块针对异常的处理有问题，Throwable 是所有异常类的根基类，在这里捕捉 Throwable 并定位到一个错误页面，那么出现的一些系统异常就不容易被察觉出来。比如内存故障时抛出的 OutOfMemoryError，是因为环境的原因抛出的 ClassNotFoundException。曾经的一个微服务系统，因为依赖的微服务定义了一个新的类导致无法序列化此类而抛出了 ClassNotFoundException 异常，恰好系统捕捉的是 Throwable，当作普通调用异常处理了，导致错误一直没有被发现。

调整方式可以是打印出包含异常的原始消息的日志，最佳办法是不要试图捕获 Throwable，应该由框架来统一处理异常。

8.31 停止任务

下面代码中的线程 A 启动后，主线程设置 stop=true 后，线程 A 能停止吗？

```
public class Task {
  private static boolean stop = false;
  public static void main(String[] args){
    Thread a = new Thread("A"){
      public void run(){
        while (!stop) {
          int a = 1;
```

```
        }
        System.out.println("exit");
      }
    };
    a.start();
    pause(100);
    stop = true;


  }
  public static void pause(int time){
    try {
      Thread.sleep(time);
    }catch(Exception ex){
    }
  }
}
```

答案：这段代码是第 3 章并发一节中的例子，通过 stop 变量来设置线程 A 是否停止。这里需要考虑多核情况下变量的可见性，因此需要使用 volatile 关键字：

```
private static volatile boolean stop = false;
```

如下方案是否能同样使得线程 A 停止呢？

```
Thread a = new Thread("A"){
  public void run(){
    while (!stop) {
      int a = 1;
      TimeUnit.MILLISECONDS.sleep(time);
    }
    System.out.println("exit");
  }
};
```

答案是能，因为线程休眠后再恢复，有上下文切换，能获取主内存的最新变量。

增加一个输出变量，是否能让线程 A 停止呢？代码如下：

```
Thread a = new Thread("A"){
  public void run(){
```

```
    while (!stop) {
      int a = 1;
      System.out.println(stop);
    }
    System.out.println("exit");
  }
};
```

答案是能,因为 println 内部有个同步锁,调用 println 方法后,会有上下文切换,获得主内存变量。如果删除这句看似无用的输出语句,则线程 A 停不下来。

8.32　缩短 UUID

UUID 是通用唯一识别码(Universally Unique Identifier)的缩写,目的是让分布式系统中的所有元素都能有唯一的辨识信息,而不需要通过中央控制端(比如通过数据库生成 ID)。

UUID 是由一组 32 位数的十六进制数字所构成的,因此 UUID 理论上的总数为 16 的 32 次方。

也就是说,若每纳秒使用 100 万个 UUID,则要花 100 亿年才会将所有 UUID 用完。

UUID 的 16 个 8 位字节被表示为 32 个十六进制数字,以连字号分隔的五组来显示,形式为 8-4-4-4-12,共有 36 个字符(即 32 个英数字母和 4 个连字号)。例如:

```
123e4567-e89b-12d3-a456-426655440000
xxxxxxxx-xxxx-Mxxx-Nxxx-xxxxxxxxxxxx
```

实际应用的时候,可以去掉符号"-"。如下代码是否有改善地方?

```
String uuidStr = UUID.randomUUID().toString();
String shortUuidStr = uuidStr.replaceAll("-","");
```

更高效的办法是直接拼接出一个短版本的 UUID:

```
public static String shortUUID(String uuid){
        StringBuilder sb = new StringBuilder(uuid.length()-4);
        sb.append(uuid.substring(0,8)).append(uuid.substring(9,13)).append(uuid.substring(14,18)).append(uuid.substring(19,23)).append(uuid.substring(24,36));
        return sb.toString();
    }
```

两者的性能差别还是很大的：

Benchmark	Mode	Score	Units
c.i.c.c.ShortUUIDTest.replace	thrpt	12624.780	ops/ms
c.i.c.c.ShortUUIDTest.regReplace	thrpt	2940.418	ops/ms

还有一种缩短 UUID 的方法，变成 22 位长度，使用六十二进制：

```java
public class UUIDUtil {
  final static char[] DIGIT = {
    'A', 'B', 'C', 'D', 'E', 'F', 'G', 'H', 'I', 'J',
    'K', 'L', 'M', 'N', 'O', 'P', 'Q', 'R', 'S', 'T',
    'U', 'V', 'W', 'X', 'Y', 'Z', 'a', 'b', 'c', 'd',
    'e', 'f', 'g', 'h', 'i', 'j', 'k', 'l', 'm', 'n',
    'o', 'p', 'q', 'r', 's', 't', 'u', 'v', 'w', 'x',
    'y', 'z', '0', '1', '2', '3', '4', '5', '6', '7',
    '8', '9'
  };

  final static int RADIX = DIGIT.length;

  /**
   * 将长整型数值转换为六十二进制值
   */
  public static String to62String(long i) {
    StringBuilder sb = new StringBuilder(32);
    while (i >= RADIX) {
      sb.append(DIGIT[(int) (i % RADIX)]);
      i = i / RADIX;
    }
    sb.append(DIGIT[(int) (i)]);
    return sb.reverse().toString();
  }

  public static String randomUUID(){
    UUID uuid = UUID.randomUUID();
    long most = Math.abs(uuid.getMostSignificantBits());
    long least = Math.abs(uuid.getLeastSignificantBits());
```

```java
        StringBuilder sb24 = new StringBuilder();
        sb24.append(to62String(most)).append(to62String(least));
        return sb24.toString();
    }

    public static void main(String[] args) {
        //UUID 为 5a68630c-e3eb-46a7-a42e-63b44b753f45，压缩后为 HvOwXk8E95FH2ucMLPVC47
        System.out.println(randomUUID());

    }
}
```

第 9 章
Java 字节码

9.1 Java 字节码

在 Windows 操作系统上编译的 Java 程序，不经过修改就能够直接在 Linux 操作系统上运行；与之对比的是 C 语言，在 Linux 平台编译的 C 程序，一般情况下如果不进行特殊的转换，那么是不能在 Windows 操作系统上运行的。要了解 Java 是如何实现这一目标的，我们需要对 Java 实际的运行做一个简单的介绍。首先 Java 的源程序的扩展名是.java，经过编译程序编译之后生成扩展名为.class 的字节码文件。

在 7.1 节中说明了使用 JavaCompiler 工具类将 Java 源码编译成 class 字节码的过程，本章分析 class 文件的格式，描述 Java 如何执行字节码，并通过 ASM 工具动态生成属性访问工具类，它类似 5.7 节的 ReflectASM，是一个高性能反射处理工具。本章还通过字节码分析 2.2 节两种字符串拼接方式的性能差别的原因。

9.1.1 基础知识

在.class 文件中，类名使用的都是全限定名，并且其表示方式与源文件中的方式不一致，比如 java.lang.String 在 String.class 中的表示方式就是 java/lang/String。

Java 虚拟机的操作基于两种数据类型：基本类型和引用类型。

- 基本类型包括数字类型、boolean 类型和 returnAddress，其中 returnAddress 在 Java 语言中没有对应类型。

- 引用类型包括 class、array、interface，引用类型是与实例关联的。

这些类型在.class 文件中有不同的描述，如下表所示。

类型描述	Java 类型	描述
B	byte	Java 中最小的数据类型，在内存中占 8 位（bit），即 1 个字节
C	char	字符型，用于存储单个字符，占 16 位，即 2 个字节
S	short	短整型，在内存中占 16 位，即 2 个字节
I	int	整型，用于存储整数，在内存中占 32 位，即 4 个字节
J	long	长整型，在内存中占 64 位，即 8 个字节
D	double	双精度浮点型，用于存储带有小数点的数字，在内存中占 64 位，即 8 个字节
F	float	浮点型，在内存中占 32 位，即 4 个字节
Z	boolean	布尔类型，占 1 个字节，只有两个值：true 和 false
LClassName	reference	关联一个 ClassName 的实例
[	reference	一维数组

引用类型举例，如下表所示。

Java 类型	类型描述
int[]	[I
int[][]	[[I
Object	Ljava/lang/Object;
Object[]	[Ljava/lang/Object;

方法的描述是参数类型描述与返回类型描述的组合，参数类型描述在一对()之间，后边紧跟返回类型的描述。我们以 java.lang.Object 与 java.lang.String 中的几个方法举例，如下表所示。

方法声明	类型描述
public boolean equals(Object obj)	(Ljava/lang/Object;)Z
public final native void notify()	()V
public String toString()	()Ljava/lang/String;
public String[] split(String regex, int limit)	(Ljava/lang/String;I)[Ljava/lang/String;
public int lastIndexOf(String str)	(Ljava/lang/String;)I
public int lastIndexOf(String str)	(Ljava/lang/String;)I

9.1.2 .class 文件的格式

.class 文件的格式（类似 C 语言）如下：

```
ClassFile {
u4 magic;
u2 minor_version;
u2 major_version;
u2 constant_pool_count;
cp_info constant_pool[constant_pool_count-1];
u2 access_flags;
u2 this_class;
u2 super_class;
u2 interfaces_count;
u2 interfaces[interfaces_count];
u2 fields_count;
field_info fields[fields_count];
u2 methods_count;
method_info methods[methods_count];
u2 attributes_count;
attribute_info attributes[attributes_count];
}
```

classFile 是二进制字节流，以 8 位二进制数据为基础构成，虽然可以区分一个个数据项，但其结构是按顺序线性排列的，各个数据项中间没有其他的分隔符。

在 class 文件的结构中，只有两种数据类型：无符号数和表。其中 u1、u2、u4 分别代表无符号 1 个字节、2 个字节、4 个字节，而且其多字节的排列是"大端法"，即高位字节在低位。"表"是由多个无符号数或其他表项构成的，比如 cp_info 表示的就是常量池表。

（1）Magic：魔数，4 个字节，固定为 0xCAFEBABE。

（2）minor_version、major_version：分别占 2 个字节，表示子版本号和主版本号，用于 Java 虚拟机识别是否支持该.class 文件，以及是否支持新特性等。

（3）constant_pool_count：2 个字节，其表示的值为常量池的实际大小+1。

（4）constant_pool[]：常量池，其中包含各种格式的常量，包括类的全限定名、字段名称和描述符、方法名称和描述符等，其通用格式为 cp_info{u1 tag;u1 info[]}，由于篇幅有限，不再详细展开介绍常量池结构。我们知道 Java 类的所有常量、类名、方法名等字符串都存放在常量池中。

（5）access_flags：2 个字节，表示该类或接口的访问标志，比如 ACC_PUBLIC（值为 0x0001）表示 public，ACC_FINAL 表示 final（值为 0x0010），因此 0x0011 表示 final public。

（6）this_class：2 个字节，表示当前类，其值为常量池中的索引，该位置所表示的常量类型必须为 0x07，即 class 类型。

（7）super_class：2 个字节，表示当前类的直接父类，其值为常量池中的索引。该位置所表示的常量类型必须为 0x07，即 class 类型，当然在 Object 类的.class 文件中，该值为 0x0000。

（8）interfaces_count：2 个字节，表示当前类或接口直接实现的接口的数量。

（9）interfaces[]：表示直接实现的接口，其值为常量池中索引的位置，且类型必须为 0x07。

（10）interfaces_count：2 个字节，表示当前类或接口直接实现的接口的数量。

（11）interfaces[]：表示直接实现的接口，其值为常量池中索引的位置，且类型必须为 0x07。

（12）methods_count：2 个字节，表示该类的方法表中方法结构的数量。

（13）methods[]：方法表，表示该类中的所有方法，包括实例方法、类方法、初始化方法等，不包括从父类或父接口中继承但没实现的方法。

（14）attributes_count：2 个字节，表示该.class 文件的属性表中实体的数量。

（15）attributes[]：属性表，此位置的属性表示的是.class 文件中的属性，存储在此位置的属性是有限值的。

字段的结构如下：

```
field_info {
    u2              access_flags;
    u2              name_index;
    u2              descriptor_index;
    u2              attributes_count;
    attribute_info attributes[attributes_count];
}
```

方法的结构如下：

```
method_info {
    u2              access_flags;
    u2              name_index;
    u2              descriptor_index;
    u2              attributes_count;
    attribute_info attributes[attributes_count];
}
```

属性的结构如下：

```
attribute_info {
    u2 attribute_name_index;
    u4 attribute_length;
    u1 info[attribute_length];
}
```

我们看到 Class、Filed、Method，甚至在 Attribute 中都有属性结构，但不同的位置拥有的属性是不同的，比如 SourceFile 属性存储在 ClassFile 中，Code 属性存储在 Method 结构中，而存储字节码对应 Java 源码行号的 LineNumberTable 和描述本地变量表中变量与 Java 源码变量对应关系的 LocalVariableTable 属性则存储在 Code 属性中，用于 Java Debug。限于篇幅，不再具体说明。

9.2　Java 方法的执行

在接下来的讲解中，我们都将使用以下源码作为示例，最终通过 ASM 工具将要生成的代码加载并运行：

```java
public class UserAttributeAccess{
    public Object value(Object bean, String attr) {
        int hash = attr.hashCode();
        User user = (User) bean;
        switch (hash) {
        case 3373707:
            return user.getName();
        case -1147692044:
            return user.getAddress();
        case -1034364087:
            return user.getNumbers();
        case -1210031859:
            return user.getBirthDate();
        }
        throw new IllegalArgumentException("No such attribute : " + attr);
    }
}
```

9.2.1 方法在内存中的表示

Java 方法是在线程中执行的,而在每一个 Java 线程被创建的同时,有一个 Java 虚拟机栈的结构被创建。该 Java 虚拟机栈的作用:包含本地变量和部分结果,用于方法调用和返回。虽然说虚拟机栈中存储着多个 Frame(虚拟机栈帧),但同一时间只会有一个 Frame 是激活状态,此时线程的栈也是与此 Frame 相关联的。当进行新的方法调用时就会创建新的 Frame,并将其压入 Java 虚拟机栈,方法返回后(正常或异常返回),该 Frame 从虚拟机栈中被移除。

Frame 的销毁有两种途径:

- 正常返回——返回合适的值给调用者,并压入调用者的操作数栈。
- 异常——抛出异常,如果当前方法不能处理该异常,则舍弃当前的栈与本地变量,销毁 Frame,没有返回值,并在调用者中重新抛出异常。

每个 Frame 包含以下几部分,且 Frame 中的本地变量表与操作数栈的大小是在 Java 源文件编译的时候就计算好的:

- 本地变量数组——通过序号访问,随机存储,单个本地变量 slot 可以存储 boolean、byte、char、short、int、float、reference 或 returnAddress 类型的数据,而 long、double 类型则需要用两个本地变量 slot 存储。
- 操作数栈——字节码操作的数据,根据不同的操作指令,对操作数栈有不同的操作。
- 运行常量池的引用。

例如,以下 add 方法创建的 Frame 的本地变量数组的大小为 3,操作数栈的大小为 2:

```
public int add(int a,int b){
    return a+b;
}
```

Frame 创建后,本地变量数组默认包含 this,以及变量 a 和变量 b 三个元素,因此本地变量数组的大小为 3,操作栈需要执行两个数相加的操作,将相加结果压入栈顶,因此操作数栈的大小为 2。

9.2.2 方法在.class 文件中的表示

Java 虚拟机如果要正确地解释.class 文件,那么有五个属性至关重要,其中存储于方法结构中的属性有以下三种:

- Code 属性——包含方法的 Java 虚拟机指令和辅助信息,包括实例初始化方法、类或接口初始化方法。

- StackMapTable 属性——在类型检查和验证过程中使用。
- Exceptions 属性——表明方法将抛出的受检查异常。

在这三个属性中，StackMapTable 属性是 Code 属性的子属性，是在 JDK 1.6 中新增的属性。

在 Code 属性中有一个非常重要的部分，存储着 Java 虚拟机指令，这也是本章的重点内容。

对于上述的 UserAttributeAccess 类，虚拟机在编译时，会自动为其构建一个无参的构造函数，而该构造函数的虚拟指令存储在数组（Code 属性中实际存储 Java 指令的数组）中的内容如下：

```
0x2A B7 00 08 B1
```

如果对照 JVM 虚拟机规范，并对照该.class 文件的常量池，我们会发现，该二进制序列对应的字节码如下：

```
aload0 //0x2A=aload0
invokespecial java/lang/Object.<init>()V //0xB7=invokespecial, 00 08 在常量池中表
                                         //示 Object.<init>方法
return //0xB1=return
```

关于这些指令的含义，在后续的章节中会有介绍，读者也可以去查询 Java 虚拟机规范。

在 JDK 1.6 之后，方法中的 Code 属性的属性表中都会至少有一个 StackMapTable 属性（如果没有，则表示其有一个隐含的 StackMapTable 属性），在 StackMapTable 中存储的就是 stack_map_frame 实体。之前也说过该属性的最大作用是进行类型校验，stack_map_frame 实体包含字节码的偏移量和局部变量表、操作数栈的验证类型。当然我们可以一个指令对应一个 stack_map_frame 实体，但这样一来存储空间就会变大，所以一般来讲，如果有控制流变换（跳转、异常处理等），则增加一个 stack_map_frame 实体。据此我们可以推算出 UserAttributeAccess.value(Object,String)方法，其 StackMapTable 中应该有五个实体。

```
    ...
    12: lookupswitch  { //4
         -1210031859: 77
         -1147692044: 62
         -1034364087: 68
            3373707: 56
            default: 83
       }
```

```
        56: aload           4
        58: invokevirtual #24          //Method com/ibeetl/code/ch10/
User.getName:()Ljava/lang/String;
        61: areturn
        62: aload           4
        64: invokevirtual #28          //Method com/ibeetl/code/ch10/
User.getAddress:()Ljava/lang/String;
        67: areturn
    StackMapTable: number_of_entries = 5
        frame_type = 253 /* append */
          offset_delta = 56
          locals = [ int, class com/ibeetl/code/ch10/User ]
        frame_type = 5 /* same */
        frame_type = 5 /* same */
        frame_type = 8 /* same */
        frame_type = 5 /* same */
    ...
```

（1）因为第一个 stack_map_frame 是隐藏的，所以总共有 6 个 stack_map_frame 实体。

（2）第一个实体的本地变量表中有 3 个值（class com/ibeetl/code/ch10/UserAttributeAccess，class java/lang/Object，class java/lang/String），操作数栈是空的。

（3）第二个实体是 frameType = 253，表示本地变量表与前一个实体相比，增加了 k=frameType-251=2 个 [int, class com/ibeetl/code/ch10/User]，且操作数栈是空的。因为其前一个实体是初始实体，所以对应的字节码偏移量就等于 offset_delta=56，这与我们反编译后，第 56 个指令是一致的。

（4）第三个实体是 frame_type = 5，表示局部变量表验证类型与前一个实体一致，操作数栈为空，且 offset_delta = frame_type = 5，表示其应用的指令偏移量为 offset_delta +1 + 56（前一个 stack_map_frame 的偏移量）= 62，这也与反编译后的代码一致。

（5）后续的实体也是同样的规则。或者通过对比 lookupswitch 指令，可以发现跳转偏移与 stack_map_frame 的指令偏移也是一致的。

9.2.3 指令的分类

每个指令的作用实质上是对本地变量和操作数栈进行操作，基本上分为两大类。

- 在本地变量或操作数之间：将常量或本地变量加载到操作数栈，或者将操作数栈顶的数据存储到本地变量中。

- 只影响操作数栈：将操作数栈顶的操作数出栈进行计算，并将结果压入栈顶。

如果学习过计算机原理，了解 CPU 寄存器的工作方式，应该能看出，操作栈其实很像 CPU 操作，将值放入寄存器后 CPU 指令会取出寄存器值进行运算并放回寄存器，虚拟机字节码的原理也是类似的。

下面对 new、dup、invoke、getField、return 等指令简要地进行讲解，为了方便在表格中展示操作数栈，我们假设操作数栈的栈顶在右边。

new 指令如下表所示。

属　　性	值	备　　注
指令速记	new= 187 (0xbb)	
指令格式	new index1 index2	Index1 和 index2 构造出一个 int 值，指示出常量池的一个类名
执行前操作数栈结构	…	
执行后操作数栈结构	…，objRef	创建对象实例，并把对象引用放入操作数栈顶
指令作用	创建对象实例	

dup 指令如下表所示。

属　　性	值	备　　注
指令速记	dup= 89 (0x59)	
指令格式	dup	复制栈顶元素，并放回操作数栈顶
执行前操作数栈结构	…，value	
执行后操作数栈结构	…，value,value	
指令作用	复制栈顶元素	

invokespecial 指令如下表所示。

属　　性	值	备　　注
指令速记	invokespecial = 183 (0xb7)	
指令格式	Invokespecial index1,index2	index1 和 index2 构造出一个 int 值，对应常量池的一个方法名，通常是对象的构造方法
执行前操作数栈结构	objectref, [arg1, [arg2 …]]	
执行后操作数栈结构	…	
指令作用	调用对象构造函数	

invokevirtual 指令如下表所示。

属　　性	值	备　　注
指令速记	invokevirtual= 182 (0xb6)	
指令格式	invokevirtual index1,index2	index1 和 index2 构造出一个 int 值，对应常量池的一个方法名
执行前操作数栈结构	objectref, [arg1, [arg2 ...]]	
执行后操作数栈结构	...	
指令作用	调用对象的方法	如果方法有返回值，则返回值压入操作数栈顶

getfield 指令如下表所示。

属　　性	值	备　　注
指令速记	getfield = 180 (0xb4)	
指令格式	getfield index1,index2	index1 和 index2 构造出一个 int 值，对应常量池的一个成员变量名
执行前操作数栈结构	..., bjectref	
执行后操作数栈结构	..., value	获取 objectRef 对应的实例的字段值
指令作用	获取对象的字段的值	

areturn 指令如下表所示。

属　　性	值	备　　注
指令速记	areturn = 176 (0xb0)	
指令格式	areturn	
执行前操作数栈结构	..., objectref	
执行后操作数栈结构	[empty]	返回 objectRef
指令作用	方法调用返回结果	

iload 指令如下表所示。

属　　性	值	备　　注
指令速记	iload = 21(0x15)	
指令格式	iload index	其中 index 应该是当前 Frame 本地变量数组中的索引，且该位置的值 value 应该是 int 类型
执行前操作数栈结构	...	

续表

属　性	值	备　注
执行后操作数栈结构	…, value	
指令作用	将对应的值压入操作数栈	
代码举例	0x1504	表示加载第 4 个变量的值到操作数栈

为了简化指令长度，Java 定义了一系列的快捷指令，比如 iload_0=26(0x1a)、iload_1=27(0x1b)、iload_2=28(0x1c)、iload_3=29 (0x1d)，用一个字节的指令表示加载第 0、1、2、3 个变量到操作数栈。

istore 指令如下表所示。

属　性	值	备　注
指令速记	istore= 51(0x26)	
指令格式	istore index	其中 index 应该是当前 Frame 本地变量数组中的索引，操作数栈栈顶的值 value 应该是 int 类型
执行前操作数栈结构	…, value	
执行后操作数栈结构	…	
指令作用	将操作数栈顶的值弹出并将其设置到 index 对应的位置	
代码举例	0x2604	表示弹出操作数栈元素，并将本地变量数组的第 4 个变量设置为此值

当然 istore 也有一系列的快捷指令，比如 istore_0=59 (0x3b)、istore_1=60 (0x3c)、istore_2=61 (0x3d)、istore_3=62 (0x3e)。

isub 指令如下表所示。

属　性	值	备　注
指令速记	isub = 100 (0x64)	
指令格式	isub	
执行前操作数栈结构	…, value1, value2	
执行后操作数栈结构	…, result	
指令作用	将操作数栈顶的值依次弹出并计算 result=value1-value2，然后将 result 压入操作数栈顶	

代码示例：

```
int a = 12;
```

```
int b = 3;
int result = a - b;
//对应的字节码
10 0C 3C 06 3D 1B 1C 64 3E B1
//使用速记符翻译
bipush 12      //0x10 0C
istore_1       //0x3C
iconst_3       //0x06
istore_2       //0x3D
iload_1        //0x1B
iload_2        //0x1C
isub           //064
istore_3       //0x3E
return         //0xB1
```

9.2.4 HelloWorld 字节码分析

可以使用 JDK 自带的 javap 命令查看 class 文件的字节码，以如下 HelloWorld 为例：

```
public class HelloWorld {
  public static void main(String[] args){
    System.out.println("Hello World!");
  }
}
```

运行 javap –c HelloWorld.class，输出默认构造函数和 main 函数的字节码：

```
public class com.ibeetl.com.ch09.HelloWorld {
  public com.ibeetl.com.ch09.HelloWorld();
    Code:
      0: aload_0
      1: invokespecial #1     //Method java/lang/Object."<init>":()V
      4: return

  public static void main(java.lang.String[]);
    Code:
      0: getstatic     #2    //Field java/lang/System.out:Ljava/io/PrintStream;
      3: ldc           #3    //String Hello World!
```

```
        5: invokevirtual #4  //Method java/io/PrintStream.println:(Ljava/lang/String;)V
        8: return
}
```

构造函数包含 3 个指令：

- aload_0 表示从变量表中加载第一个元素，这时变量表中默认的第一个元素总是 this，即对象本身。
- invokespecial #1，调用对象初始化方法，#1 对应常量池中的第一个常量 java/lang/Object."<init>":()V，如果想查看 class 文件的所有常量，则可以运行 javap –v HelloWorld.class。
- return，HelloWorld 构造函数返回，当前 Frame 执行完毕后销毁。

main 方法包含 4 个指令：

- getstatic #2，该指令要求其参数是常量的一个静态字段引用，这里的#2 对应了 System.out，类型是 java.io.PrintStream，该指令执行完毕后，操作栈压入静态字段引用。
- ldc #3，ldc 是获取常量池的元素引用并压入栈顶，这里是"Hello World！"。
- invokevirtual #4，这里的#4 是常量池中的 println 方法。在执行 gestatic 和 ldc 指令后，此时操作数栈栈顶的内容分别是 System.out 引用和"Hello World"的字符常量引用，invokevirtual 指示虚拟机实现 System.out.println("Hello World!")调用。
- return，main 方法返回，当前 Frame 执行完毕后销毁。

9.2.5 字符串拼接字节码分析

在 2.2 节中，字符串拼接 concatbyOptimizeBuilder 和 concatbyBuilder 的执行性能相差较大，前者更为优秀，但从源码上看是一样的，这里简单分析一下为什么有此差异。对于 2.2 节中的例子 StringConcatTest.java，使用 javap -c StringConcatTest.class 查看其字节码属性。性能表现优秀的字符串拼接的代码片段如下：

```
//concatbyOptimizeBuilder
String str = new StringBuilder().append(a).append(b).toString();
```

对应的字节码如下，指令总数是 13 个：

```
public java.lang.String concatbyOptimizeBuilder();
    Code:
        0: new           #6
```

```
 3: dup
 4: invokespecial #7
 7: aload_0
 8: getfield      #3
11: invokevirtual #8
14: aload_0
15: getfield      #5
18: invokevirtual #8
21: invokevirtual #9
24: astore_1
25: aload_1
26: areturn
```

性能表现较差的字符串拼接的代码片段如下：

```
//concatbyBuilder
StringBuilder sb = new StringBuilder();
sb.append(a);
sb.append(b);
```

如果查看其字节码,则会发现字节码指令总数在 concatbyOptimizeBuilder 的基础上增加了 4 个指令。这就是 concatbyOptimizeBuilder 性能表现优秀的原因。

由于篇幅有限,这里没有完整列出两个方法的字节码,感兴趣的读者可以基于第 2 章中的例子 StringConcatTest,通过 javap –c StringConcatTest.class 命令自行查看这两个方法字节码的差别。

在 5.4 节中,说明了 HikariCP 是一个高性能数据库连接池,其作者在源码 wiki 的 "Down the Rabbit Hole" 中提到了对一处重要方法 "PreparedStatement prepareStatement(String sql, String[] columnNames)" 的字节码优化,感兴趣的读者可以查阅这篇文章,了解它是如何优化字节码指令的。

在 8.20 节中,指出了 info 方法使用可变数组作为参数的性能问题,建议使用 info2 的定义方式：

```
//info 方法调用需要额外的指令构造数组作为参数
info("abc {}, {}","a","b");
void info(String var1, Object... var2){}
```

```
//info2 方法调用有更少的字节码、更好的性能
info2("abc {}, {}","a","b");
void info2(String message,Object var1,Object var2){}
```

如果查看调用 info 方法的字节码,则会看到类似下面的字节码,先用 ANEWARRAY 指令创建数组:

```
ANEWARRAY java/lang/Object
DUP
ICONST_0
LDC "a"
AASTORE
DUP
ICONST_1
LDC "b"
AASTORE
INVOKEVIRTUAL com/ibeetl/com/ch09/HelloWorld.info (Ljava/lang/String;[Ljava/lang/Object;)V
```

info2 方法的字节码则精简得多:

```
LDC "a"
LDC "b"
INVOKEVIRTUAL com/ibeetl/com/ch09/HelloWorld.info2 (Ljava/lang/String;Ljava/lang/Object;Ljava/lang/Object;)V
```

9.3 字节码 IDE 插件

之前介绍了.class 文件的格式及字节码在 Java 中的执行过程,下面介绍 IDE 插件,可以直接在 IDE 中显示 class 的字节码,还能显示用 ASM 工具构造直接生成字节码的 Java 代码。

如果读者使用 Eclipse,则安装 ByteCode Outline;如果读者使用 IDEA,则安装 ByteCode Viewer,两者的功能是一样的。ByteCode Outline 在 Eclipse 和 IDEA 的插件市场中都有发布,但在最新的 IDEA 版本中已经无法使用插件市场中的 ByteCode Ontline。

安装插件完毕后,在 Java 源码中点击右键,在弹出的菜单中选择 ByteCode Outline/Viewer,可以看到此源码对应的字节码出现在 Java 源码面板的右侧,右侧有 ByteCode 和 ASMified,默认显示的是 ByteCode,如下图所示。

```
 1   package com.ibeetl.com.ch09;
 2
 3   public class HelloWorld {
 4
 5       public static void main(String[] args){
 6           System.out.println("Hello World!");
 7
 8
 9       }
10   }
```

```
Show Differences  ⚙ Settings
 1    // class version 52.0 (52)
 2    // access flags 0x21
 3    public class com/ibeetl/com/ch09/HelloWorld {
 4
 5
 6      // access flags 0x1
 7      public <init>()V
 8       ALOAD 0
 9       INVOKESPECIAL java/lang/Object.<init> ()V
10       RETURN
11       MAXSTACK = 1
12       MAXLOCALS = 1
13
14      // access flags 0x9
15      public static main([Ljava/lang/String;)V
16       GETSTATIC java/lang/System.out : Ljava/io/PrintStream;
17       LDC "Hello World!"
18       INVOKEVIRTUAL java/io/PrintStream.println (Ljava/lang/String;)V
19       RETURN
20       MAXSTACK = 2
21       MAXLOCALS = 1
22    }
```

ASM 插件有一个 Setting 选项，默认会显示字节码包含的 Debug 信息，如字节码 LineNumberTable 和 LocalVariableTable 等 Debug 信息，可以勾选 Skip Debug，只显示字节码以方便阅读。

ASMified 显示的是使用 ASM 直接生成字节码的 Java 源码。在一些应用中，字节码并不是通过 Java 源码生成的，而是 ASM 工具生成的，比如：

- Spring 中的 AOP，对目标类和方法生成代理类或者代理方法，实现权限管理、事务管理的功能。
- 在微服务中，为服务提供者 Service 生成代理类。微服务客户端通过网络访问代理类，代理类再访问 Service。
- 在 SpringWeb 应用中，调用业务逻辑 Service 的 Controller 代码千篇一律，为了避免写 Controller 代码，使用 ASM 在系统启动时根据 Service 的定义生成 Controller 代码。这些自动生成的 Controller 代码初始化后注册为 Spring Bean。
- 在 APM（Application Performace Management）中，在 JVM 启动时，增加 agent 配置，此 agent 可以动态修改类的实现，比如在任意方法执行前后埋点，统计执行时间。Pinpoint、Skywalking 采用了此方式。使用 ASM 来修改这些即将被加载的类。由于篇幅有限，本书没有进一步说明 APM 工具如何通过 ASM 修改方法的字节码，本书附带的 TracerAgent 提供了一个简单的 APM 埋点示例。
- 下一节提供的一个例子能动态生成属性直接访问工具类，几乎所有的 Java 序列化工具、Dao 类、Web 框架都要通过属性名访问对象的属性，Java 内置的反射相对于直接访问来说慢了一个数量级。

ASMified 有助于帮助读者编写字节码操作程序。ASMified 显示的如何用 ASM 直接编写 HelloWorld 的内容如下图所示。关于使用 ASM 直接编写字节码的内容将在下一章说明。

除了 ASM，还有 Javassist、ByteBuddy、CGLib 等字节码生成工具。ASM 的用法接近字节码指令，掌握 ASM，也能容易地掌握其他字节码工具。并且，使用 ASM 生成字节码相比于其他工具的性能更好。

9.4　ASM 入门

之前我们介绍的都是如何查看 .class 文件中的内容及理解字节码的执行过程，比如直接看十六进制文件或使用 javap 命令查看字节码，也能直接对 .class 文件进行编辑（修改字节码），但难度较大，需要牢记指令的十六进制标识符等。所以我们使用 ASM 来完成这一操作。

ASM 的作用是生成、转换及分析 Java Class（字节数组），从高层次对 Java 字节码数组进行操作，比如使用数字常量、String 或 Java 类型等。它可以生成 Java Class，或者修改 Java 虚拟机加载的 Java Class。

ASM 是直接对 Java 字节码进行操作的，在正常情况下，没有必要直接对字节码进行操作，但是在一些框架中通常会操作字节码来实现某些功能，比如 AOP 或 JavaBean 增强等。Spring 框架使用 CGLIB 来实现部分 AOP 功能，而 CGLIB 在底层依赖的就是 ASM。还有现在流行的微服务，可以通过 ASM，根据接口动态生成服务提供类。

本节使用 ASM 动态构造如下一个 HelloWorld 类，要实现向控制台输出"Hello World!"。

```
public class HelloWorld{
    public static void main(String[] args){
        System.out.println("Hello World!");
    }
}
```

该类很简单，基本上是初学编程语言都会用到的，就是在控制台输出"Hello World!"。如果我们要使用 ASM 生成该类，则分为以下三个步骤。

- 生成类名和构造函数。
- 生成 main 方法。
- 记载并调用生成的类。

9.4.1 生成类名和构造函数

类当然是 HelloWorld，每个类都有一个默认的构造函数，这个函数其实什么都没做，只是简单地调用了一下父类的初始化方法：

```
ClassWriter cw = new ClassWriter(0);
//定义一个叫作 HelloWorld 的类
cw.visit(V1_1, ACC_PUBLIC, "HelloWorld", null, "java/lang/Object", null);

//生成默认的构造方法 public void <init>()
MethodVisitor mw = cw.visitMethod(ACC_PUBLIC, "<init>", "()V", null, null);

//生成构造方法的字节码指令
mw.visitVarInsn(ALOAD, 0);
mw.visitMethodInsn(INVOKESPECIAL, "java/lang/Object", "<init>", "()V", false);
mw.visitInsn(RETURN);

mw.visitMaxs(1, 1);
mw.visitEnd();
```

（1）定义一个叫作 HelloWorld 的类，访问标志为 ACC_PUBLIC（public 类），直接父类是 java.lang.Object。

（2）生成默认的构造方法，其访问标志为 ACC_PUBLIC（public 构造函数），方法名称为<init>。

（3）super()（调用父类的初始化方法）的翻译。

（4）mw.visitMaxs 指定了这次方法用的操作数栈大小和本地变量大小，本方法操作数栈最大只有一个，存放"this"，本地变量也只有一个，即 this。

invokespecial 指令只能调用三类方法：<init>方法、private 方法和 super.method 方法，这是因为这些方法在编译阶段已经确定。invokevirtual 是一种动态分派的调用指令：也就是引用的类型并不能决定方法属于哪个类型，我们在 JIT 优化一章虚方法调用中介绍了 invokevirtual 和相应的 JIT 优化。顾名思义，invokestatic 其实是调用静态方法的<init>方法时构造函数编译之后的方法名称，用于实例的初始化。如果存在实例变量，则编译器会默认将实例变量的赋值加到每个构造函数之中，<cinit>用于类变量、静态代码块的赋值，这些静态操作会按照源码中的顺序加载到该方法中。

9.4.2　生成 main 方法

main 方法的生成与默认构造函数的生成类似，以下就是其核心代码：

```
//生成 main 方法
mw = cw.visitMethod(ACC_PUBLIC + ACC_STATIC, "main", "([Ljava/lang/String;)V", null, null);

//生成 main 方法中的字节码指令
mw.visitFieldInsn(GETSTATIC, "java/lang/System", "out", "Ljava/io/PrintStream;");

mw.visitLdcInsn("Hello world!");
mw.visitMethodInsn(INVOKEVIRTUAL, "java/io/PrintStream", "println", "(Ljava/lang/String;)V", false);

mw.visitInsn(RETURN);
mv.visitMaxs(2, 1);

//字节码生成完成
mw.visitEnd();
```

（1）创建表示 main 方法的 MethodVisitor 类，使用 ClassWriter.visitMethod 方法，其中需要传入的参数如下：

- 访问标识符，联合多个标识符使用"+"相加，对于 main 方法（public static）也就是 ACC_PUBLIC + ACC_STATIC。

- 方法名称，也就是 main。
- 方法的描述符，也就是返回类型与入参类型，对于 main 方法（入参是 String[]，返回类型是 Void），其表示就是([Ljava/lang/String;)V。
- 后续两个参数分别是签名和异常数组，因为我们没有，所以不用传入。

（2）编写实际的代码。

- 获取 java.lang.System 类的 out 字段。
- 访问 Hello World!。
- 调用其 println。
- mw.visitMaxs 指定了这次方法用的操作数栈大小和本地变量大小，操作数栈最大只有 2 个，在调用 System.out.println() 的时候，需要存放 Out 对象引用和字符串常量 "Hello World" 的引用，本地变量也只有一个，即 this。

9.4.3 调用生成的代码

当代码生成之后，我们就要开始调用生成的类，其实与调用其他的类没什么区别，通过 ClassLoader 加载这个类，然后通过反射调用 main 方法。

```
//获取生成的.class 文件对应的二进制流
byte[] code = cw.toByteArray();

//直接将二进制流加载到内存中，HelloWorldAsm 是 ClassLoader 的一个子类
HelloWorldAsm loader = new HelloWorldAsm();
Class<?> exampleClass = loader.defineClass("HelloWorld", code, 0, code.length);

//通过反射调用 main 方法
Method[] methods = exampleClass.getMethods();
Method method = null;
for (int i = 0; i < methods.length; i++) {
    method = methods[i];
    if (StringUtils.equals("main", method.getName())) {
        method.invoke(null, new Object[]{null});
    }
}
```

（1）将生成的类的字节码使用 ClassLoader 加载到内存中，并取得对应的 Class 对象。

（2）通过反射获取其方法，找到 main 方法并调用。

9.5 ASM 增强代码

我们用 ASM 来实现一个 9.2 节中的 UserAttributeAccess，实现一个通用的方法 public Object value(Object bean,String property)，从一个 Java 对象中获取其属性，如果该对象拥有该属性，则返回对应的值，如果没有则返回空。

如果我们知道对象的类型，那么就可以直接调用其对应属性的获取方法，比如类型为 Uesr、属性为 name，那么直接调用 user.getName()方法就可以获取值。如果传入的是任意 Object 对象，那么怎么才能获取其属性的值呢？

9.5.1 使用反射实现

通常可以通过反射获取相应属性的 getter 方法，比如获取 User 对象 name 属性的值，可以通过反射得到 getName 方法对应的 Method 对象。我们可以用 java.beans.BeanInfo 来获取此 Method 实例，获取对象的值：

```java
public class ReflectAttributeAcces extends AttributeAccess {

    Map<String, Method> cache = new HashMap<>();
    public ReflectAttributeAcces(Class c) throws Exception{
        //构造函数使用 Introspector 类获取 BeanInfo 对象
        BeanInfo beanInfo = Introspector.getBeanInfo(c);
        //获取所有的属性描述 PropertyDescriptor
        PropertyDescriptor[] propDescriptors = beanInfo.getPropertyDescriptors();
        for (PropertyDescriptor propertyDescriptor: propDescriptors) {
            //属性名和属性对应的 getter 方法
            cache.put(propertyDescriptor.getName(),propertyDescriptor.getReadMethod());
        }
    }

    @Override
    public Object value(Object o, Object name) {
        try{
            //反射调用
            Method m = cache.get(name);
            return m.invoke(o);
        }catch(Exception ex){
```

```
            throw new IllegalArgumentException(name.toString(),ex);
        }
    }
}
```

在获取任意对象的属性时，只需要构造 ReflectAttributeAcces 即可：

```
AttributeAccess access = new ReflectAttributeAcces(User.classs);
User user = ...
String userName = (String)acecess.value(user,"name");
Date birthDate = (Date)acecess.value(user,"birthDate");
```

9.5.2　使用 ASM 生成辅助类

通过反射获取对象属性的性能较差，可以使用 ASM 来增强。我们的想法是，如果知道 Bean 的类型，那么就可以直接调用其方法获得相应的值，比如类型是 User、属性是 name，那么就直接调用 user.getName()方法获取其值。下面生成类似的一个动态类：

```
public User$AccessAttribute{
    public Object value(Object bean, String attr) {
        int hash = attr.hashCode();
        User user = (User) bean;
        switch (hash) {
        case 3373707:
            return user.getName();
        case -1147692044:
            return user.getAddress();
        case -1034364087:
            return user.getNumbers();
        case -1210031859:
            return user.getBirthDate();
        }
        throw new IllegalArgumentException("No such attribute : " + attr);
    }
}
```

当我们需要获取 User 的方法时，直接实例化 User$AccessAttribute 并调用 value 方法获取属性即可。所以我们要做的工作就是使用 ASM 生成一个类，而这个类拥有类似的结构。

对这个 User$AccessAttribute 的 value 类进行分析，发现我们要做的事情其实有如下几个：

（1）获取属性的 hashCode。

（2）将 Bean 强制转换为指定的类，比如 User。

（3）使用 switch 语句判断 property 的 hashCode 与 User 中哪一个属性相同，如果相同就调用其对应的读取方法。

（4）如果没有找到则抛出异常。因为篇幅的原因，只对第三项 switch 语句的生成进行讲解。

9.5.3　switch 语句的分类

switch 语句能操作的只有 int 类型的数据（尽管 switch 支持字符串，在 JIT 优化一章中也说明了这实际上是语法糖，在编译 Java 代码的时候，会调用其 hashCode 方法转成 int 值），其字节码有两种，一种是 tableswitch，另一种是 lookupswitch：

（1）tableswitch 用于条件分支集中出现的场景（比如分支是 1,2,5 或 102,105,108 这种），通过 table 中的偏移就可以访问，其内部只存放起始值和终止值，通过给定的偏移（index）就可以直接访问，效率比较高。

（2）lookupswitch 用于条件分支分散出现的场景（比如-2000515510,52640 等），内部存储的是经过排序的 key-labels，每次访问需要顺序对比找到对应的 case，然后进行跳转，效率相对于 tableswitch 来说比较低。

在 4.4 节 switch 优化中比较了这两种 switch 的性能。

9.5.4　获取 Bean 中的 property

因为我们需要按照类中字段属性的 hashCode 来作为判断依据，所以首先要做的是扫描 Object 中的字段，获取其 getter 方法，其方法如下：

```java
private static void setPropertyDescriptors(ClassDescription classDescription,
                                          Class<?> beanClass)
    throws IntrospectionException {
    PropertyDescriptor[] propDescriptors = Introspector.getBeanInfo(beanClass)
        .getPropertyDescriptors();
    List<PropertyDescriptor> propList = new ArrayList<>(propDescriptors.length);
    propList.addAll(Arrays.asList(propDescriptors));
    //先对其按照 hashCode 进行排序，方便后续生产代码
    propList.sort(
```

        (p1, p2) -> Integer.compare(p1.getName().hashCode(), p2.getName().hashCode()));
    classDescription.propertyDescriptors = propList;
}
```

（1）使用 java.beans.Introspector 获取 Bean 对应 class 的 property 属性。

（2）根据 hashCode 对其进行排序。

## 9.5.5　switch 语句的实现

生成 switch 语句需要用到之前讲过的知识，以下是生成的核心代码，之后会对其进行讲解：

```
//EnhanceClassGenerator.java
...
//根据属性创建每个属性对应的 Lable
Label[] lookupSwitchLabels = new Label[classDescription.fieldDescMap.size()];
int[] hashCodes = BeanEnhanceUtils
        .convertIntegerToPrimitiveType(classDescription.fieldDescMap.keySet().toArray(new Integer[1]));
    for (int i = 0; i < lookupSwitchLabels.length; i++) {
      lookupSwitchLabels[i] = new Label();
    }
    //创建 default Lable
    Label df = new Label();
    //设置 case 与 label 的对应关系
    mv.visitLookupSwitchInsn(df, hashCodes, lookupSwitchLabels);
    List<FieldDescription> fieldDescs = null;
    FieldDescription curFieldDesc = null;
    for (int i = 0; i < lookupSwitchLabels.length; i++) {
      fieldDescs = classDescription.fieldDescMap.get(hashCodes[i]);
      //访问指向的 Lable
      mv.visitLabel(lookupSwitchLabels[i]);
      if (i == 0) {
        //设置 Frame 的类型为 append，增加三个本地变量，分别指向 String、Integer 与对应的 Bean
        mv.visitFrame(Opcodes.F_APPEND, 3,
                new Object[]{BeanEnhanceConstants.STRING_INTERNAL_NAME, Opcodes.INTEGER, internalClassName}, 0,
                null);
      } else {

```
          mv.visitFrame(Opcodes.F_SAME, 0, null, 0, null);
        }
        if (fieldDescs.size() == 1) {
          curFieldDesc = fieldDescs.get(0);
          mv.visitVarInsn(ALOAD, LOCAL_VAR_INTERNAL_CLASS_INDEX);//对应 internalClassName
                                                                //类型的变量
          mv.visitMethodInsn(INVOKEVIRTUAL, internalClassName, curFieldDesc.readMethodName,
                    curFieldDesc.readMethodDesc, false);
          addInvokeValueOfToPrimitive(mv, curFieldDesc.desc);
          mv.visitInsn(ARETURN);
        } else {
          handleSameHashAttr(classDescription, mv, fieldDescs, internalClassName, df);
        }

      }
      ...
```

接下来我们对这段代码中的重点部分进行解析：

（1）Lable 用于 jump、goto、switch 指令及 try catch 块，其主要的作用是为了方便在代码跳转时进行定位，比如 lookupswitch 就需要进行跳转，所以用 Lable 将标号与要跳转的地址进行关联，在每一块代码开始处都会调用 mv.visitLabel(Lable)方法。

（2）Frame 其实是 stack_map_frame 在 ASM 中的表示，之前介绍过，从 JDK 1.6 开始，在方法的 code 属性中会包含 StackMapTable，用于对本地变量与操作数栈类型进行校验。如果有控制流的切换的可能，那么就需要增加 Frame。

- 每个方法最开始的时候会建立一个初始的 stack_map_frame，其中包含 this（实例方法）及方法的参数，这个初始的 stack_map_frame 不需要存储到 StackMapTable 中。
- 而当首次遇到 switch 语句时，因为在之后的字节码中需要用到另外三个变量，所以需要构建一个 append_frame。
- 因为没有用到额外的参数，所以之后的分支默认保持与前一个 stack_map_frame 实体相同就可以了，所以这些分支的 stack_map_frame 标记就是 same_frame。

9.5.6　性能对比

我们使用 JMH 反射和 ASM 两种方式进行测试，并以直接调用（user.getName()）作为基准。使用之前的 User.java 作为测试类：

```java
//BeanValueBenchmark.java
User user = new User();
//反射调用类
AttributeAccess reflectAttributeAcces = null;
//ASM 运行时生成的类
AttributeAccess asmUserAccess = null;
```

reflectAttributeAcces 是 ReflectAttributeAcces 实例，asmUserAccess 则使用 asmBeanFactory.generateBean 动态生成：

```java
private void genReflect() throws Exception{
  reflectAttributeAcces = new ReflectAttributeAcces(User.class);
}
private void genASM(){

  ASMBeanFactory asmBeanFactory = new ASMBeanFactory();
  asmBeanFactory.setUsePropertyDescriptor(true);
  //动态生成一个类
  asmUserAccess = asmBeanFactory.generateBean(User.class);
}
```

编写性能测试代码，分别包含直接调用、反射调用及 ASM 调用：

```java
@Benchmark
public Object direct() {
  return user.getName();
}

@Benchmark
public Object byRelectBeans() {
  return reflectAttributeAcces.value(user, "name");
}

@Benchmark
public Object byAsm() {
  return asmUserAccess.value(user, "name");
}
```

运行结果如下，其 ASM 的结果远大于反射调用方式，性能接近直接调用：

```
Benchmark                         Mode    Score   Units
BeanValueBenchmark.byAsm          avgt    5.434   ns/op
BeanValueBenchmark.byRelectBeans  avgt   19.767   ns/op
BeanValueBenchmark.direct         avgt    3.536   ns/op
```

第 10 章
JVM 调优

对于高并发访问量的电商、物联网、金融、社交等系统来说，JVM 内存优化是非常有必要的，可以提高系统的吞吐量和性能。通常调优的首选方式是减少 FGC 次数或者 FGC 时间，以避免系统过多地暂停。FGC 达到理想值后，比如一天或者两天触发一次 FGC。FCT 时间优化为 100～300 毫秒后，再减少 YoungGC 次数或者 YoungGC 时间，YoungGC 仍然会消耗 CPU 资源，优化 YoungGC 调用次数和消耗的 CPU 资源，可以提高系统的吞吐量。

优化 GC 前，必须获取 GC 的实际使用情况，最好的方式是通过 CG Log 收集垃圾回收日志，通过一些可视化工具查看垃圾回收分析数据，比如 GCEasy。持续优化和对比优化前后的 GC Log，能确认吞吐量和性能是否得到提升。

本章讲解 JVM 内存管理，重点是自动内存管理中的垃圾回收，以及如何获取虚拟机内存镜像和垃圾回收日志，如何分析内存镜像和垃圾回收日志。本章还讲解了如何调整 JVM 参数来优化系统，但以笔者的经验来说，优化系统设计和代码还是主要的提升性能方式，比如笔者曾经从代码的角度优化某个电商系统，系统性能提升了 40%，而运维人员从 JVM 垃圾回收角度去优化，系统性能仅提升了 1%，JVM 的优化效果不是很明显。

10.1　JVM 内存管理

JVM 内存管理与磁盘分区管理有异曲同工之处。计算机磁盘通常会被划分为多个分区，不同分区有不同的作用。比如有的分区安装操作系统，有的分区安装工具包，有的分区存储视频和数据。通常这些分区的大小不同以满足不同的需要，比如个人电脑上磁盘空间总共为 1TB，操作系统分区设置为 200GB，工具软件分区设置为 200GB，个人工作分区设置为 600GB。对于数据库服务器和应用服务器来说，会使用普通磁盘分区存放服务器自身，使用性能更好的 SSD 存储数据以应对高频率的数据读写，以 ClickHouse 数据库为例，它建议把最近 7 天的热点数据存放到 SSD 中。

Java 虚拟机在运行时，会把内存空间分为若干区域，根据《Java 虚拟机规范（Java SE 7 版）》的规定，Java 虚拟机所管理的内存区域分为如下部分：方法区、堆内存、虚拟机栈、本地方法栈、程序计数器。

10.1.1　JVM 内存区域

Java 虚拟机运行时的内存划分（简略划分）如下图所示。

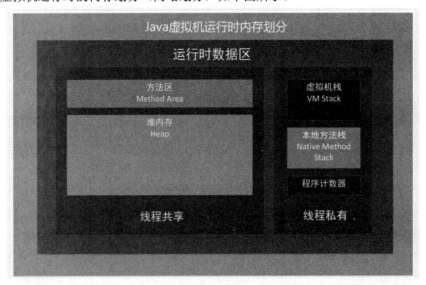

方法区主要用于存储虚拟机加载的类信息、常量、静态变量，以及编译器编译后的代码等数据。在 JDK 1.7 及其之前，方法区是堆的一个"逻辑部分"（一片连续的堆空间），但为了与堆做区分，方法区还有个名字叫"非堆"，也有人用"永久代"（HotSpot 对方法区的实现方法）来表示方法区。

从 JDK 1.7 开始准备"去永久代"的规划，在 JDK 1.7 的 HotSpot 中，已经把原本放在方法区中的静态变量、字符串常量池等移动到了堆内存中（常量池除字符串常量池外还有 class 常量池等），这里只是把字符串常量池移动到了堆内存中。

在 JDK 1.8 中，方法区已经不存在了，原方法区中存储的类信息、编译后的代码数据等已经移动到了元空间（MetaSpace）中，元空间并没有处于堆内存上，而是直接占用本地内存（Native Memory）。

堆内存与方法区演变过程如下图所示。

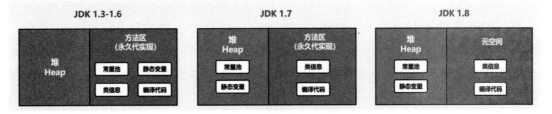

去永久代的原因如下：

（1）字符串存储在永久代中，容易出现性能问题和内存溢出。

（2）类及方法的信息等比较难以确定其大小，因此对于永久代的大小指定比较困难，太小容易出现永久代溢出，太大则容易导致老年代溢出。

（3）永久代会为 GC 带来不必要的复杂度，并且回收效率偏低。

堆内存主要用于存放对象和数组，它是 JVM 管理的内存中最大的一块区域，堆内存和方法区都被所有线程共享，在虚拟机启动时创建。从垃圾收集的层面上来看，由于现在收集器基本上都采用分代收集算法，因此堆还可以分为新生代（YoungGeneration）和老年代（OldGeneration），新生代还可以分为 Eden、From Survivor、To Survivor。

程序计数器是一块非常小的内存空间，可以看作当前线程执行字节码的行号指示器，每个线程都有一个独立的程序计数器，因此程序计数器是线程私有的一块空间。此外，程序计数器是 Java 虚拟机规定的唯一不会发生内存溢出（OOM）的区域。

虚拟机栈也是每个线程私有的一块内存空间，它描述的是方法的内存模型，如下图所示。

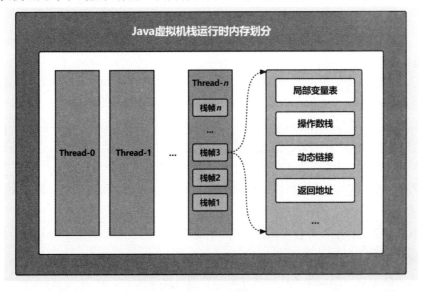

本地方法栈与虚拟机栈的区别是，虚拟机栈执行的是 Java 方法，本地方法栈执行的是本地方法（Native Method），其他基本上一致，在 HotSpot 中直接把本地方法栈和虚拟机栈合二为一，这里暂时不做过多叙述。虚拟机栈的详细使用说明可以参考 9.2 节。

在 JDK 1.8 中，已经不存在永久代（方法区），替代它的一块空间叫作"元空间"，和永久代类似，都是 JVM 规范对方法区的实现。元空间并不在虚拟机中，而是使用本地内存，元空间的大小仅受本地内存限制，可以通过下面的配置来指定元空间的大小：

-XX:MetaspaceSize
-XX:MaxMetaspaceSize

运行时常量池是方法区的一部分。Class 文件中除了有类的版本、字段、方法、接口等描述信息，还有常量池信息（用于存放编译期生成的各种字面量和符号引用）。既然运行时常量池是方法区的一部分，那么自然受到方法区内存的限制，当常量池无法再申请到内存时，会抛出 OutOfMemoryError 异常。

JDK 1.7 及之后版本的 JVM 已经将运行时常量池从方法区中移了出来，在 Java 堆（Heap）中开辟了一块区域存放运行时常量池。

直接内存既不是虚拟机运行时数据区的一部分，也不是虚拟机规范中定义的内存区域，但是这部分内存也被频繁地使用。而且也可能导致 OutOfMemoryError 异常。

JDK 1.4 中新加入的 NIO（New Input/Output）类引入了一种基于通道（Channel）与缓存区（Buffer）的 I/O 方式，它可以直接使用 Native 函数库分配堆外内存，然后通过将一个存储在 Java 堆中的 DirectByteBuffer 对象作为这块内存的引用进行操作，这样就能在一些场景中显著地提高性能，因为避免了在 Java 堆和 Native 堆之间来回复制数据。

本机直接内存的分配不会受到 Java 堆的限制，但是，既然是内存，就会受到本机总内存大小及处理器寻址空间的限制。

10.1.2 堆内存区域

堆内存也存在分区，分区的目的是提供不同的创建对象和自动回收对象的管理策略，比如支持更快地分配空间，或者有效地存储大对象，或者有效地清理垃圾对象。JVM 堆内存通常分为年轻代和老年代，以采取不同的内存管理策略，基于这样的划分，JVM 关于垃圾回收有以下 2 条经验法则：

（1）弱分代假说：绝大多数对象的生命周期都很短，绝大多数的对象都是朝生夕灭的，比如 Iterator 通常只用在 foreach 循环中。

（2）强分代假说：熬过越多次垃圾收集过程的对象越难以消亡。

新创建的对象分配在 Young 年轻代中，这些对象在经历一次回收后仍然幸存，这个对象的年龄加 1，经过多次垃圾回收后，如果对象年龄到达一定值时仍然幸存，则从年轻代提升到 Tenured 老年代。堆内存的每个分区都有不同的垃圾回收算法以提升对象分配和回收的效率。垃圾回收算法通过不同的策略尽可能少地扫描和标记那些熬过多次回收过程的对象。

堆内存的分区示意图如下图所示。

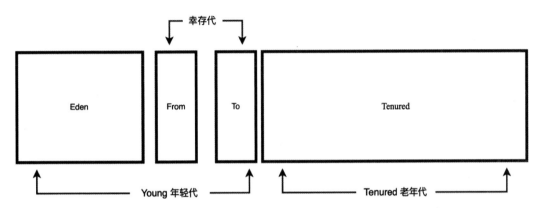

Eden 区用来存放新创建的对象，这个区域划分出一部分作为 Thread Local Allocation Buffer（简称 TLAB），线程创建的对象首先分配在 TLAB 区域，如果容纳不下，才从 Eden 区域申请空间。如果 Eden 区域也不够了，那么 Eden 区域的垃圾回收器将执行垃圾回收获得可用内存空间。如果垃圾回收后仍然没有空间分配，那么这个新创建对象将被分配到 Tenured 老年代。

下一块区域是 Survivor 幸存区，又被进一步分配为两个同样大小的区域，分别为 from 和 to，在 from 区域分配对象，to 区域为空，当垃圾回收时，存活的对象从 from 区域复制到 to 区域，并清空 from 区域。垃圾回收完后，这两个区域交换角色，之前的 to 区域变成 from 区域，用来分配新的对象。

Eden 和 Survivor 被合成为 Young 年轻代，这个区域存放生命周期较短的对象。默认大小比是 8∶1。如果一些大对象年轻代分配不了，则会直接存放在老年代中。

老年代的区域空间一般比年轻代设计得更大，存放了更多不太可能被回收的对象。这个区域的垃圾回收策略与年轻代有所不同，且更加复杂。这个区域删除无用对象后，会对空间进行整理以避免空间碎片化。

10.2 垃圾回收：自动内存管理

上一节讲解了堆内存的结构，JVM 如何大致划分堆内存，依赖于 GC 垃圾回收算法，它决定了堆内存的具体布局。

10.2.1 垃圾自动回收

有如下 Java 代码：

```
public void test(int i){
    int[] array = new int[i];
    ...
    return
}
```

假如 Java 没有自动垃圾回收机制，那么这段代码分配的 array 需要被显式地回收：

```
public void test(int i){
int[] array = new int[i];
    ...
System.free(array);   //假设 free 是 Java 提供的显式回收内存的 API
return;
}
```

这段代码的潜在问题是程序员有可能遗漏调用 free 方法，导致内存泄漏。另外，难以解决的是，如果 test 方法返回 array 供其调用者使用，那么调用者需要显式地调用 free 方法释放 array。更难解决的是，如果返回的 array 被多线程调用，那么 array 将被那个线程释放。一般来说，谁负责创建，谁负责释放，这种方式加大了开发者释放对象的难度。

通过上面的简单例子可以看出通过编码释放内存的不足之处，现在的编程语言开始支持内存自动垃圾回收，能自动发现不再使用的对象并回收，最早支持自动垃圾回收器在 1959 年创建，即 Lisp 语言。

JVM 的垃圾回收器使用了标记（Marking）和清除（Sweep）算法。从 GC Roots 开始，通过引用关系向下搜索，将可以访问的对象都进行标记。下一阶段，确保不可访问的对象被清除。如下图所示，GCRoots 标记为长方形，标记为圆形的对象是 GCRoots 能访问的，标记为菱形的 GCRoots 是不可达对象，需要回收。

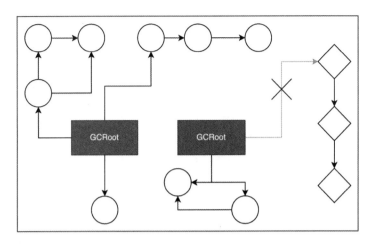

这里的 GC Roots 是 Java 中的如下对象：

- 线程，虚拟机内的所有活着的线程。
- 静态字段，类定义的静态属性，比如 private static Cache cache，这个 cache 就是 GC Roots。
- 方法栈，在 9.2 节中说过，创建对象时，会将对象引用保存到虚拟机栈中，如果对象生命周期结束了，那么引用就会从虚拟机栈中出栈，因此如果在虚拟机栈中有引用，就说明这个对象还是有用的。
- JNI 需要在 Java 中调用 C 或 C++的代码，因此会使用 native 方法，JVM 内存中专门有一块本地方法栈，用来保存这些对象的引用，所以本地方法栈中引用的对象也会被作为 GC Roots。

以如下代码为例子，当执行到 execute 方法的时候：

```
public  class  ProductRuleFilter{
    static Cache cache ...
    public void execute(String name,String type){
        Key key = new Key(name,type);
        Product product = cache.get(key);
...
}
}
```

新增的 GC Roots 包含 ProductRuleFilter 实例本身、方法栈上的 key 和 product，以及参数 name 和 type。

不同的垃圾回收算法在实现标记和回收上有所不同，本章剩余部分将介绍 Serial GC、

Parallel GC、国内主流的 CMS GC、适合大内存的 G1 GC。

所有的 GC 算法都可以简化为从 GC Roots 开始寻找所有能访问的对象。把能访问到的对象标记为存活（圆形），其他对象标记为访问不可达（菱形）。这样的对象被认为是垃圾对象，在接下来的阶段将要被回收。

JVM 的所有线程必须停止才能遍历所有对象，标记对象可被 GCRoots 访问。这就是发生了 Stop The World（简称 STW），即停止其他非垃圾回收线程的工作，直到完成垃圾回收。至于什么时刻所有线程能能停下来，这个时刻称为 SafePoint（安全点），安全点可以理解为代码执行过程中的一些特殊位置，当线程执行到安全点的时候，说明虚拟机当前的状态是安全的，如果有需要，则可以在这里暂停用户线程。当回收垃圾对象时，如果需要暂停当前的用户线程，但用户线程当时没在安全点上，则应该等待这些线程执行到安全点再暂停。另外，当对象被标记为垃圾对象的时候，在彻底回收前，有必要执行此对象的 finalize()方法，这个对象会被放置在一个名为 F-Queue 的队列之中，并在稍后由虚拟机自动建立的、低优先级的 Finalizer 线程去执行。这里所谓的"执行"是指虚拟机会触发这个方法，但并不承诺会等待它运行结束。这样做的原因是，如果一个对象的 finalize()方法执行缓慢，或者发生死循环（更极端的情况），那么很可能导致 F-Queue 队列中的其他对象永久处于等待状态，甚至导致整个内存回收系统崩溃，可以参考 10.5.3 节一个生产环境中发生的实际场景。

finalize()方法是对象被回收的最后一次机会，稍后 GC 将对 F-Queue 中的对象进行第二次小规模标记，如果对象要在 finalize()方法中成功拯救自己，那么只要重新与引用链上的任意一个对象建立关联即可，比如把自己赋值给某个类变量或对象的成员变量，那么在第二次标记时它将移除出"即将回收"的集合。否则，基本上它就真的被回收了。

当垃圾回收发生的时候，GC 通常会有以下 3 种操作：

清除（Sweep)：对象被清除后，对象占用的内存被标记为可用，这样下次创建对象的时候，可以使用这些区域。这种方式会造成零碎的可用空间，一旦分配大对象，仍然会分配失败导致内存溢出。下图表示回收前和回收后的内存空间，深色背景是对象占用的空间，浅色背景是空闲空间。

压缩（Compact）：内存空间的整理过程如下图所示。存活对象挪动到内存区域开头位置，解决了上面标记+清除的问题，但增加了 GC 暂停时间，好处也是很明显的，分配对象更加容易，

且空闲空间的大小已知，避免了碎片问题。

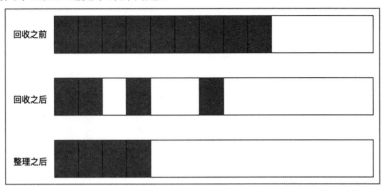

标记—复制（Mark and Copy）：这种算法需要提供多个内存区域，如下图所示，存活对象将被分配到另外一个区域 B，称之为幸存者区域（survivors，或者简称 s）。如果大多数对象的生存周期很短，只有少量对象存活，那么对象复制到另外一个区域的代价就很小。区域 A 的对象可以被一次性清理供下次使用。这种算法的缺点是原来可用的空间只剩下一半。目前大部分虚拟机的垃圾回收算法都使用类似的算法。

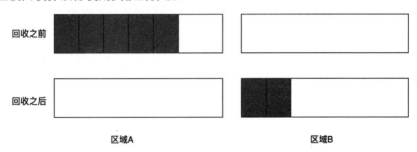

10.2.2 Serial GC

Serial GC（串行垃圾收集器）是最简单的垃圾回收器。在年轻代使用了 Mark-Copy 算法，在老年代使用了 Mark-Sweep-Compact 算法。垃圾回收采用单线程方式，当年轻代或者老年代执行垃圾回收的时候，所有线程都暂停运行。

启用 Serial GC 进行垃圾回收，设置虚拟机参数：

```
-XX:+UseSerialGC
```

这是一种古老的垃圾回收器，出现在 JDK 1.3 中，它使用单线程回收对象，没有充分利用多核系统，比较适合那种只有几百 MB 堆内存、不必担心发生 STW 的应用。垃圾回收过程如下图所示。

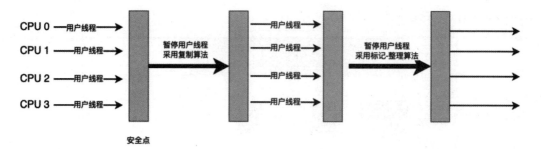

堆内存的变化情况如下图所示。

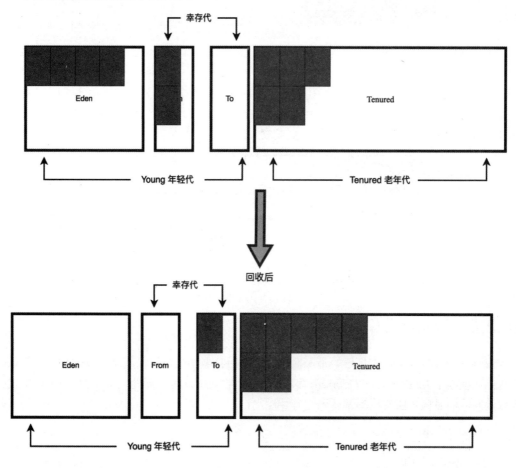

10.2.3 Parallel GC

Parallel GC（并行垃圾回收器）在算法上同串行回收器一样，但会利用多核，启用多个线程执行垃圾回收，执行过程如下图所示。

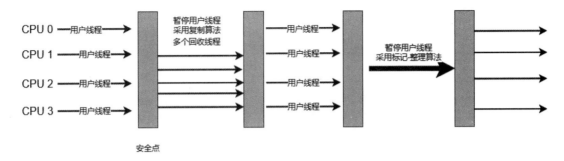

启用并行垃圾回收器，使用如下 JVM 参数：

-XX:+UseParallelGC

启动的垃圾回收线程个数与 CPU 和特定平台有关，一般来说，当 CPU 个数小于或等于 8 的时候，并发线程数为 CPU 个数，当 CPU 个数大于或等于 8 的时候，按照"CPU 个数×5/8"计算，在有些平台，按照"CPU 个数×5/16"计算。

也可以指定回收线程数：

-XX:ParallelGCThreads=N

堆内存的变化情况同 Serial GC 一致，Serial GC 和 Parallel GC 消耗较少的 CPU 资源，前者有较高的吞吐量，缺点是由于 Stop-The-World，导致请求的响应延迟。Parallel GC 的停顿时间短，回收效率高，适合对吞吐量要求高的系统。

10.2.4　CMS GC

CMS 收集器在 JDK 5 发布，是一种以最短回收停顿时间为目标的收集器，以"最短用户线程停顿时间"著称。在 JDK 11 以上的版本中，官方标记 CMS GC 为过时，但因为国内普遍使用 JDK 8，且相比 G1 的性能和吞吐量并不差。CMS 对于基于 JDK 8 的电商、物联网、金融等要求较低延迟的应用来说，仍然是唯一的选择。

CMS 整个垃圾收集过程分为以下 4 个步骤：

- 初始标记（Initial Mark）：标记 GC Roots 能直接关联的对象，会出现 STW，但标记速度较快，暂停时间很短，如下图所示。

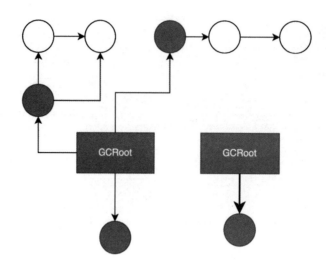

- 并发标记（Concurrent Mark）：将上一步标注的对象作为 Roots，标记出老年代的所有存活对象，耗时较长，如下图所示。这个阶段同用户线程并行执行，系统不会停顿。因为是同用户线程并发执行的，因此对象关系会发生变化，这个阶段不会标记所有的存活对象。

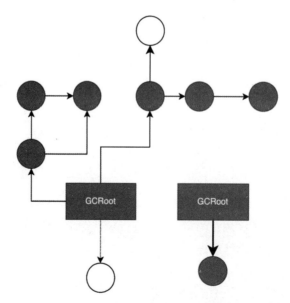

- 重新标记（Final Remark）：这个阶段会第二次暂停虚拟机，修正并发标记阶段用户程序继续运行而导致变化的对象的标记记录，耗时较短，如下图所示。

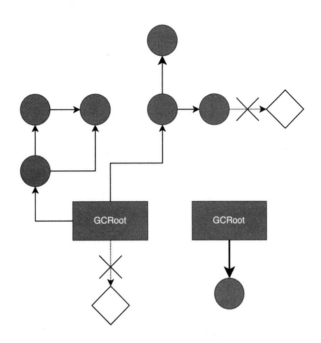

- 并发清除（Concurrent Sweep）：清理垃圾对象并重置 CMS 收集器相关数据结构。

整个过程耗时最长的并发标记和并发清除都是和用户线程一起工作的，所以从总体上来说，CMS 收集器的垃圾收集可以认为是和用户线程并发执行的。

CMS 收集器在提供低延时的情况下，也存在一些缺点：

- 对 CPU 资源敏感：默认分配的垃圾收集线程数为（CPU 个数+3）/4，随着 CPU 数量的下降，占用的 CPU 资源越多，吞吐量越小，因此建议多核服务器使用 CMS 收集器。
- 无法处理浮动垃圾：在并发清理阶段，由于用户线程还在运行，还会不断地产生新的垃圾，因此 CMS 收集器无法在当次收集过程中清除这部分垃圾。同时由于在垃圾收集阶段用户线程也在并发执行，因此 CMS 收集器不能像其他收集器那样等老年代被填满时再进行收集，需要预留一部分空间供用户线程运行。当 CMS 运行时，如果预留的内存空间无法满足用户线程的需要，就会出现"Concurrent Mode Failure"的错误，这时会启动后备预案，临时用 Serial Old 重新进行老年代的垃圾收集。
- 因为 CMS 基于标记—清除算法，所以垃圾回收后会产生空间碎片，可以通过 -XX:UserCMSCompactAtFullCollection 开启碎片整理（默认开启），在 CMS 进行 Full GC 之前，会进行内存碎片的整理。还可以用-XX:CMSFullGCsBeforeCompaction 设置执行多少次 Full GC 之后，接着来一次带压缩（碎片整理）的 Full GC。

10.2.5　G1 GC

G1（Garbage-first）是 JDK 9 默认的垃圾回收器，G1 的目标是建立一个暂停时间可控的垃圾回收器，比如暂停时间不超过 100 毫秒。由于 CMS 执行回收时的暂停时间与堆内存大小有关，因此 G1 将堆内存划分为若干大小相等的空间更小的 Region，每个 Region 可能是 Eden，或者 Survivor，或者 Old Region，如下图所示。G1 根据 STW 的暂停目标只回收若干 Region，避免了回收整个堆内存。G1 的这个特性使得它适合大内存，又要求低延迟的系统。

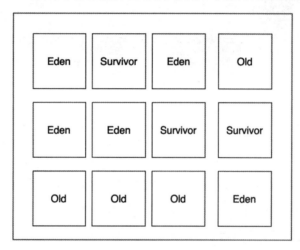

在执行垃圾收集时，G1 的操作方式与 CMS 收集器类似。G1 执行并发全局标记，以确定整个堆中对象的活跃度。标记阶段完成后，G1 知道哪些区域大部分是空的。它首先聚焦在这些区域，这通常会产生大量的可用空间。这就是为什么这种垃圾收集方法被称为 G1（垃圾优先）。因此，G1 将其收集和压缩活动集中在堆中可能充满可回收对象的区域。G1 使用暂停预测模型来满足用户定义的暂停时间目标，并基于指定的暂停时间指标来选择要收集的区域的数量。

G1 针对要回收的区域，将对象从堆的一个或多个区域复制到堆上的另外一个区域，并在此过程中压缩和释放内存。这个过程是在多处理器上并行执行的，以减少暂停时间并提高吞吐量。因此，G1 都在用户定义的暂停时间内连续工作以减少碎片。G1 的垃圾回收执行效率高于前面两种并行垃圾回收器。CMS 垃圾收集器不执行压缩。Parallel 垃圾收集器只执行整个堆压缩，这会导致相当长的暂停时间。

使用如下配置开启 G1，并且默认暂停时间为 200 毫秒：

```
-XX:+UseG1GC
```

可以通过 JVM 参数设置最大停顿时间，如下设置的最大停顿时间是 50 毫秒：

```
-XX:MaxGCPauseMillis=50
```

需要注意的是,G1 是尽最大努力按照用户设定的目标实现最大暂停时间不超过用户的设定值,系统不应该以此为基础来设计实时响应目标。另外,国内大部分单体和微服务系统的内存设定值一般是 2GB 到 4GB,能接受一定程度的暂停时间,因此使用 CMS 更为普遍。

10.3 JVM 参数设置

10.3.1 从 GC Log 入手

在生产环境中想要对 JVM 调优,就必须观测 JVM 的运行状态,而查看 GC 日志的配置就是主要的手段,同时在 JVM 出现故障时需要保存快照现场。

下面为打印 GC 日志及 OOM 时自动保存堆内存到文件的启动参数:

```
-verbose:gc
-XX:+PrintGCDetails
-XX:+PrintFlagsFinal
-XX:+PrintCommandLineFlags
-XX:+PrintGCDateStamps
-XX:+PrintGCTimeStamps
-XX:+HeapDumpOnOutOfMemoryError
-XX:HeapDumpPath=xxx_oom.hprof
```

下面是常见的 CMS 垃圾回收器的 GC 日志的两个典型片段,第一个是普通的 Young GC 阶段的日志,第二个是 CMS GC 节点的日志。

普通 GC 阶段:

```
2022-11-10T11:21:07.905+0800: [GC (Allocation Failure)
2022-11-10T11:21:07.905+0800: [ParNew
Desired survivor size 134217728 bytes, new threshold 15 (max 15)
- age   1:    5888336 bytes,    5888336 total
- age   2:    1246616 bytes,    7134952 total
- age   3:     704040 bytes,    7838992 total
- age   4:     356152 bytes,    8195144 total
- age   5:     340520 bytes,    8535664 total
```

```
- age   6:      488968 bytes,     9024632 total
- age   7:      227200 bytes,     9251832 total
- age   8:      413008 bytes,     9664840 total
- age   9:      307224 bytes,     9972064 total
- age  10:      192304 bytes,    10164368 total
- age  11:      167408 bytes,    10331776 total
- age  12:      149808 bytes,    10481584 total
- age  13:      139816 bytes,    10621400 total
- age  14:      107888 bytes,    10729288 total
- age  15:      122856 bytes,    10852144 total
: 2113644K->18208K(2359296K), 0.0924492 secs] 3214004K->1118650K(3932160K), 0.0940389 secs] [Times: user=0.53 sys=0.23, real=0.09 secs]
```

CMS GC 阶段：

```
2022-11-10T04:28:13.772+0800: [GC (CMS Initial Mark) [1 CMS-initial-mark: 1179674K(1572864K)] 1195680K(3932160K), 0.0091325 secs] [Times: user=0.02 sys=0.01, real=0.01 secs]
2022-11-10T04:28:13.782+0800: [CMS-concurrent-mark-start]
2022-11-10T04:28:13.818+0800: [CMS-concurrent-mark: 0.035/0.035 secs] [Times: user=0.55 sys=0.34, real=0.04 secs]
2022-11-10T04:28:13.819+0800: [CMS-concurrent-preclean-start]
2022-11-10T04:28:13.841+0800: [CMS-concurrent-preclean: 0.021/0.022 secs] [Times: user=0.17 sys=0.11, real=0.02 secs]
2022-11-10T04:28:13.841+0800: [CMS-concurrent-abortable-preclean-start]
2022-11-10T04:28:15.745+0800: [CMS-concurrent-abortable-preclean: 1.862/1.904 secs] [Times: user=7.67 sys=5.88, real=1.91 secs]2022-11-10T04:28:15.761+0800: [GC (CMS Final Remark) [YG occupancy: 1065180 K (2359296 K)]2022-11-10T04:28:15.761+0800: [GC (CMS Final Remark) 2022-11
    -10T04:28:15.762+0800: [ParNew
Desired survivor size 134217728 bytes, new threshold 15 (max 15)
- age   1:     4886464 bytes,     4886464 total
- age   2:      948960 bytes,     5835424 total
- age   3:      686272 bytes,     6521696 total
- age   4:      700064 bytes,     7221760 total
- age   5:      494816 bytes,     7716576 total
- age   6:      128432 bytes,     7845008 total
- age   7:      179048 bytes,     8024056 total
- age   8:      178520 bytes,     8202576 total
```

```
- age   9:     225144 bytes,    8427720 total
- age  10:     209920 bytes,    8637640 total
- age  11:     187904 bytes,    8825544 total
- age  12:      92328 bytes,    8917872 total
- age  13:      62432 bytes,    8980304 total
- age  14:      90792 bytes,    9071096 total
- age  15:      69944 bytes,    9141040 total
: 1065180K->13489K(2359296K), 0.0657939 secs] 2244855K->1193245K(3932160K), 0.0671030 secs] [Times: user=0.34 sys=0.17, real=0.07 secs]
    2022-11-10T04:28:15.829+0800: [Rescan (parallel) , 0.0118756 secs]2022-11-10T04:28:15.841+0800: [weak refs processing, 0.0608509 secs]2022-11-10T04:28:15.902+0800: [class unloading, 0.0451674 secs]2022-11-10T04:28:15.947+0800: [scrub symbol table, 0.0305487 secs]2022-11-10T04:28:15.978+0800: [scrub string table, 0.0016229 secs][1 CMS-remark: 1179755K(1572864K)] 1193245K(3932160K), 0.2236506 secs] [Times: user=0.97 sys=0.43, real=0.23 secs]
    2022-11-10T04:28:15.987+0800: [CMS-concurrent-sweep-start]
    2022-11-10T04:28:16.632+0800: [CMS-concurrent-sweep: 0.645/0.645 secs] [Times: user=3.27 sys=2.55, real=0.64 secs]
    2022-11-10T04:28:16.633+0800: [CMS-concurrent-reset-start]
    2022-11-10T04:28:16.637+0800: [CMS-concurrent-reset: 0.004/0.004 secs] [Times: user=0.02 sys=0.02, real=0.01 secs]
```

其中打印 age 1→age 15 的内容需要配置 -XX:+PrintTenuringDistribution，打印出处于不同晋升年龄的 Survivor 区的数据大小分布，如下所示。其中 Survivor 区中年龄为 1 的数据大小是 5888336 bytes，年龄为 15 的数据大小是 122856 bytes，再进行一次年轻代 GC 后，Survivor 区数据的年龄+1，并且将年龄大于 15 的数据块转移到老年代。

```
- age   1:    5888336 bytes,    5888336 total
  ...
- age  15:     122856 bytes,   10852144 total
```

通常快速分析 GC 日志时可以不用分析晋升年龄相关的数据内容，只需要关注以下几个数据即可：

```
[GC (Allocation Failure) 2022-11-10T11:21:07.905+0800: [ParNew: 2113644K->18208K(2359296K), 0.0924492 secs] 3214004K->1118650K(3932160K), 0.0940389 secs] [Times: user=0.53 sys=0.23, real=0.09 secs]
```

字段说明：

- 以 CMS 为例，GC 表示正常的 GC 回收过程，Full GC 表示回收器退化为串行回收器执行 Full GC。
- Allocation Failure 表示 GC 的原因，常见的有 Allocation Failure。
- 2022-11-10T11:21:07.905+0800 表示执行时间。
- ParNew 表示回收器类型。
- 2113644K->18208K(2359296K)表示年轻代回收前大小→年轻代回收后大小（年轻代总大小）。
- 3214004K->1118650K(3932160K)表示回收前堆大小→回收后堆大小（总堆大小）。
- real=0.09 secs 表示实际花费的时间。

对于 GC 日志，首先需要明确回收器类型，然后确定回收阶段，再通过 GC 时间的间隔及实际的耗时就能确定 JVM 的 GC 状态是否健康。

一般情况下，完善的系统会搭建 GC 监控平台来监控系统的 GC 停顿时间与 GC 频率，对于有问题的 JVM 状态会进行告警。对于一个没有 GC 监控的服务，如果需要检查服务的运行状态，就需要使用 GC 日志进行初步诊断。

首先：查看是否有长耗时 Full GC。

我们知道发生 Full GC 时会进行 SWT，挂起用户线程导致接口超时等问题，所以我们获取 GC 日志的第一时间需要检查是否存在 Full GC 日志，如果存在，则再检查 Full GC 的实际耗时是不是造成接口超时的根本原因。

一旦定位到问题是 Full GC 导致的，接下来就要排查同一时间的业务流量入口是否有流量冲击，并且检查同一时间的业务日志是否存在异常。

其次，查看 CMS GC 的频率是否逐渐变快。

如果我们并没有找到 Full GC 的日志，那么意味着目前 JVM 处于可用状态，接下来就要确认 CMS GC 频率是否在逐步变快，如果变快则意味着存在内存泄漏，只是还未发展为 Full GC，最终导致 OOM，JVM 变成不可用的状态。

经过上面两步已经可以初步排查 GC 的简单问题，但是通过日志来分析始终不直观，这时可以借助 10.4.3 节介绍的工具，将 GC 日志导入 GCeasy 进行分析，一般可以关注以下几个关键项：

- 老年代堆的趋势：可以用来确认是否存在内存泄漏风险。
- 平均的 GC 停顿分布：可以用来评估系统由于 GC 停顿的时间是否可以接受。

- 整体系统的吞吐量：线程用来处理用户业务时间/（用户业务时间+GC 停顿时间），这个值越高系统性能越高。
- GC 的原因统计：可以发现由于 OOM 导致的 GC 问题。
- 对于 CMS，CMS Initial Mark 和 CMS Final Remark 会发生 STW，需要重点关注实际耗时。
- Promotion Failure：一般是年轻代想晋升到老年代，老年代放不下，通常是由于入口请求参数过大导致的，具体错误原因需要结合当时的业务日志确定。
- Concurrent Mode Failure：在执行 CMS GC 的过程中有对象需要进入老年代，老年代空间不足，一般情况下与 Promotion Failure 的现象类似——不是入口请求数据过大，就是内部代码申请了过大的内存块。

10.3.2 堆大小设置建议

JVM 的堆大小直接决定了服务的运行质量，开发人员需要设置一个合理的 JVM 堆大小参数，即能保证正常业务的运行，又能给公司节约服务器资源，所以 JVM 的堆参数是一个需要反复测试来最终确定的参数。

1. 初步设置堆大小

一般情况下，最大堆与最小堆设置为相同的值，最大元空间和最小元空间也建议设置为相同大小的值：

```
-Xmx4g -Xms4g
-XX:MaxMetaspaceSize=256M -XX:MetaspaceSize=256M
```

以分布式缓存服务为例，每一个服务节点大约分布了 4 万条数据并长久地存储在内存中，4 万条数据的大小约为 500MB（这个大小可以通过 dump 快照并使用 10.4.5 节的 MAT 工具查看）。由于服务中使用了 Netty，Netty 需要创建内存池对象作为长期使用的内存块，这部分数据也会落到老年代，再加上 Spring 等其他框架所占用的常驻内存大约为 1GB，这时就可以将老年代设置为常驻内存的 2～3 倍，即老年代可以规划为 2～3GB，假如一个节点所能申请的内存为 4～6GB，那么可以按照老年代 2GB、年轻代 2GB 进行初步规划。

2. NewRatio 的设置

还以上面的缓存数据的分布式服务为例，首次设置的堆大小为年轻代 2GB、老年代 2GB（即 -XX:NewRatio=1），这个比例是否合理，需要使用 GCeasy 分析吞吐量，并结合堆快照分析工具进行确定。

在总堆大小固定的情况下，满足长期存活对象预留 2~3 倍的老年代大小后，可以针对年轻代与老年代的比例进行微调测试，关注项为系统的吞吐量，一个系统的参数调整后的吞吐量测试结果如下表所示。

NewRatio 比例	系统吞吐量
比例=1：1	98.9%
比例=1.5：1	99.2%
比例=2：1	98.5%

注意，这里的吞吐量是 GCEasy 计算的结果，具体可以参考 10.4.3 节。通过几个比例测试后选出最为合适的比例即可，在笔者的项目中，上面例子中的 1.5：1 最为合适，即年轻代为 2.4GB、老年代为 1.6GB。

3. TenuringDistribution 的设置

晋升年龄（–XX:+PrintTenuringDistribution）其实关乎老年代 CMS GC 触发的频率，如果把垃圾回收尽可能地在 YGC 阶段完成，那么肯定可以大幅度地降低 CMS GC 触发的频率，但是设置得过大又会导致 YGC 频繁发生，所以晋升年龄的选择还是需要结合业务类型来进行压测的。

下图为添加上打印晋升年龄数据的 GC 日志片段。

```
d873174K->40512K(943744K), 0.0272493 secs] 1183804K->355658K(3040896K), 0.0273522 secs] [Times: user=0.11 sys=0.00, real=0.03 secs]
2021-11-17T16:06:06.198+0800: 441.814: [GC (Allocation Failure) 2021-11-17T16:06:06.198+0800: 441.814: [ParNew
Desired survivor size 53673984 bytes, new threshold 5 (max 5)
- age   1:    5203144 bytes,    5203144 total
- age   2:    5083192 bytes,   10286336 total
- age   3:    5053296 bytes,   15339632 total
- age   4:    4913360 bytes,   20252992 total
- age   5:    4940232 bytes,   25193224 total
: 879424K->42457K(943744K), 0.0299450 secs] 1194570K->362424K(3040896K), 0.0300561 secs] [Times: user=0.11 sys=0.00, real=0.03 secs]
2021-11-17T16:06:26.835+0800: 462.451: [GC (Allocation Failure) 2021-11-17T16:06:26.835+0800: 462.451: [ParNew
Desired survivor size 53673984 bytes, new threshold 5 (max 5)
- age   1:    5205144 bytes,    5205144 total
- age   2:    5087112 bytes,   10292256 total
- age   3:    5047336 bytes,   15339592 total
- age   4:    4926232 bytes,   20265824 total
- age   5:    4913360 bytes,   25179184 total
: 881369K->30582K(943744K), 0.0272282 secs] 1201336K->355382K(3040896K), 0.0273273 secs] [Times: user=0.10 sys=0.00, real=0.03 secs]
```

晋升年龄达到设置的最大值 5 了，并且可以看到目前 s 区的总内存为 25MB 左右，远小于 s 区的晋升阈值（默认为 s 区的一半，图上可见为 50 多 MB）。增加晋升年龄的最大阈值，就可以让对象经历更多轮次的 YGC，从而降低进入老年代的对象的大小与频次。将晋升年龄的最大值设置为默认值 15 后，继续测试，如下图所示。

```
: 924317K->104832K(943744K), 0.0338719 secs] 2439687K->1625013K(3040896K), 0.03
2021-11-18T15:49:57.793+0800: 82996.377: [GC (Allocation Failure) 2021-11-18T15
Desired survivor size 53673984 bytes, new threshold 11 (max 15)
- age   1:    5208168 bytes,    5208168 total
- age   2:    5113680 bytes,   10321848 total
- age   3:    5123216 bytes,   15445064 total
- age   4:    5091280 bytes,   20536344 total
- age   5:    5127432 bytes,   25663776 total
- age   6:    5069792 bytes,   30733568 total
- age   7:    4923456 bytes,   35657024 total
- age   8:    4924008 bytes,   40581032 total
- age   9:    4934216 bytes,   45515248 total
- age  10:    4929272 bytes,   50444520 total
- age  11:    5035784 bytes,   55480304 total
: 943744K->67086K(943744K), 0.0339608 secs] 2463925K->1592105K(3040896K), 0.034
2021-11-18T15:50:06.418+0800: 83005.002: [GC (Allocation Failure) 2021-11-18T15
```

可以看到进入老年代的对象的年龄绝大多数都是 11，表示经历 11 轮 YGC 后无法回收的对象才会进入老年代，之前是 5 轮就会进入，CMS GC 触发的频率也会降低。

晋升的计算规则：s 区的某一年龄的对象的总大小超过 50%（50MB）或者达到晋升年龄后，会将大于或等于该年龄的所有对象放入老年代。通过上图可以看到当年龄为 11 的对象总和为 55480304 时，并未达到最大阈值 15，触发了 YGC。

上面的情况是 s 区的对象在 11 岁时就超过了 50MB，触发了一次 YGC。修改晋升年龄的最大值=11 后，YGC 频率未变化，但是晋升的频率降低了不少，最终 CMS GC 频率从 35 分钟一次降低到 46 分钟一次。

4. SurvivorRatio 的设置

-XX:SurvivorRatio 表示 Eden 与 survivor 区的比值，如果采用默认值 8，即 Eden:s=8∶1，那么对于年轻代（大小为 1GB）来说，Eden 占用 800MB，幸存者两个区各占用 100MB。

该参数的设置受系统类型及服务的应用场景的影响较大，所以并没有一个最优设置参考，笔者是通过设置参考项进行多个参数对比后选出的最适合本系统的参数，以笔者的一个项目为例，下面表格中的频率和吞吐量是从 GCEasy 中选出的数据。

-XX:SurvivorRatio 的设置	YGC 频率和耗时	CMS GC 频率	吞吐量
6	9.36s/次，34.9ms	55min/次	99.625%
8（默认）	10.04s/次，33.4ms	46min/次	99.664%
10	10.39s/次，31.7ms	45min/次	99.693%
12	10.70s/次，31.0ms	44min/次	99.708%
14	10.92s/次，29.0ms	40min/次	99.732%
16	11.10s/次，28.7ms	39min/次	99.539%

以第一行为例子，当 SurvivorRatio=6 时，YGC 频率和耗时为 9.36s/次、34.9ms，意思是每

9.36 秒发生一次 YGC，耗时为 34.9 毫秒。CMS GC 频率为 55min，指 55 分钟发生一次 CMS GC。吞吐量为 99.625%，指的是 CPU 有 99.625%用于系统正常工作，系统有 1－99.625%=0.375%用于垃圾回收。

虽然在 SurvivorRatio=6 时，CMS GC 的频率下降得很明显，为 55 分钟一次，但是由于 CMS GC 发生的频率本身就很低，所以对整体的吞吐量的影响较小，反而是 YGC 的频率与耗时对吞吐量的影响很大。不出所料，在增加 Eden 区的大小后整体 YGC 的频率降低，综合整体的吞吐量与平均 GC 频率，**-XX:SurvivorRatio=14** 是最合适的。

以笔者的经验来看，JVM 参数的调整带来的性能优化效果远不如对系统的代码和设计进行优化提升的效果明显。这似乎听着有点泄气，然而，参数设置不当的虚拟机，肯定会拖累 Java 程序的性能。

10.3.3 其他参数的设置

本节仍然以 CMS GC 为主，围绕 CMS GC 搭配使用的配置项设置老年代执行 CMS GC 的比值，默认值为 92%（当老年代对象达到 92%时触发），但是根据经验压测结果，75%会更好一些，JVM 可以调整如下参数：

```
-XX:CMSInitiatingOccupancyFraction=75
-XX:+UseCMSInitiatingOccupancyOnly
```

并行地处理 Reference 对象，建议开启如下参数：

```
-XX:+ParallelRefProcEnabled
```

开启 ExplicitGCInvokesConcurrent 配置项后，在执行 System.gc()时不会直接触发 Full GC，而是使用 CMS GC 来替换 Full GC 以减少停顿时间，建议启用如下设置：

```
-XX:+ExplicitGCInvokesConcurrent
```

并行处理 remark，建议启用如下设置：

```
-XX:+CMSParallelRemarkEnabled
```

在执行 Full GC 之前执行一次 Young GC，减少 Full GC 的停顿时间，建议启用如下设置：

```
-XX:+ScavengeBeforeFullGC
```

在执行 remark 之前执行一次 Young GC，减少 remark 的工作耗时，建议启用如下设置：

```
-XX:+CMSScavengeBeforeRemark
```

JVM 其他的建议参数配置：

```
-XX:+AlwaysPreTouch
```

在未设置该属性之前，JVM 启动时并不会申请物理内存而是申请虚拟内存，在创建对象时才会分配物理内存，分配虚拟内存的速度比物理内存慢。当执行一次完整的 GC 之后，后续的对象才会在物理内存中分配，配置该属性后 JVM 启动时会相对耗时一些。

```
-XX:-UseBiasedLocking
```

在高并发应用中建议关闭 synchronized 的偏向锁优化。在并发量较高的应用中，通过 CAS 改变对象头的操作大概率是失败的，所以需要撤销偏向锁，将 synchronized 直接升级为轻量级锁。偏向锁的撤销需要在全局安全点执行，需要暂停前线程，所以在高并发的场景下，建议关闭偏向锁优化。

```
-XX:AutoBoxCacheMax=20000
```

针对整数值的装箱和拆箱，默认的 JVM 会做缓存优化，只会缓存－127～128 范围内的整数值，当使用 Integer.valueOf(int i)创建装箱对象时，参数值 i 在这个范围内时会直接从缓存中取出。在项目中使用的 Integer 范围内的数值通常是连接池的配置或者默认超时时间等配置项，且范围一般是 0～10000，所以可以将该配置设置得大一些。

```
-XX:-OmitStackTraceInFastThrow
```

从 JDK 1.6 开始，默认会将该参数设置为开启状态，目的是当大量相同的错误抛出时可以直接"吞掉"异常。JDK 的初衷是优化性能，但是不利于生产环境问题的排查，一旦日志滚动缺失了前面的错误异常，就无法追踪错误堆栈了，所以建议在生产环境中去掉该优化。具体可以参考 4.10 节。

需要注意，虚拟机参数的调整往往会出现类似"按下葫芦浮起瓢"的情况（在 3.4 节中，描述系统在拥有过多线程池情况下的调优也会遇到这种情况），一个虚拟机参数能达到系统期望的结果，但有可能让虚拟机的其他内存管理特性的性能降低，甚至出现故障。当虚拟机参数调整后，必须有可靠的观察手段，如将 GC 日志导入 GCEasy 查看统计数据，或者观察压测后的接口性能数据是否提高，证明性能提高后才能投入生产环境。公司也应该积累一批可靠的虚拟机参数模板供所有项目使用。

虚拟机参数需要谨慎调整，比如网上有的文章建议将虚拟机参数调整为-XX:SoftRefLRUPolicy-

MSPerMB=0，使得虚拟机尽快回收 SoftReference 对象以腾出更多可用空间。这听起来不错，但对于 Java 的微服务系统，Jackson、Fastjson 普遍使用 SoftReference 存放缓存对象以提高序列化性能（参考 4.23 节），如果设置了此参数，则缓存迅速失效，将导致系统性能急剧下降。

10.4 内存分析工具

10.4.1 jstat 命令

JDK 自带的 jstat 命令用于查看虚拟机垃圾回收的情况，如下命令使用 gcutil 参数输出堆内存使用情况统计：

```
jstat -gcutil -h 20 pid 1000 100
```

此命令显示进程为 pid 的内存使用汇总，1000 毫秒输出一次，总共输出 100 行。-h 20 表示每 20 行输出一次表头。-gcutil 表示显示 JVM 内存使用汇总统计：

S0	S1	E	O	M	CCS	YGC	YGCT	FGC	FGCT	GCT
71.15	0.00	51.52	0.01	90.07	78.24	6	0.016	0	0.000	0.016
71.15	0.00	61.18	0.01	90.07	78.24	6	0.016	0	0.000	0.016
71.15	0.00	73.16	0.01	90.07	78.24	6	0.016	0	0.000	0.016
71.15	0.00	82.82	0.01	90.07	78.24	6	0.016	0	0.000	0.016
71.15	0.00	93.73	0.01	90.07	78.24	6	0.016	0	0.000	0.016
0.00	25.53	5.01	0.18	90.07	78.24	7	0.019	0	0.000	0.019
0.00	25.53	15.85	0.18	90.07	78.24	7	0.019	0	0.000	0.019

列表显示了虚拟机各个代的使用情况，描述了堆内存的使用占比和垃圾回收次数，以及占用时间，具体含义如下：

- S0，第一个幸存区使用比值。
- S1，第二个幸存区的使用率。
- E，伊甸园区的使用比值。
- O，老年代。
- M，方法区、元空间使用率。
- CCS，压缩使用比值。
- YGC，年轻代垃圾回收次数。

- YGCT，年轻带垃圾回收占用时间。
- FGC，全局垃圾回收次数，这对性能影响至关重要。
- FGCT，全局垃圾回收的消耗时间。
- GCT，总的垃圾回收时间。

可以看到 S0、S1、E 变化频率高，说明程序在频繁创建生命周期短的对象，FGC 为 0，表示还未做过全局垃圾回收。如果 FGC 变化频率很高，则说明系统性能和吞吐量将下降，或者可能出现内存溢出。

其他查看汇总信息的常用选项如下：

- -gc，类似 gcutil，gcutil 以百分比形式显示内存的使用情况，gc 显示的是内存占用的字节数，以 KB 的形式输出堆内存的使用情况。
- -gccause，类似 gcutil，额外输出 GC 的原因。

10.4.2 jmap 命令

jmap 命令用于保存虚拟机内存镜像到文件中，然后可以使用 JVisualVM 或者 MAT 工具进行进一步分析。命令如下：

```
jmap -dump:format=b,file=filename.hprof pid
```

需要注意，实际系统会有 2GB 到 8GB 内存，此命令会导致虚拟机暂停工作 1～3 秒。还有一种是被动获取方式，当虚拟机出现内存溢出的时候，会主动"dump"内存文件。添加虚拟机启动参数：

```
-XX:+HeapDumpOnOutOfMemoryError -XX:HeapDumpPath=/tmp/heapdump.hprof
```

当虚拟机判断达到内存溢出触发条件的时候，会有如下输出并保存镜像文件：

```
java.lang.OutOfMemoryError: Java heap space
Dumping heap to heapdump.hprof ...
```

当获得镜像文件后，打开 JvisualVM 工具，选择菜单"File"，点击装入，选择我们保存过的 dump 文件，这时面板会打开内存镜像文件。打开较大的内存镜像文件需要较长的时间，需要耐心等候，其他工具，如 MAT，或者商业的 YourKit Java Profiler 打开镜像文件更快，分析功能更强大。

10.4.3 GCeasy

GCeasy 是一个分析 GC 日志文件的在线网站，能根据上传的 GC 日志，以图表形式显示 GC 回收过程和统计数据。下图显示的是 GC 性能的统计情况，如吞吐量显示为 99.935%，说明只有少量 CPU 资源用于垃圾回收。最长的 GC 时间是 20 毫秒，属于正常范围。在测试 JVM 参数调整是否能增加吞吐量，减小垃圾回收占用的 CPU 时，可以使用这个统计功能。

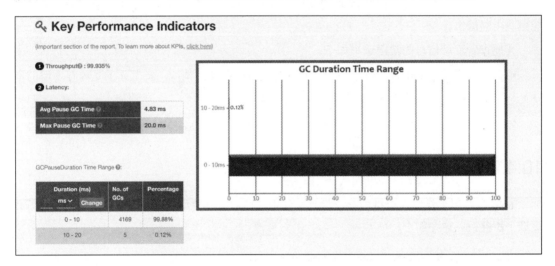

下图统计了 GC 总的时间和回收的字节数，也显示了 Full GC 的统计情况。

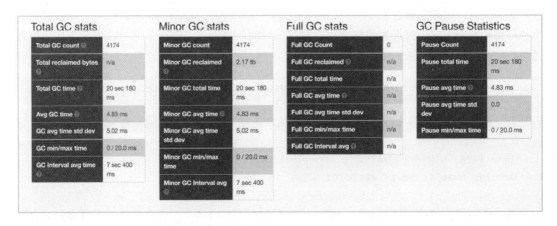

10.4.4 JMC

Java Mission Control 简称 JMC，是 JDK 自带的工具，是一个高性能的对象监视、管理、产生时间分析和诊断的工具套件，笔者主要用来追踪热点代码与热点线程，是主要的内存优化调优工具。

类似 JVisualVM，通过 JMX 连接进入 JMC 控制台。

通过连接到远程 JVM 进程后，可以执行飞行记录（FlightRecord），选择飞行记录存放的路径与执行时间即可，如下图所示。需要注意的是，执行飞行记录功能时会对当前 JVM 进程有一定的性能影响（大约为 5%～10%），所以建议 JMC 连接隔离环境中的服务器并执行飞行记录功能。

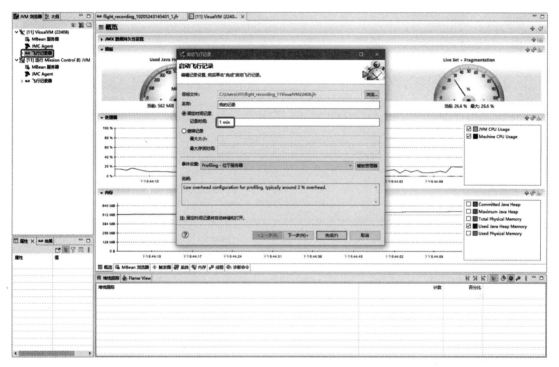

通过一段时间的记录，飞行记录可以反映线程的繁忙程度，以及 CPU 的热点方法。下图表示 Tomcat 线程 http-nio-8401-exec-9 的热点方法为 StringBuilder.append()。

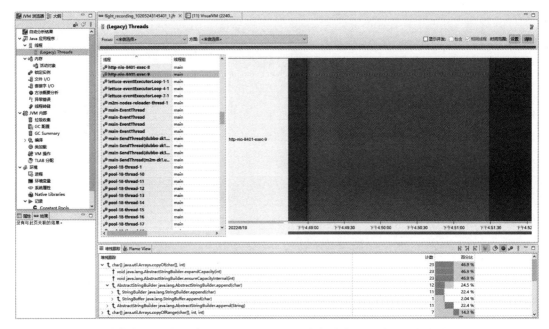

同理可以看到整体的热点方法，Base64.decode()为热点代码，如下图所示。

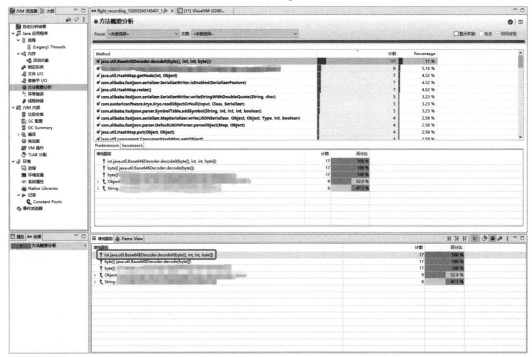

使用热点方法可以直接找到最耗时的几个方法，对热点方法重点优化就可以使 CPU 的使用

率下降一大截。

飞行记录还可以反映内存增长的热点方法，以及显示单位时间内创建的最多对象的方法。下图为找到的内存对象中创建的最多的char[]的方法，一个是Fastjson，另一个是Kryo。

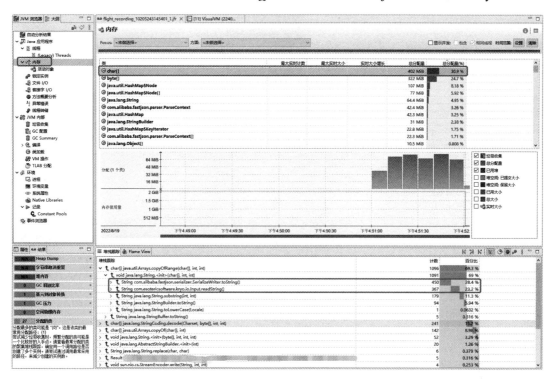

小结：通过JMC的热点方法的统计结果可以有针对性地进行优化，笔者通过对线上系统进行优化使得CPU使用率下降了40%、内存GC频率下降了100%以上。

10.4.5 MAT

MAT是Memory Analyzer的简称，它是一款功能强大的Java堆内存分析器，可以分析具有数亿个对象的内存镜像，快速计算对象大小，自动找到嫌疑的泄漏对象并形成内存泄漏报告。MAT是基于Eclipse开发的，是一款免费的内存镜像分析工具，是笔者发现内存泄漏原因的主要工具。

通过File-Open Heap Dump可以打开内存镜像文件，显示内容如下图所示。

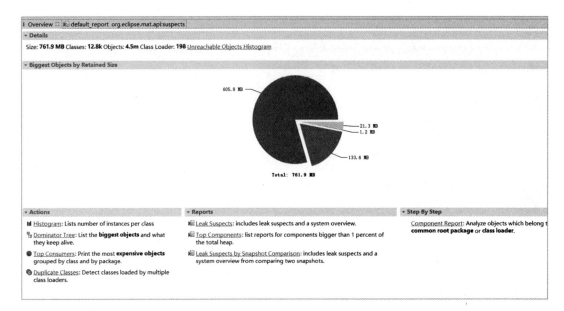

它提供了 Leak Suspects 报告，输出有可能发生内存泄漏的对象。下图显示 Graph 对象占用了 605MB 的内存空间，可以点击 Detail 获取进一步的分析报告。读者可以阅读 MAT 官方文档了解详细内容。

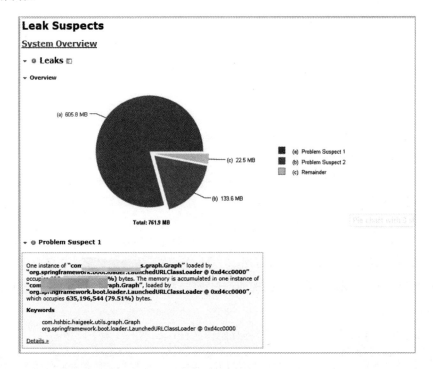

下图显示了内存中对象占用的空间大小，按照由大到小排序，Objects 列表示实例个数，Shallow Heap 表示对象自身占用的空间大小，Retained Heap 表示对象及其属性占用的所有空间总大小。

Class Name	Objects	Shallow Heap	Retained Heap
int[]	13,373	431,581,536	>= 431,581,536
int[][]	4	41,616	>= 430,688,176
java.lang.Object[]	58,858	208,987,072	>= 346,088,728
com.hshbic.haigeek.utils.graph.Vertex[]	1	41,512	>= 204,509,512
com.hshbic.haigeek.utils.graph.Vertex	10,374	248,976	>= 204,468,000
java.util.concurrent.CopyOnWriteArrayList	5,788	138,912	>= 204,383,488
java.lang.Class	12,858	93,192	>= 140,568,800
org.springframework.boot.loader.LaunchedURLClassLoader	1	96	>= 140,101,632
java.util.Vector	411	13,152	>= 139,180,392
java.util.HashMap	267,864	12,857,472	>= 139,090,208
java.util.HashMap$Node[]	267,327	24,982,456	>= 139,001,088
java.util.HashMap$Node	1,727,533	55,281,056	>= 138,240,536
java.util.ArrayList	51,829	1,243,896	>= 135,750,408
com.alibaba.fastjson.JSONObject	262,005	4,192,080	>= 135,070,184
com.alibaba.fastjson.JSONArray	44,278	1,062,672	>= 134,085,232
java.util.concurrent.ConcurrentHashMap	1,769	113,216	>= 96,763,456
java.util.concurrent.ConcurrentHashMap$Node[]	777	442,208	>= 96,706,504
java.util.concurrent.ConcurrentHashMap$Node	49,715	1,590,880	>= 95,982,888
com.hshbic.haigeek.modelparser.DeviceModelParserManager	0	0	>= 82,576,216
com.hshbic.haigeek.modelparser.DeviceModelParser	197	6,304	>= 82,534,992
com.hshbic.haigeek.modelparser.JsonContParser	0	0	>= 44,932,392
java.lang.String	710,154	17,043,696	>= 43,837,552

10.4.6　OQL

OQL 语句类似 SQL 语句，可以在 VisualVM、MAT 等大多数内存镜像分析工具中执行，完成对象查找任务，比如从内存镜像文件中找出容量大于 1000 的 java.util.HashMap 实例：

```
select x from java.util.HashMap x where x.size>1000
```

这里的 size 是 HashMap 的一个属性，因为类型是 int，所以可以直接使用 ">" 进行比较，如果 size 属性的类型是 Integer，则需要使用表达式 x.size.value，这里的 value 是 Integer 的属性，其类型是原始类型 int。

OQL 语法类似 SQL 和 JavaScript 的结合体，JavaScript 用于表达式和方法调用，格式如下：

```
select <JavaScript expression to select>
[ from [instanceof] <class name> <identifier> ]
[ where <JavaScript boolean expression to filter> ] ]
```

class name 是 Java 类的完全限定名，如 java.lang.String、java.util.ArrayList、[C 表示 char 数组、[Ljava.io.File 表示 java.io.File 数组，以此类推，insatnceof 关键字表示查询其子类。

from 和 where 子句都是可选的。

可以使用 identifier.fieldName 的语法形式访问 Java 字段，并且可以使用 array [index]的语法形式访问数组元素。

OQL 使用的是 JavaScript 表达式，因此使用 "&&" 和 "||"，不要使用 "and" 和 "or"。

比如查找超长的字符串，这里的 10000 是一个任意指定的值，如下 OQL 语句是查找字符串长度超过 1 万的字符串：

```
select s from java.lang.String s where s.value.length >= 10000
```

这里的 s 表示 String，java.lang.String 中有一个名字为 value 的 char[]类型的数组，因此 filter 是 s.value.length >= 10000。

在 user 对象中查找 departId 为 15 的 User 对象，并输出其 name 属性：

```
select u.name from com.ibeetl.code.User u where u.departId.value==15
```

需要注意的是，假设 User 对象的 departId 的类型是 Long，并非原始类型，因此比较表达式中需要使用 Long 对象的 value 原始属性。另外在 OQL 中的任意实例都有属性 id，id 是对象实例在内存镜像中的的唯一标识，因此，如下 OQL 语句在 JVisualVM 中执行得不到期望的结果：

```
//错误的 OQL 语句，id 属性是内存分配的唯一 id，并非用户的 id 属性
select u.name from com.ibeetl.code.User u where u.id.value==15
```

如下查询包含 key 为"abc"的 Map、value 为"edf"的 Map，注意需要使用 toString 才能比较字符串：

```
select m from java.util.Map$Entry m where m.key.toString()='abc'&&m.value.toString()='edf'
```

通过 size 函数获取实例本身占用的空间，通过 rsize 函数获取实例占用的实际使用空间：

```
select sizeof(x) from java.util.HashMap x where x.size>1000
select rsizeof(x) from java.util.HashMap x where x.size>1000
```

rsizeof 会计算对象的每一个属性的占用空间，因此执行该语句需要较长时间，sizeof 仅计算此对象属性的占用空间。查询出来的对象可以通过 objectid 函数得到一个十六进制编号，可以记住这个唯一编号，再用函数 heap.findObject 直接定位到该实例：

```
select objectid(x) from com.ibeetl.code.Config
//查询并返回"31150212072"，再进行内存分析的时候直接查询该 Config 对象
select heap.findObject(31150212072)
```

OQL 提供了一系列的 heap 方法用于查找实例，下面列出其中重要的方法。

为每个 Java 对象调用回调函数：

```
heap.forEachObject(callback, clazz, includeSubtypes);
```

如果 clazz 未指定，则是默认的 java.lang.Object，includeSubtypes 表示查找子类，如果未指定，则默认是 true，callback 是一个类似 JavaScript 的回调函数。

```
heap.objects(clazz, [includeSubtypes], [filter])
```

比如，我们需要查找某个 User 对象，其 name 属性的值是以 user1 结尾的，我们可以使用 JavaScript 正则表达式查询 User 对象：

```
heap.objects("com.ibeetl.code.User", false, "/user1$/.test(it.name)")
//或者
heap.objects ("com.ibeetl.code.User",false,"it.name.toString()=='user1'")
```

heap.livepaths 返回给定对象存活的路径数组。此方法接受可选的第二个参数是一个布尔标志。此标志指示是否包含弱引用的路径。默认情况下，不包括具有弱引用的路径。

```
select heap.livepaths(config) from com.ibeetl.code.Config config
```

执行此 HQL 语句后会有如下输出，我们可以看到 Config 对象被 OutMemoryCase1 引用：

```
com.ibeetl.code.Config#1->com.ibeetl.code.OutMemoryCase1->sun.launcher.LauncherHelper
```

由于篇幅有限，这里没有完整地列出 OQL 支持的所有特性，读者可以查看官方提供的 JDK OQL 语法指南。

另外需要注意的是，OQL 的这些特性也不是所有平台都兼容的，能在 MAT 中正确运行的 OQL 语句有可能无法在 JDK 自带的 JVisualVM 中使用。

10.5 内存故障案例分析

10.5.1 一个简单例子

如下程序模拟了一个内存溢出的场景,不断地向 OutMemoryCase1 的变量 map 中添加对象，直到内存溢出。本例子使用 JDK 自带的 jstat、jmap、JvisualVM 来定位内存泄漏问题。

```java
public class OutMemoryCase1 {
    static  Map<Long,User> map = new HashMap<>();
    static long idBase = 0;
    static Config config = new Config();

    static public void test() {

        for(int i=0;i<10000;i++){
            User user = new User();
            ...
            map.put(user.getId(),user);
            idBase++;
        }
    }
    public static void  main(String[] ags) throws InterruptedException {

        while(true){
            test();
            Thread.sleep(100);
            System.out.println(config.getMessage()+idBase);
        }
    }
}
```

main 方法会一直运行 test 方法直到出现内存溢出，每循环一次都会打印 idBase 变量。Test 方法向类变量 map 不断添加 User 实例。main 方法刚开始执行的时候，每间隔 100 毫秒打印一次 idBase 的值，但随着内存不够用，JVM 发生 STW，idBase 打印的间隔频率会越来越大，直到最后"暂停"打印，爆出内存溢出异常。

运行 OutMemoryCase1 方法后，我们使用 JDK 的 jstat 命令观察内存使用情况：

```
jstat -gcutil -h 20 pid 2000 1000
```

如下列表显示了虚拟机内存的汇总数据，可以看到 FGC 的频率非常快，这代表内存已经不够使用了，快内存溢出了。

```
 S0     S1     E      O      M      CCS    YGC    YGCT   FGC    FGCT   GCT
 0.00   0.00   100.00 100.00 74.22  77.90  23     6.533  16     64.394 70.927
 0.00   0.00   100.00 100.00 74.22  77.90  23     6.533  16     64.394 70.927
 0.00   0.00   100.00 100.00 74.22  77.90  23     6.533  16     64.394 70.927
 0.00   0.00   100.00 100.00 74.22  77.90  23     6.533  17     69.143 75.676
 0.00   0.00   100.00 100.00 74.22  77.90  23     6.533  17     69.143 75.676
 0.00   0.00   100.00 100.00 74.22  77.90  23     6.533  17     69.143 75.676
 0.00   0.00   100.00 100.00 74.22  77.90  23     6.533  18     75.626 82.159
 0.00   0.00   100.00 100.00 74.22  77.90  23     6.533  18     75.626 82.159
 0.00   0.00   100.00 100.00 74.22  77.90  23     6.533  18     75.626 82.159
 0.00   0.00   100.00 100.00 74.22  77.90  23     6.533  19     82.131 88.664
 0.00   0.00   100.00 100.00 74.22  77.90  23     6.533  19     82.131 88.664
 0.00   0.00   100.00 100.00 74.22  77.90  23     6.533  19     82.131 88.664
```

使用 jmap -dump:format=b,file=filename.hprof pid 获取内存镜像文件，使用 JDK 自带的 JvisualVM 打开此文件，在左下角的查询编辑器中可以输入 OQL 语句，从内存中查询 HashMap 容量超过 1000 的实例，我们输入如下命令：

```
select x from java.util.HashMap x where x.size>1000
```

这个 OQL 语句的作用是查询出所有 HashMap 实例，且其属性 size 大于 1000，查询结果显示在面板上方。可以点击每个实例进入详情面板，如下图所示。

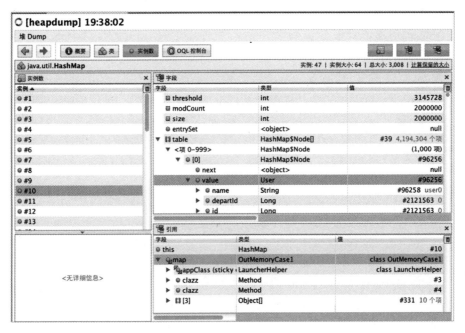

右上面板是字段面板，包含了被选中实例的所有属性，可以看到，size 属性为 2000000，这是一个非常大的数，代表此时 HashMap 包含了 2000000 个对象。我们知道 table 属性保存了所有的元素，因此可以点击 table 属性，向下钻取，可以看到 Map 的 table 属性存放的正是 User 对象。

右下面板是引用面板，根节点 this 是我们查询出来的 HashMap 实例，该面板节点与其子节点是引用关系，子节点引用父节点。可以看到节点名字为 map，属于 OutMemoryCase1 类，从而找到内存溢出的原因。

读者同样可以使用 MAT、Java Profiler 等可视化工具找到出现内存溢出的类为 OutMemoryCase1。

10.5.2　线程池优化导致内存泄漏

先描述一下背景，服务 A 作为发布订阅的核心应用，为了实现故障隔离，内部大量使用了线程池，其中针对线程池参数进行过调优，但是上线后发现了内存泄漏的风险。

当服务 A 灰度升级后发现 CMS GC 的频率明显提升，并且常驻老年代的内存容量上涨了 600MB。如下是对堆快照的分析：

- 分别"dump"新旧节点的堆快照，导入 MAT 后发现如下不同：其中旧服务节点的 Object[] 占用 200MB 堆空间，而新节点的 Object[] 占用 800MB 堆空间，差值正好为 600MB，其他类对象的差别不大。
- MAT 提供了 GC Roots 分析功能，发现这些对象的来源为内部业务的线程池，并且 Object[] 所属的对象线程池的 queue 属性类型是 ArrayBlockingQueue，继续查看 ArrayBlockingQueue，发现其占用了 640MB 堆空间。
- 这次上线的灰度服务的改动包含将线程池的 LinkedBlockingQueue 更换为 ArrayBlockingQueue，老的堆快照中 LinkedBlockingQueue 的大小为 520KB。

到这里基本可以确定本次老年代内存增长的原因就是将 LinkedBlockingQueue 更换为 ArrayBlockingQueue 导致的。

分析 ArrayBlockingQueue 的源码，发现 capacity 参数会初始化一个对象数组，如果 capacity 过大，则会占用大量内存：

```java
public ArrayBlockingQueue(int capacity, boolean fair) {
    if (capacity <= 0)
        throw new IllegalArgumentException();
    this.items = new Object[capacity];
    lock = new ReentrantLock(fair);
    notEmpty = lock.newCondition();
    notFull =  lock.newCondition();
}
```

LinkedBlockingQueue 的源码如下，capacity 设置得过大并不会占用更多的空间：

```
public LinkedBlockingQueue(int capacity) {
    if (capacity <= 0) throw new IllegalArgumentException();
    this.capacity = capacity;
    last = head = new Node<E>(null);
}
```

到这里就清楚了大量的 Object[] 数组的来源，同事使用 ArrayBlockingQueue 代替了 LinkedBlockingQueue，但设置的初始容量没有相应地调成较小的值。问题的解决方式比较简单，直接将 ArrayBlockingQueue 改回 LinkedBlockingQueue 即可，放弃队列性能上的提升，减少内存的占用。

10.5.3　finalize 引发的严重事故

某核心应用版本上线三天后，周末收到了一个节点的 CMS GC 频率告警（自己实现的监控程序，会针对 CMS 频率较高的节点发送告警）短信，查看 GC 日志后发现，CMS 频率从刚上线的 40 多分钟一次，发展到后面的 4 分钟一次。导出 GC 日志后发现，老年代可回收内存越来越少，将获得的 GC 日志导入 GCEasy，分析结果如下图所示，GC 频率非常高。

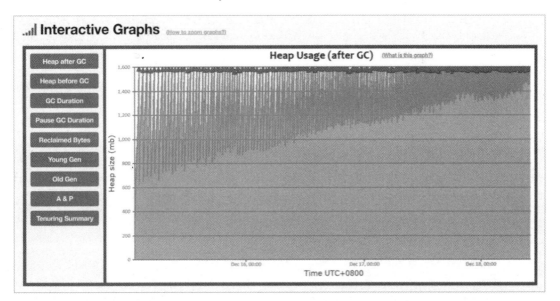

从现象上看是发生了内存泄漏，在 6 月份也发生过一次某一个节点突然频繁发生 Full GC，并且 Full GC 后并不能回收多少内存的现象，因为是白天高峰期发生的，所以没有保存堆内存快照就重启服务了，从那次之后就再也没有发生这种现象，半年之后问题重现，好在本次及时

保存了堆快照，下面就针对这个隐藏很深的顽疾进行分析和处理。

将堆内存快照导入 MAT 后，奇怪的是发现 Finalizer 对象的大小为 687MB，Finalizer 对象一般是实现了 finalize()方法后，JVM 在回收垃圾对象之前执行的逻辑，一般是关闭资源、清空队列等操作。

通过对项目源码进行分析，发现确实有一个自定义对象重载了 finalize()方法，类似如下实现：

```
public void finalize (){
  locker.lock();
  ...
}
```

finalize()方法出现了锁竞争，在这种情况下，finalize()方法有可能不能立即执行完毕，导致内存溢出。下面描述一下 finalize()的使用方式：

（1）如果一个类实现了 finalize()方法，那么在创建类的实例时，JVM 会使用"has_finalizer_flag"来标识其为一个 finalizer 类，下面简称 f 类。

（2）JVM 会自动调用 Finalizer 类中的.register()方法，将其放到 Finalizer 的对象链中。

（3）发生 GC 时，JVM 会判断如果这个对象是 f 类，并且只被 Finalizer 对象链引用，则表明该对象可以被回收，这时就将对象从对象链中取出，放到 ReferenceQueue 中，并唤醒 Finalizer 线程。

（4）Finalizer 线程被唤醒后，从 ReferenceQueue 队列中取出对象，然后执行其 finalize()方法，将该对象置为 null，在下一轮 GC 时该对象就可以被回收。

（5）如果 ReferenceQueue 队列为空，则 Finalizer 线程进入 wait 状态等待唤醒。

在第 4 步，如果 finalize()方法执行时间过长，那么 ReferenceQueue 队列中将堆积大量实现 finalize()方法并等待被回收的其他对象，导致内存溢出。在项目中，由于 locker.lock 在特定条件下会等待很长时间来获取锁，所以导致这个故障并没有在系统中频繁出现。

10.5.4　C++动态库导致的内存泄漏

先描述一下背景，核心服务 A 为网关类服务，在生产环境中维持了成千上万个长连接，服务 A 内部调用 C++编写的动态库来完成接入协议的解析工作,核心服务 B 为消息订阅转发服务，服务 A 直接与服务 B 交互，服务 A 将请求发送给服务 B，服务 B 将消息投递到其他服务并从其他服务收到应答，再将应答推送给服务 A。

问题现象：

服务 B 重启后，服务 A 的物理内存占用升高了，可用内存下降了 3GB 左右。针对这个现象，本节会对以下三个问题进行分析。

（1）服务 A 的内存组成。

（2）服务 B 重启后导致服务 A 内存减少的原因。

（3）有哪些优化点可以降低这个影响。

按照常见的思路对比重启前后的进程占用的实际内存大小，发现重启后占用的内存已经高达 7.3GB，而重启前的最大堆的大小为 4GB，按照通常的经验，一般情况下除了堆内存，还有非堆内存的占用，可以按照使用场景将非堆内存分为两类：

- 中间件申请的堆外内存：通过 NIO 的工具类（调用 unsafe 方法）申请的堆外内存，如 Netty 会申请的堆外内存，Log4j2 会申请的堆外内存。
- VM 进程使用的直接内存：一个线程的最大限制一般为 512KB，但实际上一个线程占用的内存为 80～150KB，Java Zip API 操作时会占用直接内存。

以服务 B 为例，其设置的堆内存为 3GB，但实际占用的内存为 4GB 左右。

首先判断非堆内存是否与 NIO 的堆外内存相关？

先使用 dump 查看堆外内存的组成，下面为实验验证过程，通过 ByteBuffer 不断申请堆外内存，程序代码如下：

```
int size = 10 * 1024 * 1024;
while (true) {
    ByteBuffer byteBuffer = ByteBuffer.allocateDirect(size);
    byteBuffer.put("hello".getBytes());
    TimeUnit.SECONDS.sleep(1);
}
```

通过 Windows 监控台查看以上程序内存占用大小。可以看到监控台占用的内存每秒上涨 10MB，通过 jmap 命令获取内存镜像，并不能发现堆外内存的数据。

其次，非堆内存的大小是否与线程数相关？

一个线程占用的内存为 80～150KB，如果一个服务节点占用 2 万个线程，则会使用 120KB（一个线程平均大小）×20000 = 2.3GB 左右的直接内存（堆外内存），但是通过 JvisualVM、jstack 等工具查看，线程数仅为 2000 个，估算线程大约占用的内存为 200MB 左右，并不高。

最后使用 pmap 分析该进程的内存组成，pmap 可以用来查看进程的内存分配情况，使用 pmap 下载进程的内存组成情况：

```
pmap -X pid > pmap.dump.log
```

通过 pmap 查看该进程的内存组成，可以看到主要由以下三个部分组成：

（1）JVM 申请的堆内存（占用 4GB 多的内存），如下图所示。

```
36815:   /apps/jdk1.8/bin/java -server -Xmx4g -Xms4g -Xss512k -XX:+Exp
-Xloggc:../logs/gc.log -XX:+PrintGCDateStamps -XX:+PrintGCDetails -XX:
-XX:+UseCMSInitiatingOccupancyOnly -XX:+HeapDumpOnOutOfMemoryError -X
Address           Kbytes     RSS   Dirty Mode  Mapping
0000000000400000       4       0       0 r-x-- java
0000000000600000       4       4       4 r---- java              堆内存为4GB
0000000000601000       4       4       4 rw--- java
00000000008b9000    1352    1272    1272 rw---  [ anon ]
00000006c0000000 4208268 4208104 4208104 rw---  [ anon ]
00000007c0da3000 1034612       0       0 -----  [ anon ]
00007f189c6ae000      12       0       0 -----  [ anon ]
00007f189c6b1000     504      52      52 rw---  [ anon ]
00007f189c72f000      12       0       0 -----  [ anon ]
00007f189c732000     504      56      56 rw---  [ anon ]
00007f189c7b0000      12       0       0 -----  [ anon ]
00007f189c7b3000     504      20      20 rw---  [ anon ]
00007f189c831000      12       0       0 -----  [ anon ]
00007f189c834000     504      28      28 rw---  [ anon ]
00007f189c8b2000      12       0       0 -----  [ anon ]
00007f189c8b5000    1272     592     592 rw---  [ anon ]
00007f189c9f3000    1280       0       0 -----  [ anon ]
00007f189cb33000    2048    2016    2016 rw---  [ anon ]
00007f189cd33000      12       0       0 -----  [ anon ]
00007f189cd36000     504      96      96 rw---  [ anon ]
00007f189cdb4000      12       0       0 -----  [ anon ]
00007f189cdb7000     504      56      56 rw---  [ anon ]
00007f189ce35000      12       0       0 -----  [ anon ]
00007f189ce38000     504      56      56 rw---  [ anon ]
00007f189ceb6000      12       0       0 -----  [ anon ]
00007f189ceb9000     504      28      28 rw---  [ anon ]
00007f189cf37000      12       0       0 -----  [ anon ]
00007f189cf3a000     504      28      28 rw---  [ anon ]
00007f189cfb8000      12       0       0 -----  [ anon ]
```

（2）JVM 的元空间内存（占用 110MB 左右的内存），如下图所示。

```
00007f1b00000000     520     520     520 rw---  [ anon ]
00007f1b00082000   65016       0       0 -----  [ anon ]
00007f1b04000000    2140    1896    1896 rw---  [ anon ]
00007f1b04217000   63396       0       0 -----  [ anon ]
00007f1b08000000  118144  112152  112152 rw---  [ anon ]
00007f1b0f360000   12928       0       0              元空间为
00007f1b10000000  131072  131072  131072                110MB
00007f1b18000000  131072  131072  131072
00007f1b20000000  131072  131072  131072 rw---  [ anon ]
00007f1b28000000  131072  131072  131072 rw---  [ anon ]
00007f1b30000000  131072  131072  131072 rw---  [ anon ]
00007f1b38000000  131072  131072  131072 rw---  [ anon ]
```

（3）未知的 16 个 128MB 的直接内存（占用 2GB 的内存），如下图所示。

```
00007f1b04217000    63396         0         0 -----  [ anon ]
00007f1b08000000   118144    112152    112152 rw---  [ anon ]
00007f1b0f360000    12928         0         0 -----  [ anon ]
00007f1b10000000   131072    131072    131072 rw---  [ anon ]
00007f1b18000000   131072    131072    131072 rw---  [ anon ]
00007f1b20000000   131072    131072    131072 rw---  [ anon ]
00007f1b28000000   131072    131072    131072 rw---  [ anon ]
00007f1b30000000   131072    131072    131072 rw---  [ anon ]
00007f1b38000000   131072    131072    131072
00007f1b40000000   131072    131072    131072
00007f1b48000000   131072    131072    131072      16个128MB的
00007f1b50000000   131072    131072    131072         直接内存
00007f1b58000000   131072    131072    131072
00007f1b60000000   131072    131072    131072
00007f1b68000000   131072    131072    131072 rw---  [ anon ]
00007f1b70000000   131072    131072    131072 rw---  [ anon ]
00007f1b78000000   131072    131072    131072 rw---  [ anon ]
00007f1b80000000   131072    131072    131072 rw---  [ anon ]
00007f1b88000000   131072    131072    131072 rw---  [ anon ]
00007f1b90000000     5100      5100      5100 rw---  [ anon ]
00007f1b904fb000    60436         0         0 -----  [ anon ]
00007f1b94000000     5764      5764      5764 rw---  [ anon ]
00007f1b945a1000    59772         0         0 -----  [ anon ]
00007f1b98000000     6976      6976      6976 rw---  [ anon ]
```

可以看出，非堆内存（2GB）为主要的组成部分。

（4）分析16个128MB直接内存的内容。

按照经验，这16个128MB的直接内存很有可能是Netty创建的，为了验证猜测，需要将内存中的内容转成字符串进行查看，这里需要用到GDB工具。

首先使用GDB连接需要查看的进程：

gdb attach pid

再使用gdb "dump" 内存内容到文件中：

dump memory dump.string.long start end

使用gdb查看其中一个128MB内存块存储的数据内容，经过转换后发现内存块中存储的有效数据大约为6MB，下面为部分数据内容的截图。

```
832756  decplacec
832757  targetTemperature
832758  ,"startBU
832759  1,"unit"%
832760  type
832761  down
832762  offset
832763  variants
832764  value
832765  desc
832766  value
832767  desc
832768  value
832769  desc
832770  value
832771  desc
832772   @pV
832773  value
832774  desc
832775  value
832776  desc
832777  value
832778  desc
832779  ,@`z
832780  value
832781  desc
832782  windDirectionVertical
832783  type
832784  down
832785  offset
832786  variants
832787  value
832788  desc
832789  value
832790  desc
832791  value
832792  desc
832793  value
```

上图中的 targetTemerature 等业务关键字表明了占用堆外内存与 C++ 动态库解析业务有关，推测问题是由于 A 服务的 C++ 动态库的直接内存导致的，后来联系负责维护 C++ 动态库的同事，诊断出的具体原因是服务 B 发生了重启，服务 A 短时间发出了大量的重连请求，C++ 的动态库也申请了更多的直接内存，但是当连接稳定后，这部分内存并没有合理地归还，导致可用内存不足。